U0236572

涡轮机械与推进系统出版项目

"两机"专项：航空发动机技术出版工程

航空发动机安全性设计导论

丁水汀　李　果　邱　天　刘传凯　著

科学出版社

北　京

内 容 简 介

航空发动机作为典型的复杂系统,其安全性设计技术是"看不见、摸不着"的系统级技术,也是制约我国航空发动机研制的核心之一。对此,本书揭示安全性这一产品固有属性是如何通过设计赋予产品的,其核心在于在实际研制过程中贯彻基于全流程管控的系统安全性设计,即美欧双"V"研制流程的本质。同时,本书聚焦如何在设计中贯彻基于系统安全的全过程安全性管控,如何将适航规章抽象的安全性要求融入设计流程,提出从六要素(输入、输出、工具、数据库、流程、判定准则)着手的技术流程方法,从而通过系统安全与适航技术的突破和牵引,支撑我国新一代军用和民用发动机安全性水平具备达到 10^{-7} 次和 10^{-9} 次危害性事件/发动机飞行小时的能力。

本书主要面向我国航空发动机研制单位设计人员以及民航适航审定人员,可以作为设计与审定中的工具书,也可以作为高等院校航空发动机和适航专业的教材。

图书在版编目(CIP)数据

航空发动机安全性设计导论 / 丁水汀等著. —北京:
科学出版社,2019.9
 涡轮机械与推进系统出版项目 "两机"专项:航空发动机技术出版工程
 ISBN 978 - 7 - 03 - 061958 - 7

 Ⅰ. ①航⋯ Ⅱ. ①丁⋯ Ⅲ. ①航空发动机—安全设计
Ⅳ. ①V23
 中国版本图书馆 CIP 数据核字(2019)第 165215 号

责任编辑:徐杨峰 / 责任校对:谭宏宇
责任印制:黄晓鸣 / 封面设计:殷 靓

科 学 出 版 社 出版
北京东黄城根北街 16 号
邮政编码:100717
http://www.sciencep.com

南京展望文化发展有限公司排版
苏州市越洋印刷有限公司印刷
科学出版社发行 各地新华书店经销

*

2019 年 9 月第 一 版 开本:B5(720×1000)
2019 年 9 月第一次印刷 印张:16 3/4
字数:330 000
定价:135.00 元
(如有印装质量问题,我社负责调换)

涡轮机械与推进系统出版项目

顾问委员会

主任委员

张彦仲

委 员

（以姓氏笔画为序）

尹泽勇　乐嘉陵　朱　荻　刘大响　杜善义

李应红　张　泽　张立同　张彦仲　陈十一

陈懋章　闻雪友　宣益民　徐建中

"两机"专项：航空发动机技术出版工程

专家委员会

主任委员

曹建国

副主任委员

李方勇　尹泽勇

委　员

（以姓氏笔画为序）

王之林　尹泽勇　甘晓华　向　巧　刘大响
孙　聪　李方勇　李宏新　杨　伟　杨　锐
吴光辉　吴希明　陈少洋　陈祥宝　陈懋章
赵振业　唐　斌　唐长红　曹建国　曹春晓

"两机"专项：航空发动机技术出版工程

编写委员会

涡轮机械与推进系统出版项目
序

涡轮机械与推进系统涉及航空发动机、航天推进系统、燃气轮机等高端装备。其中每一种装备技术的突破都令国人激动、振奋,但是由于技术上的鸿沟,使得国人一直为之魂牵梦绕。对于所有从事该领域的工作者,如何跨越技术鸿沟,这是历史赋予的使命和挑战。

动力系统作为航空、航天、舰船和能源工业的"心脏",是一个国家科技、工业和国防实力的重要标志。我国也从最初的跟随仿制,向着独立设计制造发展。其中有些技术已与国外先进水平相当,但由于受到基础研究和条件等种种限制,在某些领域与世界先进水平仍有一定的差距。为此,国家决策实施"航空发动机及燃气轮机"重大专项。在此背景下,出版一套反映国际先进水平、体现国内最新研究成果的丛书,既切合国家发展战略,又有益于我国涡轮机械与推进系统基础研究和学术水平的提升。"涡轮机械与推进系统出版项目"主要涉及航空发动机、航天推进系统、燃气轮机以及相应的基础研究。图书种类分为专著、译著、教材和工具书等,内容包括领域内专家目前所应用的理论方法和取得的技术成果,也包括来自一线设计人员的实践成果。

"涡轮机械与推进系统出版项目"分为四个方向:航空发动机技术、航天推进技术、燃气轮机技术和基础研究。出版项目分别由科学出版社和浙江大学出版社出版。

出版项目凝结了国内外该领域科研与教学人员的智慧和成果,具有较强的系统性、实用性、前沿性,既可作为实际工作的指导用书,也可作为相关专业人员的参考用书。希望出版项目能够促进该领域的人才培养和技术发展,特别是为航空发动机及燃气轮机的研究提供借鉴。

张彦仲

2019 年 3 月

"两机"专项：航空发动机技术出版工程
序

航空发动机誉称工业皇冠之明珠，实乃科技强国之重器。

几十年来，我国航空发动机技术、产品及产业经历了从无到有、从小到大的艰难发展历程，取得了显著成绩。在世界新一轮科技革命和产业变革同我国转变发展方式的历史交汇期，国家决策实施"航空发动机和燃气轮机"重大科技专项（即"两机"专项），产学研用各界无不为之振奋。

迄今，"两机"专项实施已逾三年。科学出版社申请国家出版基金，安排"'两机'专项：航空发动机技术出版工程"，确为明智之举。

本出版工程旨在总结"两机"专项以及之前工作中工程、科研、教学的优秀成果，侧重于满足航空发动机工程技术人员的需求，尤其是从学生到工程师过渡阶段的需求，借此为扩大我国航空发动机卓越工程师队伍略尽绵力。本出版工程包括设计、试验、基础与综合、材料、制造、运营共六个系列，前三个系列已从2018年起开始前期工作，后三个系列拟于2020年启动，希望与"两机"专项工作同步。

对于本出版工程，各级领导十分关注，专家委员会不时指导，编委会成员尽心尽力，出版社诸君敬业把关，各位作者更是日无暇晷、研教著述。同道中人共同努力，方使本出版工程得以顺利开展，有望如期完成。

希望本出版工程对我国航空发动机自主创新发展有所裨益。受能力及时间所限，当有疏误，恭请斧正。

2019 年 5 月

序言一

以航空燃气涡轮发动机为动力的飞机自 1939 年首飞以来已有 80 年历史。一项分析显示,关于单位重量创造的价值这一数值,若船舶为 1,则轿车为 9,而航空发动机高达 1 400。因此,航空发动机被称为现代工业"皇冠上的明珠",历来受到世界大国的高度重视,对国家安全和经济建设具有重要战略意义。

新中国成立以来,我们已生产了数万台航空发动机。遗憾的是,由于很长一段时间中工业底子薄、科学基础弱、经济实力不强,在航空发动机领域我们尚未走完"科学-技术-工程"有机融合的完整探索之路。

当前,我国航空发动机行业正处于从测绘仿制向自主研发的重大战略转变期,要补的课很多,其中就包括航空燃气涡轮发动机作为复杂系统的那些难以仿制的"无形"属性。安全性与适航就是航空发动机最重要的"无形"属性之一,似乎看不见、摸不着,但客观存在。

安全性与适航是通过设计赋予、制造实现、验证表明、审定接受、维护保持的固有属性。由于设计是制造、验证、审定、维护的上游工作,所以"设计赋予"是核心。

安全性与适航是一个硬币的两面,产品制造方应追求提高产品的安全性,而适航审定方则应用适航规章来保障最低安全性。在西方航空产业发达国家,安全性和适航的相关概念、方法、标准、体系是在航空发动机产业发展到一定水平之后,在航空产业实践的土壤上生长出来的。因此,他们的适航标准与其产业水平接近,其安全性与适航的技术体系显得成熟,"设计赋予"产品的安全性可融入产品的研制体系。

我国航空发动机技术落后国外几十年的时间,但适航标准又等同于国外较新的版本,导致我国相当一部分适航要求领先于产业水平,要实现安全性与适航的"设计赋予"有很多现实困难,甚至不少产业方还没有建立专门的安全性与适航的技术队伍,不具备在设计阶段赋予产品安全性属性的能力。为此,在"两机"专项中,第一次列入安全性与适航专业内容,显示了我们国家自主发展航空燃气涡轮发动机"安全性与适航"专业能力的决心。

多年以来,丁水汀教授团队在整机和系统安全性、限寿件安全性等方面,开展了很多国内开创性的工作,很多成果已在国家重点项目中得到应用。此书是丁教授团队多年来研究工作的总结。书中给出的系统安全方面的技术方法和实用工具,对航空发动机的自主研制具有很强的现实意义;书中的扩展专业体系、在设计中贯彻安全性与适航双"V"流程等观点,对我国航空燃气涡轮发动机产业的自主发展具有重要启发意义。

我很高兴向航空燃气涡轮发动机研制单位设计人员推荐本书,它可帮助设计人员学习、思考、运用安全性与适航设计的理念、方法。当然,本书也可作为高等院校航空燃气涡轮发动机设计和适航专业的教材使用。

2019 年 5 月

序言二

　　航空发动机作为飞机的心脏,其安全性直接影响飞机生命力和人员安全。

　　20世纪50年代初,我国航空发动机工业从零起步,采用苏联援助与引进生产的方式,在我国工业化进程中初步建立了航空发动机工业体系。这种以引进、测仿为主的航空发动机研制体系,虽然能够在短期内快速解决军事上对航空发动机的迫切需求,但也导致我国始终未能系统掌握先进航空发动机自主研发的核心技术。

　　随着现代空中优势战斗机发动机不断增长的高机动性、多任务剖面需求,航空发动机的系统复杂度越来越高,安全性问题越来越成为制约高性能航空发动机型号研制的瓶颈。缺乏科学的安全性设计和研制质量保证体系,仅通过引进、测仿的方式,是无法"复制"航空发动机安全性这一根本属性的。

　　美国在军用航空发动机研制中,非常重视系统安全性问题,其现行军标 MIL – STD – 516B 和 MIL – STD – 882E 充分借鉴了民用航空 FAR – 33 部等适航规章,使得在大幅度提升安全性水平的前提下,实现了性能指标的全面跨代升级。据统计,美国第四代军用涡扇发动机 F119,已经累计飞行超过20万小时未发生重大安全性事故,该发动机不仅在性能指标上傲视全球,也成为美国空军历史上使用的最安全可靠的航空发动机。

　　我国在参考国外相关军标的基础上,建立了基于 GJB 241A 和 GJB 900A—2012 的军用安全性标准架构及安全性要求。但是,由于我国航空发动机行业对适航规章技术内涵以及国外军标系统安全理念还缺乏系统和深刻的理解,在军用航空发动机研制过程中对适航要求的贯彻过程中容易流于形式、止于纸面。如何在国内现有的军机研制模式和工业基础技术能力下实现军用航空发动机的安全性提升,已经是军队和工业部门共同关注的重要问题。

　　本书的出版恰逢其时,书中凝结了丁水汀教授及其所带领的团队多年来在航空发动机适航与安全研究领域的重要研究成果、技术积累、工业实践和深刻思考,具有较好的系统性、完备性、实用性和技术前瞻性。书中归纳总结了大量的国内外有关航空发动机适航与安全的参考资料,系统地阐述了安全性这一航空发动机固有属性是如何通过设计赋予的,如何在我国现有工业基础、研制体系的框架下将适航规章的安全性要求融入航空发动机的设计活动中。本书所提出的从六要素(输入、输出、工具、数据库、流程、判定准则)着手的技术流程方法,对我国军用航空发动机的型号研制具有重要的指导意义。本书对于我国从事军用航空发动机设计、生产、使用、管理等工程技术人员,都是很好的参考资料和培训教材。

甘晓华

2019 年 5 月

序言三

通过适航审定是民机研制和实现商业成功的必要条件,是保障民机安全的最低要求,是民机产业核心竞争力的重要组成部分。适航审定能力建设是落实国家大飞机战略和民机产业健康发展的基础性工作,也是中国由民航大国向民航强国转变、建设全方位民航强国、实现民机制造业与民航运输业互动协调发展的关键。2016年,民航局发布的《关于进一步深化民航改革工作的意见》中强调,适航审定能力是民航局亟须补齐的"四个短板"之一,明确要求"健全适航审定体系,全面提升适航审定能力,满足我国民航和国产民机发展需求"。2017年4月,外交部、发改委、工信部、财政部、商务部、民航局六部委联合印发《适航攻关专项方案》,以不断加强和提升我国适航审定能力,推动民机产业健康发展。

30多年来,我国适航审定能力从无到有,逐步提升,但依然存在无法满足民航业和民用航空工业持续快速增长的需求的矛盾、适航审定能力仍须不断健全等问题,具体表现在以下方面。

(1)在适航标准的制定和话语权方面,尽管中国民航局已经建立了一整套适航标准体系,但更多采用的是"跟随"战略,借鉴国外先进适航标准来帮助制定和修订我国的适航标准,在技术上尚未掌握话语权,存在"知其然,不知其所以然"的现象。

(2)缺少与适航标准配套的解释性、指导性材料。对于《航空发动机适航标准》,美国FAA颁发了大量咨询通告(advisory circular,AC)类的解释性材料,而我国至今未颁布配套的咨询通告类解释性材料。

(3)我国适航审定系统机构尚不健全,不能全面覆盖民用航空产品类别,人力资源亦捉襟见肘。

(4)受限于我国民机型号少,适航取证和适航审定经验不足,国产民机尚未进入国际主流民用航空市场,适航审定国际合作深度、广度有待扩展。

中国民航局高度重视上述问题,2008年与北京航空航天大学联合成立了适航技术研究中心,聚焦航空器适航条款的技术内涵和符合性方法研究。同年,北京航空航天大学建立了国内第一个航空器适航技术本科专业及第一个适航技术博士学位授予点,全面开展适航审定人才的培养。

　　本书作者是"航空发动机复杂系统安全性"长江学者创新团队及"航空发动机复杂系统安全性与适航"协同创新团队带头人,近十年来(2008~2017),主持了工信部民用飞机专项科研、国防973、军/民用型号研制等项目,对国内外航空发动机适航规章(FAR-33部/CCAR-33部/CS-E)、咨询通告(AC)的技术内涵进行了深度剖析,本书是上述研究成果的提炼和升华。

　　本书内容聚焦如何将适航规章抽象的安全性要求融入设计流程,提出从六要素(输入、输出、工具、数据库、流程、判定准则)着手的技术流程方法,对于揭示工业实践与适航审定的融合具有重要的指导意义:一方面支撑国内工业部门将适航性条款要求融入研发过程的各个阶段,促进正在成形的航空发动机设计与验证体系的建设,实现从传统设计向适航性设计的转变;另一方面支撑适航审定部门对条款符合性进行技术判定,促进与国际接轨的航空发动机适航符合性技术体系的建立。

　　本书丰富了我国适航科学技术体系,必将对我国适航领域的技术进步起到积极的促进作用,对于局方适航审定能力的提升具有积极意义,是一本值得民用航空发动机研制工程技术人员和局方审定人员参阅的、可读性很强的专著。

2019 年 5 月

前　言

航空发动机作为独立获得型号适航证的航空产品,其发展趋势除耗油率等性能指标的不断提高外,更重要的是对安全性水平的要求越来越高(民机 $10^{-7} \sim 10^{-9}$ 次危害性事件/发动机飞行小时,其他军机类 $10^{-5} \sim 10^{-7}$ 次危害性事件/发动机飞行小时)。长期以来,我国军用航空发动机遇到的最为关键的问题就是安全性水平不能满足使用的需要,制约着军用飞机战斗力的提升,民机发动机更是刚刚起步,安全性水平与适航能力制约着民用飞机市场的准入。

为揭示上述问题的本质和根本原因,作者在过去十年间经历了漫长和艰难的思索与探究。

军用航空发动机安全性与适航技术是"看不见、摸不着"的系统级技术,欧美对我国严格封锁,因此作者尝试从安全性水平要求更高的民用航空发动机着手开展研究。2008 年,在与中国民用航空发动机适航审定中心沟通交流的过程中,了解到民用航空发动机的安全性水平必须通过适航规章得以保证,通过适航取证获得市场准入,而适航规章也是欧美国家和地区对航空事故的总结和提升。"聪明人不在一块石头上跌两次跤,为何不能让欧美航空事故的教训成为我们后发国家的成功之母呢?"带着这个朴素的想法,作者率领团队对民用航空发动机适航规章(美国适航规章 FAR - 33 部和中国适航规章 CCAR - 33 部)开展了系统的分析研究工作,梳理出了适航条款的产生渊源、演变历史、涉及的工业方资料,提炼符合性方法和符合性验证项目等。研究过程中作者逐渐意识到由于我国的适航规章 CCAR - 33 部直接借鉴了美国联邦航空局(Federal Aviation Administration, FAA)适航规章 FAR - 33 部,没有经历与工业实践的融合,更缺乏所涉及具体技术的专门研究,使得适航规章要求在我国航空工业型号研制中表现为"自上而下"(审定方要求工业方),而不是欧美的"自下而上"(工业方支持审定方)。这样逆序的直接结果,就是适航要求被认为是"瓶颈",是阻碍国产航空产品进入市场的"壁垒"。简单来说,适航规章在我国"水土不服",这座富矿的开采面临诸多挑战。

因此,为了解欧美如何实现适航要求与工业实践的融合,如何通过适航保证航空发动机的安全性,作者于 2009 年、2011 年、2013 年在北京和法国图卢兹与中国民用航空局(Civil Aviation Administration of China, CAAC)共同发起并组织召开了3届适航国际会议(International Symposium on Aircraft Airworthiness, ISAA),会议吸引了来自FAA、欧洲航空安全局(European Aviation Safety Agency, EASA)、波音公司、空中客车公司、赛峰集团、中国商用飞机有限责任公司等为代表的工业方,以及以帝国理工学院、克兰菲尔德大学、剑桥大学、北京航空航天大学等为代表的著名航空大学的专家学者参加。其目的是搭建一个国际适航领域的交流平台,期望通过研讨获得国外的成功经验和我国的问题所在。其间,作者所做的大会报告 *Aeroengine Design under Airworthiness Requirement* 中有关"Airworthiness Design"理念的提出引起了国外专家的热议甚至是困惑:适航仅是对航空发动机设计安全性的确认,并保证的是最低的安全性水平,以适航条款要求实现设计安全性对于欧美航空发动机制造商而言是"本末倒置"。对于这一困惑,其根本原因是由我国航空工业的特殊性决定的,对于欧美而言是先有民用航空发动机产品,在此基础上逐步支撑FAA形成适航要求;而对于我国而言尚无任何民用航空发动机型号,但已有适航规章要求,而更为重要的是该适航规章是与美国的航空工业体系和特点相适应,必然带来我国航空工业的困难和取证的瓶颈。

在上述过程中,作者逐步清晰,航空发动机的安全性与适航性是"一个硬币的两个表面"的技术本质,即安全性直接的载体和对象是航空发动机工业方;适航性是局方对安全性的确认并以适航管理的外壳表现出来。因此,民用适航规章隐含的技术内涵是与我国航空工业水平和技术特点相适应的安全性设计技术,作者提出的安全性与适航的五大问题——如何设计赋予,如何制造实现,如何验证表明,如何审定接受,如何维护保持,其核心在于回答安全性的如何设计赋予。

至此,无论是对民用航空发动机还是军用航空发动机,问题的关键就转变为如何实现航空发动机安全性的设计赋予。从美国军民航空发动机的研制标准的发展脉络和技术内涵来看,作者发现美国航空发动机研制经历了从完整性及冗余设计、失效安全设计到系统安全设计三个阶段;同时研制标准从20世纪60~70年代MIL-STD-5007D+MIL-STD-882A的采购规范阶段逐步发展到现在的MIL-STD-516B+MIL-STD-882E系统安全阶段,过程中尤其是对民用适航规章FAR-33部条款的借鉴,实现了美国军用航空发动机安全性水平的极大提升。因此,从美国的成功经验,作者意识到航空发动机作为典型的复杂系统,安全性设计赋予的核心在于在实际研制过程中贯彻基于全流程管控的系统安全性设计,而这一流程也就是美欧双"V"研制流程(图1)的本质。因此,作者带领团队在之后的研究中聚焦如何在设计中贯彻基于系统安全的全过程安全性控制,如何将适航规章抽象的安全性要求融入设计流程,并提出从六要素(输入、输出、工具、数据库、流程、判定准则)着手的技术流程方法。

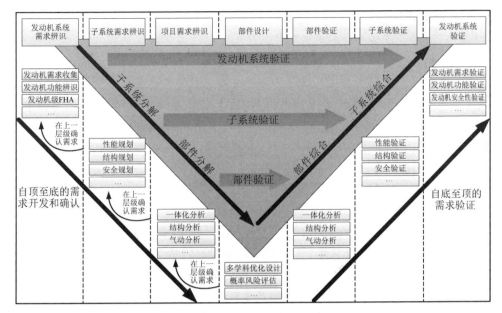

图1　欧美航空发动机双"V"研制流程

在明确设计安全性技术内涵的基础上,作者进一步分析了从《空中航行管理公约》(简称《巴黎公约》)到《国际民用航空公约》(通称《芝加哥公约》),再到随欧美航空产业发展的 FAA 和 EASA 对国际适航领域格局的引领和变化,揭示出欧美已经形成的工业方-局方-研究机构(含大学)三位一体协同的三角形安全性与适航体系(图2)是航空发动机安全性与适航的机制保证。

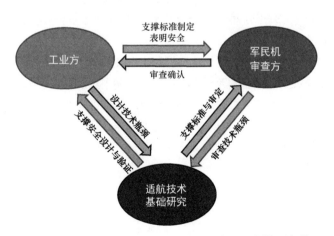

图2　欧美航空发动机安全性与适航三角形研制体系架构

令作者欣慰的是,在上述十年间的研究过程中,得到了工业和信息化部装备工业司、教育部科学技术司、中国民用航空局、中国共产党中央军事委员会装备发展部等国家机关的支持,中国航空发动机集团公司多个研究所专家的大力协作,特别是"两机"专项专家委员会的大力支持。安全性与适航的技术内涵本质,系统安全性设计理念,与我国工业水平和特点相适应的体系架构等得以逐步形成。

团队于 2009 年获批组建"航空发动机复杂系统安全性"长江学者创新团队,2011 年获批成立国内第一个北京市飞机/发动机复杂系统安全性重点实验室,2012 年首批进入国家"2011 计划",成立"先进航空发动机协同创新中心-复杂系统安全性与适航团队",2016 年与中国民用航空适航审定中心签署战略合作协议,并在北京航空航天大学成立首个适航技术与管理本科专业,为民航输送专门人才。

在上述平台的支撑下,团队联合中国航空发动机集团公司、民航审定部门及国内优势高校,在尝试搭建国内自主"适航三角形"的基础上,面向适航条款技术内涵开展研究,于 2013 年承担工业和信息化部民机专项"航空发动机适航条款符合性技术研究";面向重点民机型号(如 WZ16、CJ1000A)的"瓶颈"适航需求,于 2015 年承担工业和信息化部民机专项"民用涡轴发动机适航热端部件技术与冷端寿命限制件符合性验证技术"和"民用航空发动机涡轮盘损伤容限设计与评估技术";面向系统安全性设计,于 2015 年承担总装备部首个系统安全领域国防 973 项目;面向关键零部件的适航审定技术,于 2017 年承担工业和信息化部大飞机调概项目"航空发动机关键零部件结构适航审定技术研究"。从 2017 年起,作者作为两机专项安全性、适航与标准组副组长,与专家组专家通力合作,完成了安全性与适航的发展规划和项目指南。

综上所述,本书是作者及团队长期研究成果和思想理念的总结,反映了一定的领域共识,也有些一家之言,由于时间仓促,不足和疏漏在所难免,也希望能引起争论和批评,促进局方、工业方和大学研究机构的共同成长,为尽早形成我国自主"三位一体"适航体系尽绵薄之力。

在本书的写作过程中,团队成员李果、邱天、刘传凯等参与撰写,研究生王子尧、刘俊博、夏舒洋、左亮亮、武红艳、周惠敏、张国华、滕依达、张雨辰协助书籍的校验工作。

中国航空发动机集团公司尹泽勇院士仔细审阅了本书,并提出了中肯的意见和修订建议,在此深表感谢。本书在编写过程中得到了中国民用航空适航审定中心周燕佩副主任、张弓高级工程师,以及中国民航管理干部学院鲍梦瑶副教授的鼎力相助,在此一并表示感谢。

书中如有不妥之处,望各位读者不吝指正。

北京航空航天大学能源与动力工程学院

丁水汀

2019 年夏于北航绿园

Email:dst@ buaa.edu.cn

目　录

第1章　绪　论

第2章　适航技术体系与航空发动机安全性

第3章　民用航空发动机安全性和适航设计要求

第4章　航空发动机系统安全性六要素分析

第5章　航空发动机限寿件安全性六要素分析

第6章 典型限寿件寿命评估分析实例

第7章 航空发动机安全性设计的前沿发展

第1章
绪　论

　　航空推进技术是先进国家基础性、战略性支撑产业,是工业"皇冠上的明珠"。航空发动机技术和产业以其先进性和复杂性成为一个国家科技水平、综合国力的重要标志之一。2006年2月按照国务院发布的《国家中长期科学和技术发展规划纲要(2006—2020年)》[1],大型飞机重大专项工程正式启动,落实最终配套具有自主知识产权的大涵道比涡扇发动机的战略目标的举措已开始实施。2016年8月,中国航空发动机集团公司在北京成立,中共中央总书记、国家主席、中央军委主席习近平作出重要指示强调,"党中央作出组建中国航空发动机集团公司的决策,是从富国强军战略高度出发,对深化国有企业改革、推进航空工业体制改革采取的重大举措。希望你们牢记使命、牢记责任,坚持国家利益至上,坚持军民深度融合发展,坚持实施创新驱动战略,大胆创新,锐意改革,脚踏实地,勇攀高峰,加快实现航空发动机及燃气轮机自主研发和制造生产,为把我国建设成为航空强国而不懈奋斗"。同时,中共中央政治局常委、国务院总理李克强作出批示指出,"组建中国航空发动机集团公司,是党中央、国务院作出的重大战略决策。航空发动机是国之重器,是装备制造业的尖端,尽快在这一领域实现突破,对于增强我国经济和国防实力、提升综合国力具有重大意义。要牢固树立新发展理念,坚持军民融合发展战略,以建设世界一流航空发动机企业为目标,依靠改革开放,立足自主创新,弘扬工匠精神,集众智推众创,并积极借鉴国外经验,着力攻克核心关键技术。希望同志们牢记使命,不负重托,努力做航空动力的保障者、制造强国的建设者和创新驱动发展的践行者,为保障国防安全、培育壮大新动能、促进经济社会持续健康发展作出积极贡献"。2016年11月,工业和信息化部部长苗圩在全国工业和信息化创新大会上介绍,"十三五"期间,我国将以组织实施重大科技专项为抓手,持续推进高端装备制造业的发展,全面启动实施航空发动机和燃气轮机重大专项。因此,航空发动机的研制得到党中央、国务院及相关部委的高度重视,并加大投入力度以实现国家的战略性目标。

　　航空发动机产业的建立是一个庞大而复杂的系统工程,除了需要建立以需求为导向的产业战略、产品策略、研究和开发策略,还必须建立科学的研制和质量保证体系。其中,安全性是研制和质量保证体系的首要属性,是关乎航空器是否能够获得确定性的安全运行保障的重要问题;适航性是飞行器安全性和物理完整性的一种品质,是关乎航空器是否能够赢得市场准入、保证公众安全的必要条件。国务院前总理温家宝的文章《让中国的大飞机翱翔蓝天》[2]中指出"安全性是第一位的,必须确保,因为没有安全性,一切都无从谈起……要大大增强适航意识,适航审定部门要按照国际和国内的适航标准,从飞机的初始设计到整机组装生产实行全过程的质量监控……从方案制订一开始就要非常明确,并把这个指导思想贯穿到设计、工程、验收和产业化等各个阶段。"因此,作为中国大飞机最为重要子系统的航空发动机,必须在设计阶段贯彻安全性,在审定阶段确认适航性,从而通过适航性保证最低的安全性标准。

目前,以欧美为代表的民用航空业发达国家和地区,经过审定局方和制造业、运输业以及国际组织八十余年的共同努力,支撑技术、管理体系交融发展,使得民用航空器和运输安全性逐渐赢得了公众的信任。而适航规章就是上述各方共同努力的结晶,是民用航空发动机安全性设计实践与验证技术的成功经验和失败教训的凝练和总结,是民用航空发动机适航审定的基础,并得到不断演变和修正,成为航空产品高安全性的保障。在上述基础上,欧美实现了适航性下的安全性保证,而其在这一过程中的衍变历史以及相关规章和标准的产生,为我国建立航空发动机安全性与适航性设计体系,提供了宝贵的参考。

因此,本章首先从航空器安全性与适航性的定义出发,详述民用航空发动机适航规章的产生与发展过程,并概述军用航空发动机安全性与适航性问题,从而凝练出安全性与适航性的五大核心问题,并作为本书后续章节的论述基础。

1.1 航空器安全性与适航性概述

1.1.1 航空器安全性概述

航空器安全性,是指通过全寿命周期危害识别和风险管理,使人员遭受伤害或财产遭受损害的风险降低并维持在可接受水平的状态。安全性是航空器的重要属性之一,是通过设计赋予、制造实现、验证表明、审查确认、维护保持的固有属性。但是,航空器安全性属性的实现最为核心的是其设计赋予特性,即体现在工业方必须通过系统、完整的设计手段赋予产品,然后"顺其自然"地经制造实现,并向局方表明和确认后,由用户维护保持。因此,航空器安全性的关键在于工业方是否在设计阶段已经赋予了产品这一特性,而非局方和用户的"逆向"判断和维持,即安全性是由工业方通过设计赋予产品的。

航空器安全性在工业方设计阶段是否得到满足,一般可以通过安全性分析技术加以判断。但早期的安全性分析,主要基于事后的调查分析,并没有将安全性要求作为对设计对象的事前约束进行输入,也没有从系统级的角度进行分析。因此,这种分析不能直接指导航空器的设计,且往往需要等到航空器在使用和运行过程中暴露出了安全问题后,再进行更改,而这种没有在事故之前进行安全性分析和考虑的设计也难以预防事故的发生[3]。正因为传统安全性分析技术显现出越来越多的局限性,而航空器系统的复杂程度和安全性要求又在日益增加,所以在传统安全性分析概念的基础上,系统安全性分析在 20 世纪 60 年代被发展起来。需要注意的是,这里的“系统安全性”是指将系统思想引入安全性设计中,是一种从系统研制初期的论证阶段开始进行,并贯穿工程研制、生产阶段的系统性检查、研究和分析危险的技术方法,目的在于防患于未然,尽可能在设计阶段避免未来运行中的不安全状态发生[4]。

在系统安全性分析的概念提出以后,其迅速在军民航空工业中得以体现:1962 年 4 月,美国空军首先提出以系统工程的方法研究导弹系统的安全性[5,6],即“空军弹道导弹系统安全性工程”(System Safety Engineering for the Development of Air Force Ballistic Missiles)。20 世纪 70 年代,在美国民机机载系统向综合化和复杂化发展的过程中,提出了在设计中充分保证飞机安全性的要求,同时,FAA 首次提出定性的系统安全要求[7],其在实际运用中得到了极大的成功。由于航空工业界对设计阶段系统安全性的广泛成功应用,系统安全的思想及要求也必然随之体现到航空法规中,即世界各国适航部门以确保飞行安全为目的颁布的各类适航条例、适航指令,其明确规定需要采用试验或分析的方法来表明发动机设计的安全性。80 年代后期,美国军方又率先提出了军用航空器适航的概念,试图在军用航空器型号研制中引入民用航空器适航管理经验,以进一步提高其军用航空器的安全水平[8]。进入 21 世纪,随着军用航空器概念的逐步成熟,世界各军事大国由于逐步认识到军用航空器问题的严重性,在不断追求更高性能的同时,更加注重安全性要求,强调军用航空器“性能设计要求”和“安全性要求”相融合。目前,FAA 在 2007 年首次给出 10^{-7} 的定量系统安全要求[9]。由此可知,无论是军用航空器还是民用航空器,系统安全性推动着航空工业安全性的发展并成为其必须满足的要求。

1.1.2　航空器适航性概述

适航性是飞行器的最低安全标准,是关乎航空器是否能够赢得市场准入、保证公众安全的必要条件。与从工业方视角出发,经设计赋予的航空器安全性不同,适航性强调的是从局方视角出发,通过判断系统、强制执行的适航要求的符合程度,对设计安全性的一种确认,并以适航管理的外壳表现出来。

一般地,航空器适航有多种可接受的定义,其从不同侧面强调适航的内涵。

(1)航空器能在预期的环境中安全飞行的固有品质,这种品质可以通过合适的维修而持续保持。本定义强调航空器适航性是设计赋予安全性的体现,并通过符合性验证来表明,通过适航审定来确认。

(2)民用航空器(包括其部件及子系统)的整体性能和操纵特性是指在预期运行环境、使用限制下的安全性和物理完整性的一种品质。这种品质要求航空器应始终处于保持符合其型号设计要求和始终处于安全运行状态[3]。

(3)航空器或航空器部件在许用限制内,为确保飞行处于安全状态所必须达到的必要的要求[10]。本定义强调了三个关键因素:安全状态、达到必要的要求和许用限制。其中安全状态是指免于导致人员死亡、受伤害或疾病,设备或财产受损坏或损失,或对环境产生破坏的状况。达到必要的要求指航空器或其任何部件都是根据经研究和已测试的判据设计并制造的,使得能够飞行在前述的安全状态下。许用限制则指设计用于飞行于一定的"飞行包线",超过这些条件和限制,可能会造成事故的发生。

1.1.3　安全性与适航性的关联

安全性与适航性从本质上而言是"一个硬币的两个表面",即安全性是从工业方视角出发,通过设计赋予的航空器特征;适航性是从审定方视角出发,通过判断系统、强制执行的适航要求的符合程度,对设计安全性的确认。两个方面的根本目的都是为了保证航空器的安全性运行,保证公众的利益。

同时,安全性与适航性又体现出相辅相成、互相促进的关联特征。

一方面,公众日益增长的安全性需求,促进了航空器适航理念的产生,并以航空工业技术水平的提升而进步,例如,从美国适航技术七十余年的发展历程来看,适航技术是在重大安全问题牵引下发展的,同时又是建立在航空技术的综合和集成基础上的;而对工业方而言,安全性设计理论和技术方法的发展和跨越,也推动了适航技术和航空器安全性水平的提高和跨越。

另一方面,适航性又保证了航空器最低水平的安全性,即约束了工业方在对产品设计赋予安全性时的"下限",并由审定方确认。由于各航空器制造商技术水平的差异,从审定方出发的适航性及其背后隐含的适航技术,又在发展过程中推动着航空工业技术的综合发展,即对于技术水平不高的航空器制造商,必须努力提高技术水平,赋予产品经审定方认可的安全性后才能投入市场运营,从而保证航空器最低水平的安全性。

1.2　民用航空发动机适航规章

适航规章,是指各国或地区政府主管部门为保证航空器适航而制定的法规性文件,是国家法规文件系统的一部分。基于民用航空运输是全球化、国际性的基本认识,适航规章可全球共用。但是由于航空发动机研制技术水平的差异性,各国或地区的适航规章在具体条款要求上客观存在一定的不同之处。因此,为便于读者理解国内外适航规章的本质意图和安全性要求特征,本小节将从适航规则的国际公约开始,概述典型的民用航空发动机适航规章。

目前,对我国航空发动机研制过程而言,具有法律意义的适航规章是 CCAR - 33 部《航空发动机适航规定》R2 版[11];而具有重要技术指导和借鉴意义的适航规章是 FAA 颁布的 FAR - 33 部《航空发动机适航标准》[12]和欧洲航空安全局(European Aviation Safety Agency, EASA)颁布的 CS - E《合格审定规范:航空发动机》[13]。

1.2.1　《芝加哥公约》与后发国家的安全门槛

1944 年,为促进合作并"建立和保持世界各国和人民之间的友谊和了解",由 54 个国家起草,制定了《国际民用航空公约》。如今,被更普遍称为《芝加哥公约》的这项重大决定,确立了开展国际航空运输的核心原则,并促成了自那时起对其进行监督的专门机构——国际民用航空组织(International Civil Aviation Organization, ICAO)的成立。从 ICAO 成立至今,其核心使命就是帮助各国实现民用航空规章、标准、程序和组织方面可能的最高程度的统一。航空器适航规章作为民用航空规章的重要组成部分,尽管各国间存在差异且具体规定取决于各国的国内法,但均不能脱离 ICAO 所制定的"游戏规则"或框架和基础,因此本小节基于《芝加哥公约》的会议纪要文件及其他相关 ICAO 资料的分析,详细论述了《芝加哥公约》的产生、特点,并分析了该公约对不同国家的作用和影响。

1. 《芝加哥公约》的产生及目的

对于适航规则国际公约的产生,可以追溯到世界上第一条定期商业飞行器航线,其产生于 1914 年的美国,在运营 90 天后因第一次世界大战的爆发而告终。由于战争中频繁使用飞行器载运军用物资,在性能提升的同时,人们意识到空运潜藏的巨大商机。因此,在第一次世界大战结束之后,商业定期航线重新运行,在这种背景下,澳大利亚政府提议就空中航空规则缔结国际公约,促进民用航空的发展。1919 年,在国际航空委员会(International Commison for Air Navigation, ICAN)的支持下,27 国共同签署了《空中航行管理公约》(Convention for the Regulation of Aerial Navigation,简称《巴黎公约》)[14],该公约在第三章中就飞行器的飞行能力和适航认证作出专门规定,此为世界上第一个专门规制国际空中航行的公约,也是第一个对民用航空器适航问题作出统一规定的国际公约。

随着第二次世界大战的爆发,尽管其是人类历史上非常黯淡的时期,但为飞机技术发展提供了强大的催化剂。在这一时期,建立了旅客及货物运输的庞大网络。但是要将这些设施及航线发展为各自的民用目的,还存在政治和技术两方面的诸多障碍。

因此,在开展多项研究并与其主要盟国进行各种磋商后,美国政府邀请了55个国家(实际出席54个)出席1944年在芝加哥召开的国际民用航空会议,其中冒着巨大风险参会的54个国家中的52个国家于1944年12月7日会议结束时,签署了新的《国际民用航空公约》(简称《芝加哥公约》)。

《芝加哥公约》为全球和平开展空中航行的标准和程序制定奠定了基础。它确立了国际民用航空"……按照安全和有秩序的方式"开展作为其首要目标,并使航空运输业务建立在"机会均等的基础上,健康地和经济地经营"。同时,《芝加哥公约》还正式确定了一个预期:将成立专门的国际民用航空组织(ICAO),以便组织并支助全球新兴航空运输网络需要开展的大量国际合作。

至此,国际民用航空逐渐发展出一套完全独立的规则。截至2019年,《芝加哥公约》已有192个缔约国,而特别值得一提的是,早在1946年2月20日中国作为公约签署国就已批准该公约,并于1947年4月4日公约对中国生效。

2. 《芝加哥公约》适航规定的产生过程

根据《芝加哥公约》的相关会议纪要[15],在制定过程中成立了四个委员会并分别负责的编制内容如下。

第一委员会:多边航空公约和国际航空机构。

第二委员会:技术标准和程序。

第三委员会:临时空中航路。

第四委员会:过渡理事会。

其中,第二委员会最为庞大并包括了10个分委员会,有关公约的适航部分是由其第四分委员会(航空器适航性)负责。目前,该分委员会主席为加拿大空军少将 Marshal A. Ferrier,副主席为新西兰空军中校 J. M. Buckeridge,技术专家为美国 Charles F. Dycer。

1) 会议中适航规定的基础

航空器适航性分委员会的目的旨在"确定国际空中航行和商用飞机适航性的一套最低标准达成最大程度的协议"[15]。在没有其他可选文件的情况下,分委员会研究、讨论了由美国代表团提交的题为《民用航空器国际航空的适航要求》的第7号文件。在分委员会前后共计8次会议中,根据以下原则对第7号文件进行了讨论,并形成了一份完整的解读,遵循的原则如下:

(1) 不讨论数学公式和细节。

(2) 会议记录中的"接受"只是原则上表示同意,即此次会议审议产生的国际适航标准草案中包含的,仅仅是大致的适航标准要求,这将使各国代表能够更自由地结合本国情况,形成修订版,于本次会议后提交以供审议。

(3) 对第7号文件的每章节进行研究,以决定其是否:原则上适合列入国际空中航行和商用飞机适航性法规;容易解释,没有歧义且清楚有效。

对于第 7 号文件《民用航空器国际航空的适航要求》,分委员会普遍认为其标题、结构和各部分内容是合适的,因此同意接受第 7 号文件的各部分内容。但建议本次会议后可能设立的机构(国际民航组织),在之后提出的修订版中,应包含额外的图表来协助说明解释,也建议修订版由 3 个密切联系的部分组成,具体内容如下所示。

卷 1:关于颁发航空器适航证的一般性要求,这些要求是缔约国适航当局在颁发航空器适航证的审定期间可以执行的要求。需要说明的是,在审定期间,适航当局并不知道正在进行适航审定的飞机将会以何种方式或将在哪条航线上使用。

卷 2:关于飞机在特殊情况下或在特定航线上使用时,对性能特征、特殊设备和特殊设计的要求。

卷 3:推荐的适航审定方法。

2)会议中有关适航规定所达成的共识

航空器适航性分委员会达成以下一致意见[15]。

(1)迫切需要一个足够全面和详细的国际适航规章,以形成有效的安全标准。

(2)"ICAN 公约"(空中航行国际委员会,巴黎公约 1919)附件 B 中发布的适航规章不够详细,也不足以形成有效的安全标准。

(3)除非建立有效的国际行政机构(国际民航组织),否则形成详尽全面的国际适航规章是不切实际的,建立这样的国际机构将有利于以下方面:① 应各缔约国适航当局的要求,对国际适航规章进行解释,以适用于特定的飞机设计;② 使各缔约国适航当局能够注意到国际适航规章的临时变更和增删;③ 持续审查影响航空安全的研究进展,并且根据①、②中的审查要求和日常工作要求,对适航规章进行修订和扩大。

(4)各缔约国适航当局颁发航空器适航证时,有义务确保飞行器符合国际适航规章要求。各缔约国适航当局可自行决定对该国设计和制造的飞机的适航规章予以删减,但要提供恰当的技术证据证明飞机的安全性不会因此受到损害,同时须符合下述规定:① 向上述的适航国际机构(国际民航组织)通报对适航规章所有的删减,并要提供相应的技术证据,证明该国对适航规章的删减是有理由的;② 向审定国的适航当局提供关于在国外商用飞机的所有此类删减的全部细节。

同时,分委员会希望会议结论最终能形成以国际贸易为目的的国际适航性法规,它不必提及不同的国家的适航规章要求,这些要求将留给各缔约国适航当局来做:① 发布他们认为合乎需要的适航规章的修订;② 发布与国际适航规章要求有关的解释性通告。

此外,对于个别国家将不可避免地发现必须通过发布本国规章以覆盖一些适航的重要要求,尽管这些要求没有被国际规章所覆盖。

3.《芝加哥公约》的适航规定

从《芝加哥公约》适航规定的产生过程来看,美国联邦航空局的研究积累和技术基础是编制的重要参考依据和讨论的基础,同时美国联邦航空局的相关技术人员直接负责相关修正案的起草工作,因此适航规定有着极深的美国适航技术背景,并受其影响。

另外,在《芝加哥公约》之前,航空安全方面的国际规则主要规定于《空中航行管理公约》(即《巴黎公约》)的第三章中[15],主要包括对飞机适航证、人员证书、无线电设备,以及成员国之间相互认可的适航问题。同时,《巴黎公约》设立了专门的附件B,其针对适航证做出具体规定。这种安排延续到后来1944年的《芝加哥公约》,它除了在正文中对于涉及适航的具体证件文书做出规定,另外设置了专门的附件8《航空器的适航性》[16]。

1)《芝加哥公约》正文的适航规定概括[14,17]

在正文中,《芝加哥公约》和之前的《巴黎公约》对适航的规定不同之处在于,没有沿用原有章节的名称,而是将之改为"航空器应具备的条件",但是对原有内容进行了细化,并未作出删除。这样的安排,很大程度上是受美国第7号文件《民用航空器国际航空的适航要求》的影响,同时也由于涉及的相关内容并非全部是适航制度,因此在立法上可以体现得更为细腻。具体而言,有以下方面。

公约的第29条、31条、39条规定了民用航空器从事国际航行业务时应当具备适航相关证件文书,包括航空器的登机证明、适航证。其中明确了这些证件的签发和核准单位由国内法决定,航空器的营运者应当确保在航空器从事国际航空期间备有这些证件。但是有一点例外,根据第39条规定,即允许持证航行的航空器在适航或性能方面与国际标准不一致(即公约体系下确立的标准),但是要符合两个要求:① 符合发证单位的要求;② 证书上签注不符处,或者加上附件列明不符点,这个要求不能由成员国的国内法进行更改,如果存在不符点,则应当根据本条规定进行签注或者制作附件说明相应的情况。

公约的第33条规定,成员国有义务承认其他成员国签发或者核准的航空器适航证书与执照等,对于签发国或者核准国而言则有义务确保其标准等于或者高于芝加哥体系下制定的最低适航标准。结合第39条可以得出推论,《芝加哥公约》体系确立的是最低适航标准,各国国内法不能向下突破,但是在维持这个安全水准的前提下可以有不同的规定,只是需要在其证书中予以注明。

公约的第37条则明确赋予国际民航组织权利以制定民用航空器适航的国际标准及建议措施,缔约国有配合并力求与之高度一致的责任。公约并未做出强制性要求,规定缔约国必须直接援用公约体系下的相关适航规定,而是持促成一致的态度。

对于在国际适航标准通过之日起 3 年以内送交国家有关当局申请签发证书的航空器,则根据公约第 41 条,可以不适用上面的这些规定。

2)《芝加哥公约》附件 8 的适航规定概括[16,17]

《芝加哥公约》正文当中对于适航制度的规定较为零散,并且相对集中在适航文书,未明确提及初始适航之后的适航性要求,而是用第 37 条、38 条做出间接规定,要求缔约国应当保持和国际民航组织制定的适航性规定高度一致,如果有任何不符处,则对国际民航组织和其他国家负有相应的通知义务。正如前面对持续适航的国际标准论述,此处的"国际民航组织制定的适航性规定"(包含在国际标准及建议措施和程序当中),集中体现为公约的附件 8,即《航空器的适航性》,于 1948 年首次颁布,至 2016 年已经更新到第 11 版。

附件 8 一共 7 个部分,根据不同类型的民用航空器制定了相应的适航要求,具体规则包括型号合格证、适航证、持续适航、航空器设计、航空器制造、航空器维修、发动机、螺旋桨、相关设备、操作限制、安保相关的适航等内容。附件 8 要求航空器及其相关设备在所有航行阶段都必须能够完成附件所规定的最低性能,在所有预期的运行条件下必须是可操纵的和稳定的,而不要求驾驶员特殊的技巧、机警或体力,甚至发生任何动力装置失效时也是如此。

这一系列广泛的适航规定是作为一种"标准",就他国民用航空器进入或穿越本国领空的飞行规定了最低基础,起到了维护航行安全、保护航空器、第三者及财产安全的目的,供国家适航管理部门使用或参照使用。附件承认国际民航组织的标准不应取代国家规定,而且国家适航性规定是必需的,其中应包含个别国家认为必要的、范围广泛且详尽的细节,作为其审定每架航空器的适航性的基础。每个国家可自由地制定其本国的综合和详尽的适航规定或选择、采用或接受另一缔约国所制定的综合和详尽的规定。要求国家规定保持的适航水平体现在附件 8 广泛的标准之中,必要时还有国际民航组织《适航技术手册》中所提供的指导材料的补充。

3)《芝加哥公约》附件 8 的发动机适航规定概括[16]

《芝加哥公约》第Ⅲ部分"大型飞机"的第 5 章"动力装置",以及第Ⅵ部分"发动机"中,对大型飞机的动力装置给出了具体的适航规定,如表 1.1 所示。其中,第Ⅵ部分"发动机"为附件 8 第 10 版修订(2004 年 12 月 13 日)新增的部分。

表 1.1 《芝加哥公约》附件 8 的发动机适航规定

第Ⅲ部分 大型飞机	第 5 章 发动机	5.1 范围
		5.2 设计、构造和工作
		5.3 公布的额定值、条件和限制
		5.4 试验

		1.1　适用范围
第Ⅵ部分　发动机	第1章　总则	1.2　发动机的安装和连接
		1.3　公布的额定值、条件和限制
		1.4　持续适航-维修资料
	第2章　设计与构造	2.1　工作
		2.2　故障分析
		2.3　材料和制造方法
		2.4　完好性
	第3章　试验	

从《芝加哥公约》附件8的适航规定来看,其内容只限定于一种概括性的标准,叙述的是目的,而不是实现这些目的的方法。然而,为了用例子说明一些概括性的标注以图达到的适航水平,在"可接受的符合性方法"的标题下包括了一些较详细的和具体的规范。这些规范是为了协助缔约国制定和采用全面而详细的国家适航规范。

同时,在附件8的"前言"部分也明确指出"国际适航标准的目的是为供国家主管部门采用而规定的最低适航水平,该水平构成在公约第33条下为了他国航空器进入或飞越其领土,为各国承认适航证所依据的国际基础。此外,它还达到了保护其他航空器、第三者和财产的目的"。

4.《芝加哥公约》的适航规定特点

1) 历史一致性从未被更改

自1944年12月7日《芝加哥公约》签订至今,其正文共进行了9次修订,目前最新的是2006年颁布的第9版。其中,有关公约正文中的适航规定,在9次修订中从未被更改,仍然沿用了第四分委员会(航空器适航性)以美国第7号文件《民用航空器国际航空的适航规定》为基础确定的标题、结构和各部分内容。此外,芝加哥会议本身就是在美国开展多项研究并与其主要盟国磋商后发起的,美国民航局的研究积累和技术基础是编制的重要参考依据和讨论的基础,同时美国民航局的相关技术人员直接负责相关修正案的起草工作,因此《芝加哥公约》中的适航规定可以认为从始至今都处在美国的适航技术背景和技术特点下,这一点从未改变。

2) 只有"下限"没有"上限"

《芝加哥公约》及其附件8中有关适航规定颁布的目的是协助缔约国制定和采用全面和详细的国家适航规范;同时,由公约第33条和第39条规定[14,17],国际适航标准的目的是为供缔约国采用而规定的最低适航水平,该水平构成了在公约第

33 条下为了他国航空器进入或飞越其领土,为各国承认适航证所依据的国际基础。显然,国际民用航空组织的适航标准不能代替国家的规章,而且,每个国家会认为有内容全面且细节详尽的国家适航规范作为审定特定航空器的基础是很有必要的。每个国家应制定其各自全面和详尽的适航规范,或者选用由另一个缔约国制定的全面和详尽的规范。

因此,《芝加哥公约》在赋予了缔约国制定自己更为详细的适航规定的权利的同时,实际上也规定了各国适航规定的"下限",即至少应满足公约体系下制定的最低适航标准,各国国内法(适航)不能向下突破,仅在维持这个安全水准的前提下允许有不同的措施。

但是,该公约并没有约束各国制定自己适航规定的"上限",从理论上来说,适航规定可以定得非常高以保证更高的安全性水平,甚至可以成为航空技术发达国家限制其他国家发展的"壁垒",构成一定程度上的"垄断"。但在实际制定过程中,这种理论上的高适航规定并没有出现。对此,本书作者与美国 FAA 驻 ICAO 代表讨论后,认为其原因有以下两点。

(1)本国航空工业相互间的制约作用。对于任何国家,即便是航空发达国家,其航空产业公司尽管非常庞大,但都存在不同程度上的技术差异,以最为优秀的航空产业公司(如 GE、普惠等)制定的高标准适航规定,实际上也同时限制了本国其他航空产业公司的发展,对国民经济并无益处。

(2)过高的适航规定对最为优秀的航空产业公司也会带来一定的负面效果。例如,当其他国家向美国波音公司租赁了一定数量的飞行器开展运营活动,在租期结束退还飞行器时,按照规定应重新审定飞行器的安全性状态,但过高的适航规定极有可能导致飞行器难以满足标准的要求,出现不能退回的尴尬情况。

3)背离的要求

《芝加哥公约》同时给出了各国的适航规定在特定情况下与公约规定的适航标准不符时,应采取的措施,即背离国际标准的要求和程序。公约第 38 条规定[14,17],任何国家如认为对任何上述国际标准或程序,不能在一切方面遵行,或在任何国际标准或程序修改后,不能使其本国的规章或措施完全符合此项国际标准或程序,或该国认为有必要采用在某些方面不同于国际标准所规定的规章或措施时,应立即将其本国的措施和国际标准所规定的措施之间的差异,通知 ICAO。任何国家如在国际标准修改之后,对其本国规章或措施不作相应修改,应于国际标准修正案通过后六十天内通知理事会,或表明它拟采取的行动。在上述任何情况下,理事会应立即将国际标准和该国相应措施间在一项或几项上存在的差异通知所有其他国家。

5. 后发国家的安全门槛

如前所述,《芝加哥公约》及其附件 8 所规定的标准并非绝对的,颁布的目的是协助缔约国制定和采用全面与详细的国家适航规范,但它明文规定国际民航组织的标准不应取代国家规定,各国必须且自由地规定自己的适航规则;同时也要求国家标准要体现公约的要求,即将之作为最低标准。

正因为上述原因,缔约国针对航空器都制定了自己的适航法规或规定,其属于国内法的范畴。而在航空发动机领域,最有代表性的有 FAA 的 FAR-33 部、EASA 的 CS-E,以及 CAAC 的 CCAR-33 部。但是,由于各国间存在经济、技术等条件的客观差异性,成员国所制定的适航法规在要求上存在较大的差距,甚至部分成员国无法满足《芝加哥公约》附件 8 最低的适航规定,而这些公约只要求各国在公约第 38 条框架下通报 ICAO,并由 ICAO 理事会将国际标准和该国相应措施间在一项或几项上存在的差异通知所有其他国家[14]。

然而,适航规章本身只表现为对于航空产品安全性的最终要求,背后不仅隐藏着产品研制方法和过程的技术诠释与实践,还隐藏着表明条款符合的判定技术。因此,以欧美为代表的先进航空工业国家及地区(可定义为"先发国家")由于在航空器领域的研制起步较早,技术实力雄厚,其适航技术甚至本身作为国际适航标准制定的基础,因此在本国适航规章的制定上能够很好地与航空工业水平相适应;同时,这些国家也从出口、航空运输等领域取得了高额的商业收益,因此为避免其他国家争夺市场份额,客观上"先发国家"在平衡本国各航空产业公司的利益后,仍有足够的实力通过制定技术水平较高的适航法规形成"安全壁垒",限制其他航空技术水平相对落后的国家(可定义为"后发国家")发展和市场准入,以此维持高额利润。对于我国,尽管签署《芝加哥公约》的时间较早,但是由于经济发展水平、技术水平的差距,虽然在中华人民共和国成立后取得了一定的进展,但仍属于"后发国家"的行列。对此,本书从航空工业技术发展水平和适航规章蕴含的技术要求和安全性要求出发,定义了以下三个梯队。

(1) 第一梯队("先发国家"):以欧美为代表的民用航空业发达国家及地区,经过政府和制造业、运输业以及国际组织八十余年的共同努力,支撑技术、管理体系交融发展,使得民用航空器和运输安全性逐渐赢得了公众的信任。以美国为例,统计表明当前运输航空事故率达到了 $0.2×10^{-6}$/发动机飞行小时的低值[18]。其中,FAA 和 EASA 的适航规章就是上述各方共同努力的结晶,是民用航空产品安全性设计实践与验证技术的成功经验和失败教训的凝练与总结,并得到不断演变和修正,成为航空产品高安全性的保障。

(2) 第二梯队(属"后发国家"):以俄罗斯和中国为代表,其中俄罗斯尽管在民用航空器技术发展领域有着巨大的实力,但其适航规章始终未得到欧美的认可,除"安全性"壁垒的因素外,俄罗斯航空器的安全性与欧美仍存在一定的差距也是不争的事实。另外,我国民用航空发动机的重要规章 CCAR-33 部《航空发动机适航标准》基本依据美国联邦航空规章 FAR-33 部制定。但是,与欧美适航规章与发动机技术和产品融合发展的历程不同,我国 CCAR - 33 部是直接借鉴的,没有经历与工业实践的融合,且缺少先期对于规章所覆盖技术的专门性、系统性研究。这种缺失,使得适航规章要求在我国民用航空发动机研制中表现为"自上而下"(审定方要求工业方),而不是欧美的"自下而上"(工业方支持审定方)。这样逆序的直接结果,就是适航要求被认为是"瓶颈",是阻碍国产民用发动机进入市场的"壁垒"。

(3)第三梯队(仍属"后发国家"):指广大亚非拉国家,这些国家没有形成完备的航空器研制体系,不具备独立的航空技术发展能力,所制定的适航法规基本上没有国际影响力或者没有自己的适航法规。

本书在之后的章节中,将采用本小节定义的"梯队"和"先发、后发国家"的概念与描述方式,并不再赘述。

1.2.2 典型民用航空发动机适航规章概括

1. FAR - 33 部

FAR - 33 部《航空发动机适航标准》是 FAA 制定的航空发动机适航规定[12],也是目前国际上影响力最大的民用航空发动机适航规章。其前身来源于 1937 年美国商务部航空局制定的 CAR - 13 部《飞机发动机适航法规》,但是当时的航空发动机以活塞发动机为主,条款只针对发动机设计和构造提出要求,没有专门的发动机台架试验要求;1941 年,美国民航机构改革,民用航空局替代了商务部航空局,并增加了发动机台架试验的条款要求。

需要指出的是,对于 CAR - 13 部的前两个版本,均是在 1944 年《芝加哥公约》签署适航规定之前颁布的,那么其是否会对公约的适航规定产生影响? 对此,通过1.2.1 小节的分析,可知芝加哥会议本身就是由美国在开展多项研究并与其主要盟国进行各种磋商后发起的国际航空国际会议,所以我们有理由相信,CAR - 13 部必然是美国所开展的多项研究成果之一,也就必然是会议发起的基础;另外,公约中有关适航规定的产生中,第四分委员会(航空器适航性)的主席、副主席、技术专家均来自美国的盟国,因此,在芝加哥会议前美国必然已经和这些国家进行过磋商;最为重要的一点是,芝加哥第四分委员会(航空器适航性)直接以美国第 7 号文件《民用航空器国际航空的适航要求》为基础确定了国际适航标准的标题、结构和各部分内容,分委员会人员普遍认为第 7 号文件的各部分内容是合适的,且认为美国民航局的研究积累和技术基础是编制的重要参考依据和讨论的基础,同时美国民航局的相关技术人员直接负责了相关修正案的起草工作。因此实际上,《芝加哥公约》中的适航规定就是由美国及其盟国主导,依据美国的技术文件制定的。因此,美国的航空发动机适航规章"天然性"地满足《芝加哥公约》的要求,不存在任何技术障碍。同时,考虑到《芝加哥公约》从制定至今,有关的 9 次修订从未对公约中的适航规定进行更改,当然无法通过资料查阅历次修订中是否有缔约国对适航规定提出质疑或修订要求,但是从"未修订"的结果可以认为,公约一直处于美国的主导之下,其他国家难以对实际存在但以公约约束为"保护伞"的美国适航规章产生挑战,无法实现对本国航空产品的支撑。

随着涡轮发动机的问世和逐步发展,1952年美国民用航空局对CAR-13发动机适航法规进行了修订,将适航条款划分为两个章节以区分活塞发动机和涡轮发动机,该行文结构一直沿用至今。1958年改革后的FAA颁发了第一个喷气式飞机(波音707飞机)型号合格证,该飞机的发动机是普惠公司在罗罗公司的尼恩(NENE)发动机基础上研发的JT-3,获得了FAA颁发的第一个涡轮发动机型号合格证;1965年FAA颁布了代替CAR-13的FAR-33部。截至2019年6月,FAR-33部已经历了34次修订。对于涡轮发动机来说,历次修订的结果中,只有FAR 33.21发动机冷却依然保持最初颁布条款要求[16],条款均经历不同程度的修订,而且条款要求的安全水平呈上升趋势。

因此,由于《芝加哥公约》本身处于美国的主导下,所以FAA在1952年之后的历次修订结果,并没有反映到公约本身以及附件8的修订中去,实际上附件8的修订仅仅是对程序、定义、描述方式、概念的引入(如2000年引入型号合格证的概念)等。造成这一结果的原因,一方面是本身就处于自己主导下的公约,美国及其盟国没有动力和义务去修订;另一方面其他国家由于技术限制也难以提出挑战性的修订建议;同时,按照公约要求,缔约国制定的适航规定只有"下限"没有"上限",因此美国适航规章技术水平的提升并不违背公约要求。

2. CS-E

欧洲航空发动机适航法规CS-E是由英国民航适航要求(BCAR)第C章发展而来的[13]。BCAR于1949年颁布,即颁布时间处于1944年12月《芝加哥公约》之后。英国在第二次世界大战中遭受了极为惨重的损失,因此在1944年的芝加哥会议有关适航规定制定的第四分委员会中,尽管英国代表K. T. Spencer参加了会议讨论,但并没有实质的影响力,或者只能作为盟国在与美国前期讨论的基础上,支持美国主导公约中适航规定的制定。

但是需要指出的是,由于英国毕竟是技术积累雄厚的老牌航空强国;同时,第一次世界大战后的1919年,在ICAN的支持下,27国共同签署了《空中航空管理公约》(简称《巴黎公约》),法国成为制定适航规则的先行者,并在1923年就拟定了《法国关于航空器适航认证的管理规定》。因此,以英、法为代表的航空强国有实力在美国主导的《芝加哥公约》体系下建立自己的国内适航规定。

而更为重要的是,英、法以空中客车公司、罗罗公司、赛峰公司为代表的航空工业具有强大的技术实力,因此完全有能力对美国发起挑战。1970年欧洲联合航空局(JAA)成立之后,颁布了联合适航性要求(JAR-E)替代了BACR,成为欧洲通用的航空发动机适航要求,JAR－E 从 1970~2003 年共经历了 12 次修订,并由机构改革后的 EASA 颁布的审定规范 CS－E 代替。

但是,由于欧洲主要航空大国与美国在航空工业技术实力上并不存在代差,因此二者在一系列有关航空器适航审定和认可的摩擦之后,达成了妥协和相互认可,并经过二者对 FAR－33 部和 EASA CS－E 的不断修订,逐渐趋于一致。目前,CS－E 适用于民用航空涡轮发动机和活塞式发动机型号取证,内容分为两卷,第一卷为适航性规范,第二卷为可接受的符合性方法。EASA 针对 CS－E 的修订制定了相应的计划,从 2003 年 10 月 24 日颁布以来,CS－E 总共经历了 4 次修订,现行有效的版本是 CS－E Change4。

3. CCAR－33 部

尽管早在 1946 年 2 月 20 日中国政府作为公约签署国就已批准该公约,但是由于当时工业基础过于薄弱、民用航空工业基本为零,中国与美国存在巨大的"代差"。尽管近年来取得了长足的进步,但是仍难以支持制定一部与本国工业水平相匹配、符合公约体系的独立适航规章。

因此,作为《中国民用航空规章》(CCAR)的组成部分,我国航空发动机适航法规的制定主要参考了国际上应用比较广泛的美国适航条例。航空发动机适航规定(CCAR－33)最初颁布于 1988 年,相当于 1986 年 4 月 24 日生效的 FAR－33 部第 11 次修正案水平;经历了 2002 年 3 月 20 日和 2011 年 3 月 15 日的两次修订后,目前的 CCAR－33R2 版的安全水平与 2009 年 11 月 2 日生效的 FAR－33 部第 30 次修正案水平一致[11,12]。

但是,适航规章本身只表现为对于航空产品安全性的最终要求。其融入产品研制的方法和过程需要进行技术诠释与实践,其表明条款符合的过程需要进行技术判定。与欧美适航规章与发动机技术和产品融合发展的历程不同,我国 CCAR－33 部是直接借鉴的,没有经历与工业实践的融合,且缺少先期对于规章所覆盖技术的专门性、系统性研究。这种缺失,使得适航规章要求在我国民用航空发动机研制中表现为审定方要求工业方,而不是欧美的工业方支持审定方。这样逆序的直接结果,就是适航符合性难以表明,制约国产民用发动机进入市场。

1.2.3 FAR－33 部/CCAR－33 部的逻辑架构及安全性要求

航空发动机适航规章的目的是保证安全性,FAR/CCAR 与发动机相关的适航规章一共有三部,即 FAR－33 部"Airworthiness Standards:Aircraft Engines"(《航空发动机适航标准》)[12]、FAR－34 部"Fuel Venting and Exhaust Emission Requirements for Turbine Engine Powered Airplanes"(《涡轮发动机飞机燃油排泄和排气排出物规定》)[19,20]和 FAR－36 部"Noise Standards:Aircraft Type and Airworthiness Certification"(《航空器型号和适航合格审定噪声规定》)[21]。其中,FAR－33 部是保证发动机

本身的安全,FAR - 34 部和 FAR - 36 部是对环境的影响,三者之间进一步构成了发动机的系统安全、部件与子系统安全和环境安全。

由于中国民用航空发动机适航规章 CCAR - 33 部直接借鉴于美国 FAR - 33 部,因此两部规章在其本身的逻辑架构和安全性要求上完全一致。在本部分之后的描述中,主要以 FAR - 33 部为对象加以分析。

FAR - 33 部规定了活塞式航空发动机和燃气涡轮航空发动机的总则、设计和试验要求,并分为七章,每部分的内容分别为:A 章——总则;B 章——设计与构造总则;C 章——设计与构造:活塞发动机;D 章——台架试验:活塞式发动机;E 章——设计与构造:航空涡轮发动机;F 章——台架试验:涡轮发动机;G 章——涡轮发动机专用要求。除此之外,FAR - 33 部还包括了两个附件,其中附件 A——持续适航文件,附件 B——合格审定标准大气降雨和冰雹的浓度。各部分的逻辑关系如图 1.1 所示。

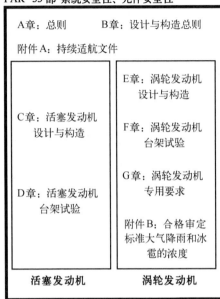

图 1.1 美国 FAR - 33 部逻辑架构

其中,FAR - 33 部是对发动机整机与系统安全性、部件与子系统安全满足的核心,其可以分为以下三个部分。

(1) A 章、B 章和附件 A 为一个部分,其面对的是发动机设计阶段的总要求,即无论活塞发动机还是涡轮发动机都必须满足这一部分条款的要求,也可以理解为活塞发动机和涡轮发动机共有特征或特点决定的安全性要求。

(2) C 章和 D 章为一个部分,其面对的是活塞发动机的设计与构造及台架试验要求。这一部分主要是由活塞发动机结构和工作方式的特殊性,决定了其在这些特点下的专用安全性要求。

(3) E 章、F 章、G 章和附件 B 为一个部分,其面对的是涡轮发动机的设计与构造及台架试验要求。同样,这一部分是由涡轮发动机结构和工作方式的特殊性,决定了其在这些特点下的专用安全性要求。由于涡轮发动机相比活塞发动机更为复杂,工作环境更为苛刻,所以其条款要求更为丰富和具体。

此外,除上述部分要求,航空涡轮发动机必须满足排放和噪声的要求,即 FAR - 34 部和 FAR - 36 部。至此,三部适航规章构成了航空发动机完整的安全性要求系统。

从上述逻辑架构也可以看出,无论是活塞发动机还是涡轮发动机,其通过条款要求的满足实现安全性,主要是通过设计分析加必要的试验方式得以实现的。例如,对于涡轮发动机而言,首先通过 B 章和 E 章,经分析来表明设计安全性,而这两章包括了多年来 FAA 与美国工业方相互支撑下的技术融合、事故经验累积等,所形成的对发动机从系统到部件的详细设计要求,并已经过了实践的检验;然而,针对某些设计,不可避免地存在不能用分析的方法表明或不足以表明安全性,那么则通过 F 章,采用有限且必要的试验表明安全性,所以可以理解为对设计安全性的补充。上述过程中,考虑到涡轮发动机的工作环境和特征的特殊性,应同时考虑 G 章及附件 B。

因此,从国外的航空业发展历程来看,航空器安全性必须在项目之初得到规划和全过程控制,需要有安全性理论支持下的定量评估方法和设计控制手段。20 世纪 80 年代,西方安全性技术体系逐渐发展,迄今形成了一整套方法,实现安全规划与性能规划的完美平衡,并在具体设计活动中全面流程化贯彻,实现全过程的安全性保障与关键设计点的可追溯性,并通过闭环设计流程保证了最终安全性指标的合理性。实际上,此类方法体系为西方军民机共用,并成为隐藏在 FAR‐33 部和 CS‐E 条款后的、体现民机安全性分析和安全性设计的主流方法。

1.2.4　CS‐E 与 FAR‐33 部/CCAR‐33 部的特征对比

由于欧洲主要航空大国与美国在航空工业技术实力上并不存在代差,因此二者在一系列有关航空器适航审定和认可的摩擦中通过妥协和相互认可,并经过对 FAR‐33 部和 CS‐E 的不断修订,逐渐趋于一致。因此,在安全性要求和逻辑架构上,CS‐E 和 FAR‐33 部完全一致,如图 1.2 所示。

同样,CS‐E 的规章要求划分为以下三个部分:

(1) A 章总则部分为活塞发动机和涡轮发动机共有特征和特点决定的安全性要求;

(2) B 章和 C 章是由活塞发动机结构和工作方式的特殊性,给出的在这些特点下的专用安全性要求;

(3) D 章、E 章、F 章和附件 A 是涡轮

CS‐E第 1 卷　系统安全性、元件安全性

A章:总则

B章:活塞发动机设计与构造

C章:活塞发动机型号验证试验

D章:涡轮发动机设计与构造

E章:涡轮发动机型号验证试验

F章:涡轮发动机环境和运行设计要求

附件A:合格审定标准大气雨和雹的浓度

活塞发动机　　涡轮发动机

图 1.2　欧洲 CS‐E 逻辑架构

发动机结构和工作方式的特殊性,给出的在这些特点下的专用安全性要求。

此外,尽管 F 章包括了涡轮发动机的环境要求,但是其并没有给出具体的技术内容要求,而是引到 CS-34 部和 CS-36 部,即排放和噪声要求。至此,CS-E、CS-34 部和 CS-36 部适航规章构成了航空发动机完整的安全性要求系统。

从上述逻辑架构也可以看出,CS-E 中无论是活塞发动机还是涡轮发动机,其通过条款要求的满足实现安全性,与 FAR-33 部类似也是通过设计分析加必要的试验的方式得以实现的。其中,CS-E 中分为卷 1 的适航性法规和卷 2 的可接受的符合性方法两部分[13]。卷 2 部分则是与卷 1 部分相对应的符合性方法,针对卷 1 中的一条规范或实施规范,可接受的符合性方法提供了一种可满足的,但不是唯一的方法,所以卷 2 部分也相对应地划分为相同的章节分类,但不包括附录 A 的符合性方法,如图 1.3 所示。

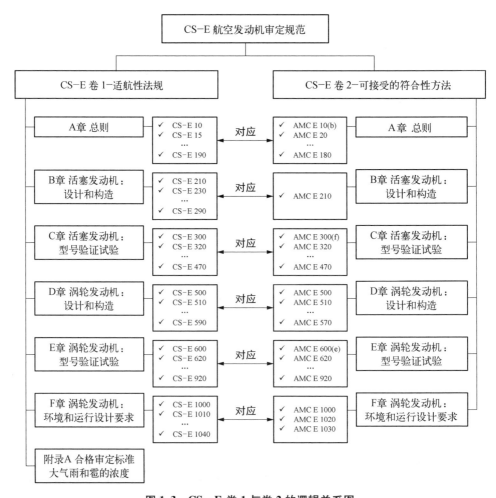

图 1.3 CS-E 卷 1 与卷 2 的逻辑关系图

此外,与 FAA 的规章修订模式不同,EASA 并不针对 CS-E 中的某个单一适航代码(airworthiness code)发布专门的修正案,更倾向于一段时间后的"集中修订";而 FAA 则是可以针对每一个条款发布单独的修正案且并不以具体时间为单位,更体现出一种"实时更新"效果。正是由于修正案发布的指导思想不同,且客观上 CS-E 发布的时间相较 FAA-33 部而言较短,所以 EASA 在历史上的修正案次数较少。

1.3 军用航空发动机的安全性与适航

民用航空发动机在适航规章的要求下,通过取得型号合格证、生产许可证、单机适航证以及持续适航保证等过程,成功确保了飞行器的高安全水平。因此,是否可以将民用适航规章用于军用航空发动机的研制过程从而实现军机安全性水平的提高,成为航空工业界必然引发思考的一个问题。美国对这一问题进行了最早的尝试,从 20 世纪 80 年代末,借鉴民机适航的思想和体系对其航空器军用标准进行了修订,在其指导下的军用航空发动机(F119、F135)的安全性得到了极大的提高。因此,对于我国如何借鉴民用适航规章和适航标准,如何在现有的军机研制模式和现有工业基础技术能力下实现军机的适航性,已经是军队和工业部门共同关注的重要问题。本节通过概括美国和中国航空器军用标准,结合安全性要求和特征对比分析,介绍军用航空发动机的安全性与适航性。

1.3.1 军用安全性标准概述

1. 美国军用安全性标准及发展概括

1)美军标《美国航空涡轮喷气和涡轮风扇发动机通用规范》(MIL-E-5007D)

1973 年 10 月颁布的《美国航空涡轮喷气和涡轮风扇发动机通用规范》(MIL-E-5007D)[22],规定了发动机(包括各系统)的界面、性能、特性、强度、标准化及环境等方面的设计要求,以及飞行前试验、合格鉴定试验、验收试验(指批生产验收)等试验要求及合格标准;同时,还规定了对文件统一的格式、要求及术语等,其既有技术方面的内容,也有管理方面的内容,针对的对象是各机种,因此是通用规范[23]。MIL-E-5007D 的制定为美国 20 世纪 70 年代几种高推比军用涡轮风扇发动机的研制奠定了基础。但是,在 MIL-E-5007D 指导下研制的军用发动机型号 F100 和 F110,在服役后故障高发(图 1.4 和图 1.5)[24],严重影响空军的作战和使用,装配有 F100 发动机的 F15 战斗机甚至由于无发动机可用而被称为"机库女皇"。显然,MIL-E-5007D 并不能保证美国航空发动机的安全性水平,因此 1997 年 1 月 8 日美国正式宣布废除 MIL-E-5007D。

年份	故 障	年份	故 障
1973.10~1979.4	F100 - PW - 100/200（1 100 台，25 × 10⁴ h），发生 547 次喘振与悬挂失速、47 次涡轮工作叶片与导向叶片故障、60 次主燃油泵故障、10 次加力燃油泵、轴承故障及电子调节系统故障，造成 F - 15 与 F - 16 多次重大故障	FY1994	F100 - PW - 200 发动机 No.5 轴承、控制系统和第 3 级风扇盘出现一些问题；F - 16/F100 - PW - 220，1 次 A 等故障
		FY1995	F - 16/F100 - PW - 200/220E，3 次 A 等故障；F - 15/F100 - PW - 200/220E，2 次 B 等故障；F - 15/F100 - PW - 229，1 次 B 等故障
1979~1982	F - 16/F100 - PW - 200，9 次 A 等故障		
		FY1996	F - 16/F100 - PW - 220/220E，1 次 A 等故障和 1 次 B 等故障；F - 15/F100 - PW - 100/220，3 次 A 等故障和 1 次 B 等故障
1982~1983	F - 15/F100 - PW - 100，25 次加力燃烧室烧穿故障；F - 16/F100 - PW - 200，4 次 A 等故障		
		FY1997	F - 16/F100 - PW - 200/220/229，4 次 A 等故障（美国 3 次，韩国 1 次）；F - 15/F100 - PW - 100/229，2 次 A 等故障；F - 15/F100 - PW - 100，4 次 B 等故障
1985	F - 15/F100 - PW - 100，1 次 A 等故障；F - 16/F100 - PW - 200，3 次 A 等故障；F - 15/F100 和 F - 16/F100，多次 B 等故障		
1986	F - 15/F100 - PW - 100，1 次 A 等故障；F - 16/F100 - PW - 200，4 次 A 等故障	FY1998	F - 15/F100 - PW - 100/229，2 次 A 等故障；F - 16/F100 - PW - 229，1 次 A 等故障；F - 15/F100 - PW - 100，5 次 B 等故障；F - 16/F100 - PW - 200/220，2 次 B 等故障
1989	F - 16/F100 - PW - 200，4 次 A 等故障		
1990	F - 15/F100，2 次 A 等故障；F - 15/F100，4 次 B 等故障；F - 15/F100，多次 C 等故障	FY1999	F - 16/F100 - PW - 220，5 次 A 等故障；在台湾，F - 16A/F100，5 次 A 等故障
1991	F - 16/F100 - PW - 220，美国和韩国各 1 次 A 等故障	FY2000	F - 16/F100 - PW - 220，2 次 A 等故障
FY1992	F - 16/F100 - PW - 200，5 次 A 等故障和 3 次 B 等故障	FY2001	F - 16/F100 - PW - 220，2 次 A 等故障
		FY2006	F - 15/F100 - PW - 220，1 次 A 等故障；F - 16/F100 - PW - 220，1 次 A 等故障
FY1993	F - 16/F100 - PW - 200，2 次 A 等故障，5 次 B 等故障	FY2007	F - 16/F100 - PW - 220，3 次 A 等故障

图 1.4　F100 发动机在 1973 年投入使用后出现的重大故障[24]

年份	故 障	年份	故 障
1988	F110 - GE - 100 发动机第 1 级高压压气机工作叶片 3 次出现裂纹	FY1996	F - 16/F110 - GE - 100，3 次 A 等故障；F - 16/F110 - GE - 129，1 次 A 等故障
1990	F - 16/F110 - GE - 100，2 次 A 等故障	FY1997	F - 16/F110 - GE - 100，3 次 A 等故障和 1 次 B 等故障
1992	F - 16/F110 - GE - 100，2 次 A 等故障		
1985	F - 15/F100 - PW - 100，1 次 A 等故障；F - 16/F100 - PW - 200，3 次 A 等故障；F - 15/F100 和 F - 16/F100，多次 B 等故障	FY1998	F - 16/F110 - GE - 100，2 次 A 等故障；F - 16/F110 - GE - 129，1 次 A 等故障
1993	F - 16/F110 - GE - 100，2 次 A 等故障；F - 15E/F110 - GE - 100，2 次 A 等故障	FY1999	F - 16/F110 - GE - 100，3 次 A 等故障；F - 16/F110 - GE - 129，1 次 A 等故障
FY1994	F - 16/F110 - GE - 100，3 次 A 等故障；F - 16/F110 - GE - 129，1 次 A 等故障；F - 15/F110 - GE - 100，2 次 A 等故障；在埃及和以色列，F - 15/F110 - GE - 100，4 次 A 等故障，致使 350 架 F - 15 战斗机停飞	FY2000	F - 16/F110 - GE - 100，1 次 A 等故障
		FY2001	F - 16/F110 - GE - 100，4 次 A 等故障；F - 16/F110 - GE - 129，1 次 A 等故障
		FY2002	F - 16/F100 - GE - 129，1 次 A 等故障；F - 16/F110 - GE - 129，1 次 A 等故障
FY1995	F - 16/F110 - GE - 129，2 次 A 等故障；F - 16/F110 - GE - 100，2 次 A 等故障；F - 15/F100 - PW - 100，2 次 B 等故障；在德国，F - 16C/D/F110 - GE - 129，1 次 A 等故障	FY2005	F - 16/F110 - GE - 100，1 次 A 等故障；F - 16/F110 - GE - 129，1 次 A 等故障
		FY2006	F - 16/F110 - GE - 100，1 次 A 等故障

图 1.5　F110 发动机在 1986 年投入使用后出现的重大故障[24]

2）美军标《军机适航性审查准则》(MIL‒HDBK‒516)

面对F100和F110发动机出现的低安全性问题，美国考虑着手对军用航空器标准进行重新编制，以解决军用发动机的安全性问题。此时，相较于事故频发的军机而言，民用航空发动机在适航思想及适航规章的指导下，安全性水平得到了极大的保证，因此让军用标准借鉴民机适航标准就成为美国自然考虑的解决方案。

相对军用标准MIL‒E‒5007D，民用适航规章FAR‒33部与其最大的差异在于基于系统安全的全过程安全性控制。MIL‒E‒5007D可以认为是一个采购规范，只负责到产品的交付，尽管在其体系下，军用航空发动机也有服役后的维护保障、设计维护性要求等，但与民机从设计初期开始，贯穿整个研制流程的初始适航要求，到服役后直到退役的持续适航要求相比，缺乏系统性，更没有系统安全的指导思想作为研究要求，必然不能保证设计安全性水平。因此，MIL‒HDBK‒516对民用适航规章的借鉴，既有条款的借鉴，更有思想的借鉴，而条款本身的借鉴是"表"，系统安全性思想的借鉴是"里"。

在认识到上述原因后，20世纪80年代中期至90年代中期，美国以军机适航性工作为统领，全面实施系统安全性设计，使军机安全水平有了显著的提高，灾难性事故率不断下降，稳定在十万飞行小时1.5起左右。而为了进一步提高军机的安全性（目标达到民机的百万飞行小时率级），美国国防部于2002年10月颁布了《军机适航性审查准则》(MIL‒HDBK‒516)[8]，规定军用飞机适航性审查条款，仅适用于空军。2004年2月和2005年9月先后颁布了A版和B版[25,26]，其适用范围从原版只适用于空军扩大到适用于空军、海军和陆军。2008年2月29日美国国防部又对其B版进行了第一次更改(Change 1)[27]。

对军方来说，《军机适航性审查准则》(MIL‒HDBK‒516B)是其建立适航性审查基础的依据性文件，建立的审查基础将作为最终对适航符合性验证的依据性文件[8,28]。对研制方来说，在设计活动中需要将MIL‒HDBK‒516B转化进入设计规范，转变成设计要求，在适航符合性验证中需要使用MIL‒HDBK‒516B中相关条款引用的标准规范作为支撑[8,28]。

MIL‒HDBK‒516B规定了美国固定翼/旋翼、有人驾驶/无人机各类型军用飞机适航性的通用要求[8,28]，是工程管理者、首席工程师和主承包商联合定义各类型军用飞机适航性审查基础的顶层文件。其主要内容包括系统工程、结构、飞行技术、推进系统和推进系统安装、航空器子系统、机组人员系统、诊断系统、航空电子、电气系统、电磁环境效应、系统安全性、计算机资源、维修、武器/外挂综合、乘客安全性以及材料等，共约800项适航性审查条款。适航性审查条款的内容除含有条款要求外，还提供了执行条款的指导性文件。这些条款的指导性文件是以美国军用标准规范的技术要求为基础，适度参考了美国联邦航空条例的条款要求。条款指南性文件共有三种形式，仅参考军用标准规范的条款为"A"类，仅参考联邦航空条例的为"B"类,同时参考军用标准规范和联邦航空条例的为"A+B"类,各类条款具体比例如图 1.6 所示。

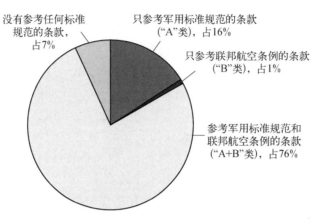

没有参考任何标准规范的条款,占7%

只参考军用标准规范的条款("A"类),占16%

只参考联邦航空条例的条款("B"类),占1%

参考军用标准规范和联邦航空条例的条款("A+B"类),占76%

图 1.6   MIL‑HDBK‑516B 参考各类技术标准的验证条款比例[8,28]

MIL‑HDBK‑516 作为美国军用航空器通用适航性技术要求[8,28],在其 B 版中引用了 220 多项支持性标准和技术文件,主要包括美国国防部军用标准和技术文件、美国联邦航空局(FAA)适航性技术文件、美国电气和电子工程师协会(IEEE)标准、美国航空无线电技术委员会(RTCA)标准以及美国汽车工程师学会(SAE)标准。在具体军用航空器型号使用 MIL‑HDBK‑516B 时,应对整套准则进行剪裁,以得到一套适用的、完整的适航性准则,建立型号适航性审查基础。

目前,从 MIL‑HDBK‑516 颁布实施至今,以其为基础的美国军用航空发动机研制取得了极大的成功,以 F119(已运行超过 20 万小时)和 F135 为代表的先进航空发动机成为美军历史上最安全、最可靠的发动机。

3)美军标《系统安全标准实践》(MIL‑STD‑882)

从军用标准 MIL‑E‑5007D 到 MIL‑HDBK‑516,美国的军用标准变为"军标+适航规章"的混合体,其从采购、验收性的标准转变为全过程控制。但是,这种转变过程背后隐藏着的是最为关键的设计思想的转变,即对系统安全性的认识和引入。对此,就引出了另一个重要美国军用标准《系统安全标准实践》(MIL‑STD‑882)。

美军标 MIL‑STD‑882 是美国国防部发布的专门针对系统安全的军用标准[29],从 1969 年 7 月到 2017 年 12 月颁发最新的标准 MIL‑STD‑882E 的近 50 年中[30,31],该标准先后进行了 6 次重大修订。对于这 6 次重大修订,其本质就是一个系统安全性认识、贯彻、深入军用航空发动机设计骨髓的过程。同时,该标准覆盖了从 MIL‑E‑5007D 到 MIL‑HDBK‑516 转变的全过程,而这种转变背后的实质也是系统思想下的全过程控制。因此,系统安全性思想在美国军用标准体系以及军用航空发动机研制中发展,同时在三部军标中得以体现。

因此,可以从 MIL－E－5007D 到 MIL－HDBK－516 转变,将 MIL－STD－882 的发展过程分为以下三个阶段。

(1) MIL－E－5007D 阶段。1969 年 7 月,美国国防部首次颁发了系统安全军用标准 MIL－STD－882"系统及其有关的分系统、设备的系统安全工作要求",规定了系统安全管理、设计、分析和评价的基本要求[32]。该标准是国防部范围内武器装备采办必须遵循的文件,系统安全成为美军各种武器装备研制必须采用的工作项目。

1977 年 6 月,美国国防部对 MIL－STD－882 进行了修订且发布了《系统安全工作要求》(MIL－STD－882A)。MIL－STD－882A 标准提出接受风险的概念,并以此作为系统安全工作的准则。该标准要求引入危险可能性并建立危险发生频率的等级,以便与危险严重性等级相协调,同时还增加了软件安全性要求[32]。

(2) 适航规章阶段。1984 年 3 月,美国国防部对 MIL－STD－882A 做了修订并颁发了《系统安全工作要求》(MIL－STD－882B),提出系统安全工程和管理要求的详细指导原则,并首次详细描述软件系统安全。在附录中给出了定性风险评价表[32]。

1987 年 7 月,美国国防部发布了 MIL－STD－882B 的修改通报,在这次标准的修订中,增加了软件安全性的工作项目,包括软件需求危险分析、概要设计危险分析、软件安全性测试、软件与用户接口分析和软件更改危险分析等[32]。

1993 年 1 月,美国国防部对 MIL－STD－882B 进行修订并发布了《系统安全工作要求》(MIL－STD－882C),删除了 MIL－STD－882B 对软件独立规定的工作项目,将危险和软件系统安全工作整合在一起,接着在 1996 年 1 月发布了 MIL－STD－882C 的修改通报[29]。

(3) MIL－HDBK－516 阶段。2000 年 2 月,美国国防部对 MIL－STD－882C 进行了修订,并发布了《系统安全标准实践》(MIL－STD－882D)。MIL－STD－882D 是在 20 世纪 90 年代中期的采办改革的环境中诞生的,由于受到军用规范和标准改革提出的优先采用民用规范和基于性能的标准实践的影响,MIL－STD－882D 仅规定了军方对武器装备采办的系统安全工作要求,取消了 MIL－STD－882C 规定的对承制方要求的系统安全工作项目说明,使武器装备采办过程中开展系统安全工作遇到不少困难[32]。

2004 年中期,为了弥补 MIL－STD－882D 可操作性差的缺陷,美国国防部发布了 MIL－STD－882E(征求意见 1 稿),重新编制系统安全工作项目。接着,美国国防部于 2005 年初期发布了 MIL－STD－882E(征求意见 2 稿),增加了安全关键功能和功能危险分析等新的工作项目。2005 年中期又发布了 MIL－STD－882E(征求意见 3 稿),增加了工程安全特性(如在线冗余通道、联锁、不中断电源等),提出系统安全的 5 个基本要素替代系统安全的 8 个步骤[32]。后来经过美国国防部与政府电子信息技术协会(GEIA)G-48 系统安全委员会的协调和修改,2005 年 12 月完成了 MIL-STD-882E 的征求意见。

2009 年 2 月,美国国防部在 MIL-STD-882D 的基础上,美国政府电子信息协会(GEIA)G-48 系统安全委员会正式批准发布了新的军民两用安全性标准《系统安全工作的标准最佳实践》(GEIA-STD-0010)。

2010 年 3 月,美国国防部根据政府部门和工业界的要求,对 MIL-STD-882D 进行修订,颁发了 MIL-STD-882D 修订版《系统安全标准实践——系统工程用的环境、安全及职业健康风险管理方法》。新修订的标准恢复了可以写入采办合同的工作项目说明,加强了采办过程中在环境、安全及职业健康与系统工程之间的集成,以实现采办项目的环境、安全及职业健康的统一协调管理[32]。

2012 年 5 月,美国国防部在 MIL-STD-882E 征求意见稿、MIL-STD-882D 修订版和军民两用的 GEIA-STD-0010 标准的基础上,经历 8 年的修订,正式颁发新的军用标准《系统安全标准实践》(MIL-STD-882E)[32]。

随着美国国防战略计划和目标的改变与科学技术的发展,该标准的目标从保障武器装备和军事人员的安全向保持环境安全和人员职业健康延伸,标准的技术内容从设备硬件向系统软件扩展,实现系统安全目标的方法也从单项技术向系统集成演变[32]。

2. 中国军用安全性标准及发展概括

中国航空发动机研制的军用标准(以涡喷、涡扇为代表)主要有两个,其中,《航空涡轮喷气和涡轮风扇发动机通用规范》(GJB 241)是以 MIL-E-5007D 为蓝本,于 1987 年首次发布并实施的航空发动机牵头规范[33];在系统安全性方面,我国航空工业主要参照 MIL-STD-882,在 20 世纪 80 年代编制了《系统安全性通用大纲》(GJB 900)[34]。由此可见,我国军标的制定主要借鉴和跟随美军标的发展脉络,与之一致。

1)《航空涡轮喷气和涡轮风扇发动机通用规范》(GJB 241)

在 20 世纪 80 年代我国着手编制《航空涡轮喷气和涡轮风扇发动机通用规范》(GJB 241—1987)时[33],美国军方使用 MIL-E-5007 系列规范已达 30 年之久。因此,规范中一些名词的提法有其固定的含义,所提的试验有其一整套方法标准或成熟方法作支持。当时我国为了迎头赶上发达国家的先进水平,结合国情尽快编制出第一个涡轮喷气和涡轮风扇发动机通用规范,确定的编制原则是:除确已摸清的 MIL-E-5007D 的不适合内容,或我国在相当长时期内不可能实现的要求可作更改外,一般应基本照搬。这对推动我国航空发动机研制和生产的发展无疑是非常正确的[35]。

随着航空发动机技术的进步并为适应新的需求,我国对 GJB 241—1987 进行了修订,并在 2010 年发布 GJB 241A[36]。与 GJB 241 相比,新版本共修改了 252 条,技术内容主要参考了美军标 MIL-E-5007 系列通用规范,从发动机性能、结构完整性、环境适应性、"五性"、系统特性等方面对发动机提出了详细的设计和验证要求[37]。在其前版《航空涡轮喷气和涡轮风扇发动机通用规范》(GJB 241—1987)的基础上,新增了矢量推力、全权限数字式电子控制系统、加速任务试车(AMT)以及生产定型阶段的试验等要求,更加注重发动机稳定性、可靠性、维修性、保障性等要求,这些变化对提高发动机的质量和可靠性具有重要意义。目前,GJB 241A 是规范和指导我国军用航空发动机研制和鉴定的顶层通用规范。

从 GJB 241 的产生和发展来看,其主要借鉴的被认为是采购规范的 MIL-E-5007D,缺乏流程控制和系统安全思想的指导。而美国已经发现 MIL-E-5007D 由于缺陷不能保证航空发动机安全性,并将其于 1997 年废除。因此,在其框架下形成的 GJB 241 实际上难以保证我国的航空发动机安全性设计,军机适航的理念仍没有贯彻入军标,在这一点上,我国仍落后于美军标 MIL-HDBK-516,并制约着未来的发展。

2)《系统安全性通用大纲》(GJB 900)

另外,对于系统安全性,我国航空工业主要参照 MIL-STD-882,在 20 世纪 80 年代编制了《系统安全性通用大纲》(GJB 900),并于 1990 年修订为《系统安全性通用大纲》(GJB 900—1990)[34],2012 年发布了替代的最新修订版《装备安全性工作通用要求》(GJB 900A—2012)[38]。同时,我国也以 1990 年发布的美军手册 System Safety Engineering Design Guide for Army Materiel(MIL-HDBK-764)为参照,1997 年发布了 GJB/Z99—1997《系统安全工程手册》作为《系统安全性通用大纲》的支持标准[39]。上述标准制定的目的之一是进一步促进我国军用航空发动机安全性的提升。

对于 GJB 900A—2012[38],本标准规定了装备寿命周期内开展安全性工作的一般要求和工作项目,目标是在装备寿命周期内,综合权衡性能、进度和费用,将装备的风险控制到可接受水平。其确定的安全性工作基本原则可概括为以下 4 条:

(1)在充分分析和研究的基础上,论证确定装备的安全性要求,安全性要求应合理、科学、可实现并可验证;

(2)遵循预防为主、早期投入的指导方针……通过及时、有效、经济的方式将安全性综合到产品设计中去;

(3)在装备研制阶段,安全性工作必须纳入装备的研制工作,并根据装备特点和安全性要求,对安全性工作进行统筹策划,确保协调开展;

(4)加强安全性工作的组织和管理,按照权责一致的原则,明确各单位和机构在安全性工作中的职责。

因此,对于系统安全性思想在航空发动机研制中的引入,我国在军标的要求上基本与美国处于同一水平,或者说跟随性远好于 GJB 241。但是,仅仅通过《系统安全性通用大纲》(GJB 900)本身并不足以实现发动机的安全性设计,必须结合《航空涡轮喷气和涡轮风扇发动机通用规范》(GJB 241),只有在 GJB 241 中借鉴民机适航理念,融入适航规章要求,实现全过程控制,才能从根本上将系统安全贯彻入具体的型号设计工作中,才能保证设计安全性。

1.3.2　军用安全性标准逻辑架构及安全性要求

从前文对军用标准的概括,尤其是美国军用标准的概括以及美国的成功经验来看,军用航空发动机安全性主要是通过军机适航加系统安全性设计实现的,其逻辑架构及发展历程如图 1.7 所示。

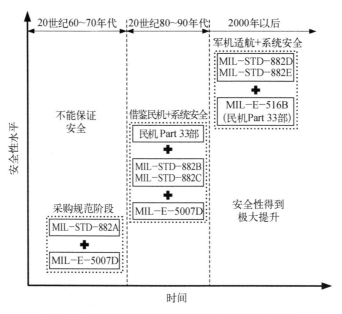

图 1.7　美国军用航空发动机安全性标准逻辑架构

（1）采购规范阶段。20 世纪 60~70 年代,美国军用航空发动机安全性主要是通过 MIL‑E‑5007D 和 MIL‑STD‑882A 版的要求加以保证。如前所述,MIL‑E‑5007D 采用缺乏全过程控制的采购规范要求,与仅仅是从接受风险的概念出发的系统安全工作准则 MIL‑STD‑882A 版联合,并不能保证航空发动机的安全性设计。

（2）借鉴民机+系统安全阶段。因此,20 世纪 80~90 年代,美国借鉴民机适航规章 FAR‑33 部,结合对 MIL‑STD‑882 的修正 C 版(加入"系统安全工作要求"),同时联合 MIL‑E‑5007D 的要求,提升了军用航空发动机的设计安全性水平。

（3）军机适航+系统安全阶段。而美国在上述经验的累积和对系统安全性、民机适航理念深入理解的基础上，在 2000 年后，实现从 MIL‒E‒5007D 到 MIL‒HDBK‒516 转变，其中民机适航规章 FAR‒33 部的条款要求被融入且大量借鉴，形成了军机适航的安全性标准；另外，MIL‒STD‒882 更新至 D 版，尽管其是在 20 世纪 90 年代中期的采办改革的环境中诞生的，但受到军用规范和标准改革提出的优先采用民用规范和基于性能的标准实践的影响。在此之后，MIL‒STD‒882 逐步更新至 E 版，形成了"系统安全标准实践"。

因此，可以说军机适航的形式，在美国是以 MIL‒HDBK‒516B+MIL‒STD‒882E 的形式联合保证的，适航规章 FAR‒33 部的要求与 MIL‒HDBK‒516B 融合，并且在 MIL‒HDBK‒516B 中特别强调了系统安全的重要性；MIL‒STD‒882E 在民机规章的影响下，也形成了系统安全性实践要求。因此，MIL‒HDBK‒516B+MIL‒STD‒882E 对民机适航的借鉴，既借鉴了条款的内容，也借鉴了思想，即基于全过程控制的系统安全性思想，从而构成了完整的基于军机适航的安全性标准架构和安全性要求。

而对于我国，目前形成的基于 GJB 241A+GJB 900A‒2012 的军用安全性标准架构及安全性要求，仍处于美国 20 世纪 80~90 年代初期水平，即考虑如何借鉴民机适航提升安全性水平的阶段，并没有形成类似于 MIL‒HDBK‒516B 的融合了民机适航规章 FAR‒33 部的全过程控制系统安全性保障体系。但美国的发展已经为我国提供了参考，MIL‒HDBK‒516B+MIL‒STD‒882E 的形式应是我国未来军机适航的阶段目标，也是我国自主民机适航体系建立后军民融合的范例；而如果我国在目前的军标下要实现军机适航，即没有类似 MIL‒HDBK‒516B 标准情况下，则应该使用的安全性标准结构形式是：GJB 241A + GJB 900A ‒ 2012 + CCAR‒33 部。

1.3.3　军用安全性标准和适航规章的特征对比

在 1.3.2 小节中详细论述了军用安全性标准的逻辑架构及安全性要求，在此基础上，本小节对军用安全性标准和适航规章的特征加以对比分析。由于美国已经形成了一整套的军机适航体系下的安全性标准，而我国对借鉴民机适航思想进入军机标准体系仍处于探索阶段，且民用适航规章的技术要求与我国航空工业的融合也处于发展阶段，所以本小节主要通过美国军用标准与适航规章的特征对比分析加以论述。对此，由于我国适航规章和军用标准均参考美军制定，所以其结论具有通用性。

1. 安全性思想的一致性

首先，无论军用标准还是民用标准，其目标都是保证航空发动机的安全性。民机由于公众对安全的要求更为迫切，且商业利润更为丰厚，历史上美国航空工业界对民机安全性保证技术的研究更为深入和系统,1.2 节已经详细论述了民机适航规章的产生过程,即经过美、欧适航规章与发动机技术和产品融合发展的历程。因此,从国外的航空业发展历程来看,航空器安全性必须在项目之初得到规划和全过程控制,需要有安全性理论支持下的定量评估方法和设计控制手段。美国从 20 世纪 80 年代安全性技术体系逐渐发展,迄今形成了一整套方法,实现安全规划与性能规划的完美平衡,并在具体设计活动中全面流程化贯彻,实现全过程的安全性保障与关键设计点的可追溯性,并通过闭环设计流程保证了最终安全性指标的合理性。

实际上,对发动机本身而言,无论军用、民用均是一个类似的复杂系统,因此这类安全性方法体系本身是军、民机共用的,并隐藏在 FAR - 33 部和军机适航标准背后,体现的是安全性分析和安全性设计的一种方法。所以,军用安全性标准和民机适航规章的安全性思想本质上是一致的,即从系统安全性出发的全流程控制。

2. 实现方式的差异性

对于民用适航规章 FAR - 33 部,由于其属于国内法,且受到《芝加哥公约》的管理,而更为重要的是,作为一个民用适航规章,必须考虑各个航空器制造商技术方面的差异性而进行妥协,从而保障最低安全性水平,因此其在内容上尽量在一部法规内覆盖所有内容,并且描述必须简练。

对于军用安全性标准 MIL - HDBK - 516B+MIL - STD - 882E 或者是 MIL - E - 5007D+MIL - STD - 882C/D+FAR - 33 部,其属于标准,首要所需考虑的是军用指标的先进性和高要求,而并不需要考虑各个航空器制造商技术差异的平衡和妥协,同时考虑到军机的特殊工作环境,因此在很多具体要求方面比民机规章更多。同时,军用标准不属于法规条文,不需要满足法律条文的精简要求,也不需要繁琐的法律审批流程,且修订相对更加方便,因此在描述上可以包含更多的信息。

3. 军用标准的可裁剪性

对于军用标准,由于标准本身的要求没有考虑制造商间技术水平差异性导致的平衡和妥协,在实际研制过程中不可避免地存在军用标准要求过高的情况出现。因此,对于军用标准,或者说军机适航,具有可裁剪性的特点。但是需要说明的是,这种裁剪是针对所设计的发动机特点进行的指标的增减,但是安全性水平并不能裁剪,或者说设计中完备的一套系统安全性思想、逻辑体系、分析方法本身不能改变。这就是军用标准的一个特殊性。而对于民用适航规章,其条款本身的满足,已经保证的是一个最低的安全性水平,因此完全不允许进行裁剪。在此需要说明的是,军用标准的可裁剪性与民机适航中"豁免"的差异在于:"豁免"是由于技术原因,申请人提交进行型号合格审定的民用航空产品设计特征无法满足当前适用的适航规章要求时,可以针对具体条款申请暂时或永久性的免于表明,但是"豁免"

必须保证已经采取了措施和限制以具有等效安全水平。因此,军机的可裁剪性和民机的"豁免"是在保证安全性水平时,由标准或规章本身与所采用技术的匹配程度决定的。

4.　典型对比示例[37,40]

下面主要对 MIL-E-5007D 和 FAR-33 部中持久试车内容进行对比分析,以此说明两者在技术要求上的具体差异。

持久试车说明:当一台发动机已经研制到其性能和功能都很满意的阶段时,而且通过补充试验又确定了它的完整性,那么它在确定性能水平上的耐久性将通过持久试车确定。这两类规范的耐久性都按 150 h 试车(分成 25 个 6 h)进行(试验时间太短,研制上通不过;试验时间太长,研制周期和经费又不允许)。对进行持久试车的各种说明是复杂的,限于篇幅,本书仅以图例进行说明,图 1.8 为两类规范 150 h 试车情况示意图(图中只标出 1 个 6 h 阶段试车程序)。

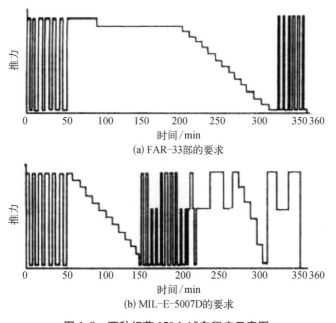

(a) FAR-33部的要求

(b) MIL-E-5007D的要求

图 1.8　两种规范 150 h 试车程序示意图

由图 1.8 可以看出,这两类规范的主要试验都相同: 25 个 6 h 的试验阶段中每个阶段都由"正常使用推力"长时间运转、在低与高推力之间的循环时间运转以及增量运转组成。在各规范规定的程序之间的差别是由改变这些运转类型的混合变化而产生的,推力状态的分配及状态的变换差别很大,这些差别的出现导致两种规范持久试车中每种推力下总运转时间的不同。150 h 持久试车主要集中在发动机工作时间和温度的变化关系方面,即蠕变和应力断裂破坏形式。早期人们认为涡轮发动机就限于这些破坏形式,耐久性试验就想用来说明发动机热端部件(燃烧室和涡轮)能否经受住在提高温度的条件下所需要的时间考验。150 h持久试车条件较为苛刻,对影响发动机零部件的主要因素,如最大负荷、振动、热冲击、低循环疲劳都给予了较充分的考核,比实际使用负荷大得多。两类规范150 h试车差异很大,这是由于军民用发动机实际使用中有无应急推力的一种直接反映,发动机的推力结构在很大程度上决定了定型试验的实质。

这两类规范还要求在进行持久试车过程中或在进行持久试车之后完成一定的起动次数,如表1.2所示。

表 1.2　起动次数对比

起动次数 规范	在150 h持久试车 过程中的起动次数	热起动 次数	假起动 次数	附加的热或 冷起动次数	总计
CCAR - 33 部	25	10	10	55	100
CJB 241 - 1987	60	—	—	10	70

需要说明的是,150 h持久试车是发动机可靠性和适航性的一种鉴定性试车,不是模拟使用任务的试车,推力状态的分配及状态的转换与实际使用情况相差很远,不能用来确定发动机的使用寿命,且150 h持久试车不足以反映诸如低循环疲劳和快速的裂纹扩展。20世纪70年代后期,各航空强国发动机加速任务试车技术(AMT)普遍有所发展,试车的关键是模拟使用寿命,试验方法是要鉴别出由推力变化,在高温下工作的时间和这两者结合所造成的结构上的破坏事故。为充分模拟飞机的多种典型任务,往往制定一种以上的加速任务试车谱,包括为模拟循环疲劳故障使用条件,采用单独的递增与递减转速试验谱。加速任务试车技术的最大好处是对于发动机中成本高而又关键的部件能够积累大量的等效时间,确定诸如盘、涡轮叶片、风扇叶片和高压腔室等重要部件的寿命。加速模拟试车与150 h持久试车相比,具有复现使用故障、零部件承载能力和循环疲劳,以及弄清发动机结构完整性等优点,并且能缩短试验与研制时间。目前我国已着手加速任务试车技术国家军用标准的制定工作。

1.4　安全性与适航的五大问题

1.4.1　五大问题的逻辑关系

适航性是通过设计赋予、制造实现、验证表明、审定接受、维护保持(即五大问题)的航空发动机固有属性。

发动机设计是制造、验证、审定、维护共同的上游工作,因此“设计赋予”是五大问题的核心。

制造实现是"设计赋予"的关键,其决定发动机产品对设计的符合程度,制造是获得满足安全性和适航要求的发动机产品的必要环节。

验证表明是确保设计与制造满足安全性与适航要求的手段,是基于结构化方法的,对发动机各个设计、制造环节的确认过程,在确认的同时向研制方和局方表明航空发动机的安全性和适航水平。

审定接受是局方对发动机安全性水平进行的第三方确认活动,审定的对象是研制方的最终成品,根据审定的需要,可能追溯到设计、制造、验证的全过程。

维护保持是在发动机使用过程中,持续保持发动机安全性水平的手段,是运行方、研制方共同面临的问题,在五大问题中占据最长的时间比例。维护计划来源于设计,随着运营经验的累积,不断地迭代优化,最终实现成本与安全的平衡。

1.4.2　安全性与适航的设计赋予

因为仅通过有限次的试验无法验证并表明航空发动机安全性,所以安全性与适航的设计赋予逻辑不是事后处理的逻辑,而是以事前预防为主,事后处理为辅的逻辑。因此,安全性与适航的设计赋予问题是航空发动机正向研制的核心问题。安全性与适航是航空发动机作为一个复杂系统体现出的综合属性,空间上涉及整个发动机的全部系统、部件、零件,时间上贯穿航空发动机全寿命周期。

只有在设计之初,充分考虑安全性与适航要求及其设计赋予、制造实现、验证表明、审定接受和维护保持问题,才能在最少的设计迭代下实现最终产品在全寿命期内的安全性与适航水平。

设计过程本质上是一种从设计目标出发,逐层分解、分工设计、逐层综合的迭代过程。简单地说,要在设计活动中贯彻安全性与适航要求,首先就是要把要求逐层解耦并逐层分解到底层设计活动,并在底层设计活动中保证底层设计要求的实现,同时考虑各层级设计方案的制造实现、验证表明、审定接受和维护保持,如图1.9所示。

因此,航空发动机安全性与适航的设计赋予的核心问题包括以下方面:

如何将整机级的安全性和适航要求向系统级分解?

如何将系统级的安全性和适航要求向部件级分解?

如何将部件级的安全性和适航要求向零件级分解?

零件设计过程中如何实现零件级的安全性和适航要求?

零件制造中如何实现零件级的安全性和适航要求?

如何验证、表明零件设计满足安全性和适航要求?

如何维护保持零件的安全性和适航要求?

从零件到整机逐层综合过程中如何保证综合后的结果与分解时的预期一致?如果出现不一致,如何通过最少的迭代次数、最短的周期、最低的成本达到预期安

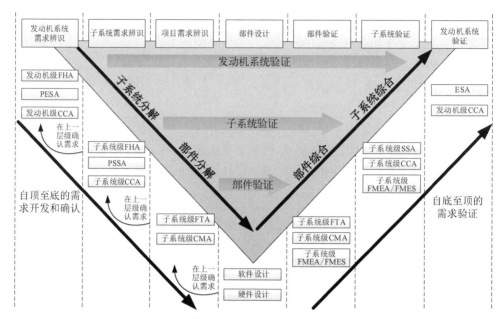

图 1.9 航空发动机安全性与适航设计流程[41]

全性与适航目标?

本书将尝试从不同的角度回答上述问题。

1.4.3 安全性与适航的制造实现

安全性与适航的设计赋予最终要靠制造来实现,那么什么是制造实现?制造实现是否会对设计赋予提出要求?如果设计赋予不能由制造实现,是不是一定要进行制造技术攻关?如果一定要进行制造技术攻关,通过攻关要达到的目标是什么?本节将重点分析上述问题。

航空发动机的底层设计本质上是探索一种工艺、材料可实现的结构的过程,该结构在整机环境下,能够实现其预定功能,预定功能包括但不限于安全性、性能、寿命、可靠性等。

设计过程的关键之一就是如何定义"工艺、材料可实现"。狭义上的理解就是,如果设计可表达为一系列结构参数的集合,则制造应该精确地实现这一集合中的所有结构参数。实际上,加工、装配存在偏差是制造过程的固有属性,那么"工艺、材料可实现"的定义就应该稍加扩展,以适应制造过程的固有属性。因此,"工艺、材料可实现"的准确描述应为:在制造偏差范围内,工艺、材料可实现。

这样,"制造实现"将不可避免地对"设计赋予"提出新的要求。这些要求包括但不限于:在设计结构参数的集合中,哪些参数是关键参数?哪些参数是非关键参数?其中关键参数允许的制造偏差是多少?非关键参数允许的制造偏差是多少？当"设计赋予"回答了上述问题之后，"制造实现"可通过保证关键参数的制造精度来实现零部件在整机环境下的预定功能；同时可通过有限度地放开非关键参数的制造精度要求来降低零部件的制造和维护成本。

当然，也存在这样的情况：假设"设计赋予"定义出了关键参数列表和允许的偏差范围，但制造无法满足这些关键参数的偏差范围，此时如何决策？一个显而易见的解决方案是通过制造工艺攻关，保证关键参数的制造偏差，从而"制造实现"。但这样处理同样面临两个风险：第一，如果通过制造技术攻关，仍然不能将关键参数的制造偏差完全控制在最大允许偏差范围内时如何处理？第二，制造工艺攻关的特点是周期长、成本高，如何保证航空发动机研制的周期和成本？这就要求另一个风险相对小、周期相对短、成本相对低的解决方案，这就是"不敏感性设计"。简单地说，"不敏感性设计"就是根据制造偏差水平调整设计方案，使各零件、部件、系统在整机环境下预期功能的实现在相对意义上对制造偏差水平不敏感的设计方法论。因此，如果设计赋予不能由制造实现，制造技术攻关并不是唯一的选择。

最为极端的情况是，在现有的制造水平下，"不敏感性设计"也无解。这样的后果是成品率极低，导致制造成本飞升。如果在权衡制造成本和制造工艺攻关可能带来的成本之后，决定进行制造技术攻关，那么制造技术攻关要达到的目标是什么？制造技术攻关的目标有三个，即最短的周期、最低的成本、最高的成品率。要保证成品率的提高，必须要控制关键参数的制造偏差。同时，为了保证周期和成本，制造技术攻关的过程就不仅仅是制造环节内部的过程，要实现短周期和低成本，制造环节就必须向设计环节回答：哪些设计参数制造偏差的提升具有最高的攻关潜力。同时，设计环节通过设计手段，将敏感参数清单及其偏差要求落到这些攻关潜力最大的设计参数清单的范围之内。这一过程需要设计环节与制造环节的充分迭代。

1.4.4　安全性与适航的验证表明与审定接受

航空发动机安全性与适航的验证表明与审定接受是一个矛盾的两个方面，对工业方来说，重点是如何验证表明；对局方来说，重点是如何审定接受。要很好地回答这一对问题，需要由工业方主导，且经过工业方与局方的长期磨合。那么，在安全性和适航的设计实践过程中，如何保证验证表明与审定接受的目标尽可能少地导致设计迭代？本节将重点分析这一问题。

要保证验证表明与审定接受的目标尽可能少地导致设计迭代，则需要工业方在设计赋予的全过程中时刻考虑这样一个逻辑：如何通过理论分析和有限次的试验验证设计活动对安全性和适航要求的符合性？如何在不过多依赖设计细节的前提下，将这些验证过程向第三方表明？

因此，在设计赋予的逐层分解阶段，要不断地确认分解到下一层的设计指标能否满足本层和下一层的安全性与适航要求;在设计赋予的分工设计阶段,要不断地确认是否可以以足够的精度实现从上一层分解下来的设计指标,以及零部件的设计是否满足零部件级的安全性和适航要求? 所有的零部件设计是否覆盖了所有的安全性与适航要求(包括逐层分解下来的安全要求和直接针对零部件的安全性要求)? 在设计赋予的逐层综合阶段,要不断地验证逐层分解阶段解耦假设的合理性,以及下一层设计方案是否支撑了本层级安全性与适航要求的实现? 如果由于解耦假设的不合理性和下一层设计方案的偏差导致未能实现本层的安全性与适航要求,如何通过最少的设计迭代实现安全性与适航要求?

当"设计赋予"回答了上述问题之后,验证表明和审定接受就是"设计赋予"的自然结果,整个过程都以工业方为主体。

1.4.5   安全性与适航的维护保持

航空发动机的研制周期长,整个生命周期更长,因此,从航空发动机的全寿命周期来看,维护保持问题占据着更多的时间区间。维护保持是航空发动机在全寿命周期内实现安全目标的关键。问题在于,如何制定维护保持计划? 如何实现安全性与适航水平和维护成本的平衡? 本节将重点分析上述问题。

维护保持的计划来源于设计,完善于运行。设计阶段是制定维护保持计划的关键环节。要制定维护保持计划,就必须回答航空发动机的初始安全性水平是多少? 随着使用循环数/发动机飞行小时数的增加,航空发动机的安全性水平如何衰减? 导致航空发动机安全性衰减的关键因素是什么? 如何通过维护发现并抑制这些关键因素的进一步劣化? 因此,维护保持计划的制定依赖于设计活动本身。

在设计环节制定维护保持计划时,常常为了追求高的安全性目标,导致过于频繁的冗余维护,这将造成较高的维护成本。如何实现安全性与适航水平和维护成本的平衡? 冗余维护,在一个型号运行的早期阶段是保障航空发动机安全性与适航水平的必要手段,但随着运行经验的积累和对低维护成本的追求,冗余维护的必要性也不断下降。这就要求充分利用机群发动机的在线监测和离线检测数据,迭代地减少维护活动的密度和强度,实现安全性与适航水平和维护成本的平衡。

--- 参考文献 ---

[1]   国家中长期科学和技术发展规划纲要(2006—2020 年). 中华人民共和国国务院,2006.
[2]   温家宝. 让中国的大飞机翱翔蓝天. 人民日报,2008 - 5 - 12(1 - 2).
[3]   中国民用航空总局航空器适航司. 中国民用航空器适航管理. 北京:中国民航出版社,1994.
[4]   鲍梦瑶. 基于模型的航空发动机增压系统安全性分析方法研究. 北京:北京航空航天大学,2014.
[5]   System safety engineering. Rept on Test Operation Procedure, AD - A168 737/5,1962.

[6]　颜兆林. 系统安全性分析技术研究. 长沙：中国人民解放军国防科学技术大学,2001.

[7]　Federal Aviation Administration. Airworthiness standards：Aircraft engines：33. 75 safety analysis. e－CFR 14 part 33. Washington D. C. , 1974.

[8]　Department of Defense. Handbook：Airworthiness certification criteria. MIL－HDBK－516. USA, 2002.

[9]　Federal Aviation Administration. Airworthiness standards：Aircraft engines：33. 75 safety analysis. e－CFR 14 part 33. Washington D. C. , 2007.

[10]　de Florio F. Airworthiness：An introduction to aircraft certification. 张曙光,柯鹏,潘强,等译. 北京：北京航空航天大学出版社,2011.

[11]　中国民用航空局. 航空发动机适航规定. CCAR－33R2. 北京,2012.

[12]　Federal Aviation Administration. Airworthiness standards：Aircraft engines. e－CFR 14 part 33. Washington D. C. , 2009.

[13]　European Aviation Safety Agency. Certification specifications for engines. CS－E. Koeln, 2007.

[14]　Convention on international civil aviation. International Civil Aviation Organization. Document 7300, 1944. 12. 7.

[15]　Subcommittee 4：Airworthiness of aircraft. International Civil Aviation Organization, Document 325, 1944.

[16]　International Civil Aviation Organization. Annex 8 international standards and recommended practices：Airworthiness of aircraft. Montreal：Document 325, 1949.

[17]　陈诗麒. 国际民用航空器适航责任研究. 上海：华东政法大学,2014.

[18]　Ericson C A. Hazard analysis techniques for system safety. Hoboken：Wiley-Interscience, 2005.

[19]　Federal Aviation Administration. Fuel venting and exhaust emission requirements for turbine engine powered airplanes. e－CFR 14 part 34. Washington D. C. , 2013.

[20]　Federal Aviation Administration. Airworthiness standards：Propellers. e－CFR 14 part 35. Washington D. C. , 2013.

[21]　Federal Aviation Administration. Airworthiness standards：Aircraft engines：33. 75 safety. e－CFR 14 part 33. Washington D. C. , 2009.

[22]　Military specification engines, aircraft, turbojet and turbofan, general specification for [NO S/S DOCUMENT]. MIL－E－5007D. USA, 1973.

[23]　顾华芳. 美国发动机专家迈克尔先生介绍 MIL－E－5007 规范. 航空标准化,1983(5)：33－35.

[24]　梁春华,王占学,曹茂国. F100/F110 发动机与 F－15/F－16 战斗机使用故障的统计与分析. 航空动力学报,2011,26(7)：1575－1582.

[25]　Department of Defense. Handbook：Airworthiness certification criteria. MIL－HDBK－516A. USA, 2004.

[26]　Department of Defense. Handbook：Airworthiness certification criteria. MIL－HDBK－516B. USA, 2005.

[27]　Department of Defense. Handbook：Airworthiness certification criteria. MIL－HDBK－516B w/Change 1. USA, 2008.

[28] 杨嘉霖. 军用飞机适航标准体系建设研究. 北京：北京理工大学, 2010.

[29] Department of Defense. Militray standard system safety program requirements. MIL‑STD‑882C. USA, 1993.

[30] Department of Defense. Standard practice：System safety. MIL‑STD‑882D. USA, 2000.

[31] Department of Denfense. Standard practice：System safety. MIL‑STD‑882E. USA, 1993.

[32] 曾天翔. 美军颁发安全性军用标准 MIL‑STD‑882E. 中国航空信息中心, 2014.

[33] 国防科学技术工业委员会. 航空涡轮喷气和涡轮风扇发动机通用规范. GJB241‑87. 北京, 1987.

[34] 国防科学技术工业委员会. 系统安全性通用大纲. GJB 900—1990. 北京, 1990.

[35] 杨九高. 对编写"GJB241 使用指南"的建议. 航空标准化与质量, 2000(2)：18‑20.

[36] 中国人民解放军总装备部. 航空涡轮喷气和涡轮风扇发动机通用规范. GJB241A‑2010. 北京, 2010.

[37] 唐伟, 刘启国, 朱瑾, 等. FAR 33 与 GJB 241A 技术要求对比分析. 航空标准化与质量, 2012(4)：36‑40.

[38] 中国人民解放军总装备部. 装备安全性工作通用要求. GJB 900A—2012. 北京, 2012.

[39] 国防科学技术工业委员会. 系统安全工程手册. GJB/Z 99—1997. 北京, 1997.

[40] 于宏军. CCAR33 部、34 部与 GJB241 的试验要求对比分析. 航空标准化与质量, 2006, (5)：18‑21.

[41] Society of Automotive Engineers. Certification considerations for highly-integrated or complex aircraft systems. ARP 4754. Warrendale, 1996.

第 2 章
适航技术体系与航空发动机安全性

2.1　航空发动机适航规章条款的产生与发展

2.1.1　适航条款的产生及发展需求

1. 适航条款的产生

适航规章本身表现为对于航空产品安全性的最终要求,适航条款是适航规章融入产品研制中的方法及过程的要求和技术诠释,而表明各条款符合性的过程需要进行技术判定。

1) 欧美适航条款的产生

对于欧美,条款的产生体现出"自下而上"和"最低安全性要求下的妥协性"特点。

(1) "自下而上"。适航条款的提出和修订本身经历的就是一个与航空发动机技术和产品融合发展的历程,同时也是和工业实践融合的结果。由于欧美航空发动机制造商先期针对各条款所覆盖的技术已开展了大量专门、系统性的研究,甚至某些新技术早于条款要求在新型号上应用,所以欧美适航条款是在较为成熟的技术储备以及多年经验累积下,由航空发动机制造商支持民用航空局(审定方)制定,即"自下而上"。因此,适航条款本身的符合性表明对于欧美的航空发动机制造商并没有障碍,对于局方审定过程中的符合性判定也没有难度,尽管由于突发性或重大事故会对条款技术要求产生冲击,但总体而言形成了良性循环。

(2) "最低安全性要求下的妥协性"。欧美航空发动机的研制主要是由 GE、普惠、罗罗、赛峰等大公司垄断,各航空发动机制造商显然拥有自己独立的技术手段和技术储备,同时各制造商之间也不可避免地存在一定的技术差距,因此在"自下而上"的适航条款制定原则基础上,必然会在具体条款的技术要求上存在差异和矛盾,各航空发动机制造商也会尽力维护自己的利益,使适航条款对自己的影响最小、最容易满足、成本(时间、金钱)最低。在这种背景下,由 FAA 或 EASA 主导、各航空发动机制造商支撑的适航条款制定,只能是在满足航空发动机最低安全性要求下,在各大航空发动机制造商间寻求一种"妥协"或"平衡",从而既满足公众对航空器安全的需要,也尽力寻求各制造商利益的"平衡点"。

2) 我国适航条款的产生

但对于我国,与欧美适航规章与发动机技术和产品融合发展的历程不同,我国 CCAR-33 部是直接借鉴的,没有经历与工业实践的融合,且缺少先期对于规章所覆盖技术的专门性、系统性研究。这种缺失,使得适航规章要求在我国民用航空发动机研制中表现为"自上而下"(审定方要求工业方),而不是欧美的"自下而上"(工业方支持审定方)。这样逆序的直接结果,就是适航要求被认为是"瓶颈",是阻碍国产民用发动机进入市场的"壁垒"。

同时,由于适航规章技术内涵具有高度耦合性,缺乏对于规章技术的深度挖掘,整部规章就像一个"大铁疙瘩",一下子扔下来,不仅工业部门接不住会受伤,而且审定部门同样不能免除这类遭遇。因此,对我国而言只有把"大铁疙瘩"分解了,变成每个传统专业能接住的"小块儿",适航才能被工业部门消化,才能被审定部门真正理解,国外的成功经验和失败的教训才能有效,安全性水平才能真正提高。

2. 适航条款的发展需求

航空发动机适航条款自产生,就不断地修订以满足不断增长的安全性需求,保证公众利益。未来,动力系统安全作为航空器不断提升的安全性中的核心和关键问题之一,也是航空发动机适航技术发展的重要推动力。目前商用发动机的寿命循环为 $1.0 \times 10^4 \sim 1.5 \times 10^4$ h,而到 2020 年,规划指标将在此基础上提高 50% ~ 100%;在机时间也将从目前的 1×10^4 h 提高 50%;另一重要指标 IFSD(空中停车率)从每 1 000 飞行小时 1 次下降到 0.002~0.005 次,相当于一台发动机飞行 60~150 年才可能发生 1 次空中停车,到 2020 年发动机空中停车率将进一步下降 50%,安全性水平为当今的 5 倍以上(0.2×10^{-6})。

另外,结合一些灾难性事故的发生,国际联合研制以分摊、降低研制成本和风险,双方国家对适航条款的互认以降低取证成本的需要等因素,也必然促使航空发动机适航条款的不断进步和发展。

以美国为例,对于适航规章 FAR-33 部的修订,均是作为审定方的 FAA 与多家民用航空发动机制造商协调、讨论的结果。对此,FAA 在建议稿中对各次修订讨论中各制造商所提出的建议、所暴露的问题进行了记录,通过分析这些讨论记录,并特别注意条款制定的最终目的是保证航空发动机的安全性这一思想,可以将适航条款的发展需求分为以下几个类别[1]:

(1) 科技水平的进步造成现实情况超出了旧条款约束范围,或旧的标准不能保证对实际情况的有效审核;

(2) 灾难性事故的发生暴露出条款标准存在的问题、错误的认识和未考虑到的可能性;

（3）由于对航空发动机安全边界认识上的不足，部分条款的制定过于苛刻，从而造成工业部门在使用时成本（环保、经济性、人力资源、设计制造资源等）大幅上升；

（4）由于叙述语言或定义的不准确，制造商产生了错误的或不清楚的认识；

（5）EASA 成立后，随着欧美之间的航空产品相互准入降低取证周期和成本等因素的需要，适航规章需要在内容上实现国际标准的一致性。

2.1.2　FAR‑33 部的历史衍变

FAR‑33 部制定的作用可以从两个方面加以说明：对于 FAA，其依据 33 部所制定的条款要求，对航空发动机制造商所提供的产品进行审定，如果该产品满足 FAR‑33 部各条款的要求，即被认为通过适航认证并颁发适航资格证，则该型发动机可以投入商用应用；对于制造商，其所制造的产品在进入市场前，必须通过 FAA 的认证并拿到适航资格证，这要求制造商在该型发动机的研发阶段，必须考虑 33 部中各条款要求并作为设计的参考依据。

需要注意的是，33 部自制定以来就处于不断的修正和变化之中。其主要原因可归因于新的航空发动机产品在 FAA 审定时，旧条款不能满足审定的需要；或者是旧条款对制造商产品的研发产生了阻碍或限制，制约了新产品的出现。在这种情况下，FAA 就作为审定方和商用发动机制造商经协商后，对某条特定的条款进行修订，反映在 33 部上即被称为“修正案”。

正因为 33 部的重要作用以及其不断变化的特点，航空发动机适航领域的研究主要集中在针对 33 部某单一条款或某一类航空发动机部件相关的条款上，其研究目的主要是了解该条款本身制定的原因、历史变化、技术内涵和对行业的影响；或者指导制造商应怎样去理解条款，并相应地采用什么样的方式、方法去满足该条款的要求。但是，将 33 部规章各条款作为一个整体来分析研究，尤其是与制造商针对民用航空发动机研制的关联性或相互影响性的研究较为稀少。这主要是 33 部规章包含了航空发动机的各个方面，研究所涉及的对象过多、数据信息量过大，从而造成了分析的困难。目前，有关整体性或全局性的研究主要集中在适航审定上，如 Filippo de Florio 所著的 *Airworthiness: An Introduction to Aircraft Certification* 一书[2]，但是该书所针对的是航空器这一大类，33 部航空发动机作为一个子部分而介绍简洁。本小节正是针对这一问题，从数据统计出发，对历史上所有的修正进行追踪介绍，同时对其中所涉及的技术问题进行概括总结。对于所引述的各项修正案原文及其他细节资料，来源于 FAA 官方网站公开资料，读者可以自行下载查阅。

1. 适航规章 FAR‑33 部的修订总结

自 1964 年 FAA 将适航规章从 CAR 转变为 FAR 以来，截至 2018 年 3 月，FAR‑33 部共进行了 34 次修订，涉及几乎所有的条款，如表 2.1 和表 2.2 所示[3]。

表 2.1 给出了按照 FAR-33 部修正案的历史时间顺序排列的修订关键信息汇总，并以关键词的形式给出了各次修订的重点，同时也包括了此次修订所涉及的条款数量及修订深度；表 2.2 为 FAR-33 部修正案按所对应条款的汇总。因此，修正案体现出两个特点：每次修订所涉及的内容深度及广度不同，如表 2.1 所示，其中第 3 次、第 6 次、第 10 次、第 26 次修正涉及大量的内容修订；针对各条款，修正的频繁程度不同，如表 2.2 所示，其中部分条款在近半个世纪的时间里仅有 1 或 2 次修订甚至没有修订，部分条款涉及多次修正，如 33.5 条款和 33.7 条款。

表 2.1 FAR-33 部修正案关键信息汇总

修正案编号	关 键 词	涉及条目数	字数
原始版本(0)	—	44	6 106
第 1 次修正	effective date	1	31
第 2 次修正	endurance test; fuel and induction system	2	1 383
第 3 次修正	engine rating and operating limitations; selection of engine power and thrust ratings; fire prevention; engine mounting attachments and structure; vibration test; endurance test; operation test; power or thrust response; engine-propeller systems tests; thrust reversers	11	3 782
第 4 次修正	power or thrust response; operation test	2	380
第 5 次修正	instrument connection	1	43
第 6 次修正	instructions; engine ratings and operating limitations; start-stop cyclic stress (low-cycle fatigue); fire prevention; accessory attachments; turbine, compressor, and turbosupercharger rotors; overspeed; strength; instrument connection; vibration test; calibration tests; endurance test; teardown inspection; general conduct of block tests; stress analysis; surge and stall characteristics; bleed air system; fuel system; induction system icing; ignitions system; lubrication system; hydraulic actuating systems; safety analysis; foreign object ingestion; fuel burning thrust augmentor; rotor tests; overhaul test; engine component tests; windmilling tests	37	11 432
第 7 次修正	applicability	1	96
第 8 次修正	materials; fire prevention	2	300
第 9 次修正	general; format; content; airworthiness limitations section; instructions for continued airworthiness; instruction manual for installing and operating the engine; durability; teardown inspection; general conduct of block tests	11	1 777
第 10 次修正	engine ratings and operating limitations; start-stop cyclic stress (low-cycle fatigue); materials; fire prevention; durability; engine mounting attachments and structure; accessory attachments; turbine, compressor, fan, and turbosupercharger rotors; fuel and induction system; vibration test; endurance test; vibration; bleed air system; fuel system; induction system icing; lubrication system; safety analysis; foreign object ingestion; engine overtemperature test; operation test; initial maintenance inspection; windmilling tests; teardown inspection; blade containment and rotor unbalance tests	26	10 504

续　表

修正案编号	关　键　词	涉及条目数	字数
第 11 次修正	engine ratings and operating limitations; engine tests in auxiliary power unit (APU) mode	2	760
第 12 次修正	engine ratings and operating limitations; endurance test	2	3 658
第 13 次修正	airworthiness limitations section	1	130
第 14 次修正	applicability	1	72
第 15 次修正	electrical and electronic control systems	1	202
第 16 次修正	authority citation	1	37
第 17 次修正	vibration; continued rotation; vibration test; rotor locking tests	4	793
第 18 次修正	engine ratings and operating limitations; instrument connection; fuel system; calibration tests; endurance test; engine overtemperature test; teardown inspection	7	5 499
第 19 次修正	certification standard atmospheric concentrations of rain and hail; foreign object ingestion; rain and hail ingestion	3	1 807
第 20 次修正	bird ingestion; foreign object ingestion — ice	3	3 439
第 21 次修正	general; continued airworthiness; lubrication system; initial maintenance inspection test; design and test requirements for early ETOPS eligibility	5	3 411
第 22 次修正	turbocharger rotors; engine life-limited parts	3	424
第 23 次修正	bird ingestion	1	2 238
第 24 次修正	instruction manual for installing and operating the engine; continued rotation; safety analysis; bird ingestion	4	3 448
第 25 次修正	airworthiness limitations section; instruction manual for installing and operating the engine; instrument connection; fuel system; endurance test; engine overtemperature test; teardown inspection	7	5 564
第 26 次修正	instruction manual for installing and operating the engine; engine ratings and operating limitations; turbine, compressor, fan, and turbosupercharger rotors; engine control systems; instrument connection; engine component tests; fuel system; engine overtemperature test; engine component tests	9	4 068
第 27 次修正	pressurized engine static parts; lubrication system; engine component tests	3	1 191
第 28 次修正	durability	1	118
第 29 次修正	fire protection	1	369
第 30 次修正	engine ratings and operating limitations; engine overtorque test; endurance test	3	4 551
第 31 次修正	turbine, compressor, fan, and turbosupercharger rotor overspeed	1	1 010
第 32 次修正	endurance test	1	3 672
第 33 次修正	vibration test	1	482
第 34 次修正	induction system icing; foreign object ingestion — ice; appendix C — reserved; appendix D — mixed phase and ice crystal icing envelope (deep convective clouds)	4	1 618

表 2.2　FAR-33 部修正案按条款的汇总

分类	条目	条款名称	条款类型	相关主要 AC	涉及修正案	修 正 文 档	修正量	修订类型
总则	33.1	Applicability	说明	—	33-7	Final Rule. Docket No. 14324	168	法理 更改说明
					33-14	Final Rule. Docket No. 25613 Final Rule. Docket No. 3025		
	33.3	General	说明	—	—	—	—	无修订
	33.4	Instructions for continued airworthiness	说明 文档	AC33.7A AC33.4-1 AC33.4-2 AC33.4-3 AC33.27-1 AC33.28-1 AC33.28-2 AC33.63-1 AC33.70-1 AC33.70-2 AC33.87-1	33-9	Final Rule. Docket No. 14779, 14324	1 777	增加要求 更改说明
	33.5	Instruction manual for installing and operating the engine	说明 文档	AC33.3 AC33.7A AC33.28-1 AC33.28-2 AC33.63-1 AC33.87-1	33-6	Final Rule. Docket No. 3025	25 079	更改说明 设计分析
					33-9	Final Rule. Docket No. 11010		
					33-24	Final Rule. Docket No. 14779, 14324		
					33-25	Final Rule. Docket No. 25376		
					33-26	Final Rule. Docket No. 2007-27899		
	33.7	Engine ratings and operating limitations	说明 文档	AC33.7A AC33.63-1 AC33.87-1	33-6	Final Rule. Docket No. 3025	40 472	更改说明 设计分析
					33-10	Final Rule. Docket No. 7139		
					33-11	Final Rule. Docket No. 11010		
					33-12	Final Rule. Docket No. 16919		
					33-18	Final Rule. Docket No. 23737		
					33-26	Final Rule. Docket No. 24337		

续　表

分类	条目	条款名称	条款类型	相关主要 AC	涉及修正案	修　正　文　档	修正量	修订类型
总则	33. 7	Engine ratings and operating limitations	说明 文档	AC33. 7A AC33. 63 - 1 AC33. 87 - 1	33 - 30	Final Rule. Docket No. 26019 Final Rule. Docket No. 2007 - 27311 Final Rule. Docket No. 2007 - 28502	40 472	更改说明 设计分析
	33. 8	Selection of engine power and thrust ratings	说明	AC33. 87 - 1	33 - 3	Final Rule. Docket No. 7139	3 782	增加要求 更改说明
	33. 11	Applicability	说明	—	—	Final Rule. Docket No. 3025	—	无修正
	33. 13	Design features/Reserved	备用	—	33 - 6	Final Rule. Docket No. 11010	11 432	保留
	33. 14	Start-stop cyclic stress (low-cycle fatigue)/Removed	设计 试验	AC33. 14 - 1	33 - 6 33 - 10 33 - 22	Final Rule. Docket No. 11010 Final Rule. Docket No. 16919 Final Rule. Docket No. 2006 - 23732	22 360	设计分析 试验验证 33. 70替代
设计与构造	33. 15	Materials	设计 试验 数据库	AC33. 15 - 1 AC33. 70 - 1 AC33. 70 - 2	33 - 8 33 - 10	Final Rule. Docket No. 3025 Final Rule. Docket No. 14606, 14324 Final Rule. Docket No. 16919	10 804	更改说明
	33. 17	Fire prevention	设计 试验	AC33. 4 AC33. 17 - 1 AC33. 17 - 1A AC33. 28 - 1 AC33. 28 - 2 AC33. 74/92 - 1A	33 - 3 33 - 6 33 - 8 33 - 10 33 - 29	Final Rule. Docket No. 3025 Final Rule. Docket No. 7139 Final Rule. Docket No. 11010 Final Rule. Docket No. 14606, 14324 Final Rule. Docket No. 16919 Final Rule. Docket No. 28503	26 387	更改说明 设计分析 试验验证
	33. 19	Durability	设计	AC33. 4 AC33. 5 AC33. 19 - 1 AC33. 28 - 1 AC33. 70 - 1 AC33. 70 - 2 AC33. 74/92 - 1A	33 - 9 33 - 10 33 - 28	Final Rule. Docket No. 3025 Final Rule. Docket No. 14779, 14324 Final Rule. Docket No. 16919 Final Rule. Docket No. 2007 - 27310	10 922	更改说明

续　表

分类	条目	条款名称	条款类型	相关主要AC	涉及修正案	修正文档	修正量	修订类型
设计与构造	33.21	Engine cooling	说明 设计	—	—	Final Rule. Docket No. 3025	—	无修正
	33.23	Engine mounting attachments and structure	设计	—	33-3	Final Rule. Docket No. 7139	14 286	更改说明 设计分析
					33-10	Final Rule. Docket No. 16919		
	33.25	Accessory attachments	设计	—	33-6	Final Rule. Docket No. 3025	25 718	更改说明 设计分析
					33-10	Final Rule. Docket No. 11010		
						Final Rule. Docket No. 16919		
	33.27	Turbine, compressor, fan, and turbosupercharger rotors	设计 试验	AC33.3 AC33.7A AC33.27-1 AC33.28-1 AC33.70-1 AC33.70-2	33-6	Final Rule. Docket No. 3025	27 014	更改说明 设计分析 试验验证
					33-10	Final Rule. Docket No. 11010		
					33-26	Final Rule. Docket No. 16919		
					33-31	Final Rule. Docket No. 2007-27311		
						Final Rule. Docket No. FAA-2010-0398		
	33.28	Engine control systems	设计	AC33.7A AC33.4-3 AC33.28-1 AC33.28-2 AC33.28-2 AC33.63-1	33-15	Final Rule. Docket No. 24466	4 270	增加要求 更改说明 设计分析
					33-26	Final Rule. Docket No. 2007-27311		
	33.29	Instrument connection	设计	AC33.7A	33-5	Final Rule. Docket No. 11010	26 606	增加要求 设计分析
					33-6	Final Rule. Docket No. 11010		
					33-18	Final Rule. Docket No. 26019		
					33-25	Final Rule. Docket No. 2007-27899		
					33-26	Final Rule. Docket No. 2007-27311		

续　表

分类	条目	条款名称	条款类型	相关主要 AC	涉及修正案	修正文档	修正量	修订类型
活塞发动机设计	33.31	Applicability	—	—	—	Final Rule. Docket No. 3025	—	—
	33.33	Vibration	—	—	—	Final Rule. Docket No. 3025	—	—
	33.34	Turbocharger rotors	—	—	33-22	Final Rule. Docket No. 2006-23732	—	—
	33.35	Fuel and induction system	—	—	33-10	Final Rule. Docket No. 3025 Final Rule. Docket No. 16919	—	—
	33.37	Ignition system	—	—	—	Final Rule. Docket No. 3025	—	—
	33.39	Lubrication system	—	—	—	Final Rule. Docket No. 3025	—	—
	33.41	Applicability	—	—	—	Final Rule. Docket No. 3025	—	—
活塞发动机试验	33.42	General	—	—	33-6	Final Rule. Docket No. 11010	—	—
	33.43	Vibration test	—	—	33-3 33-6 33-10	Final Rule. Docket No. 3025 Final Rule. Docket No. 7139 Final Rule. Docket No. 11010 Final Rule. Docket No. 16919	—	—
	33.45	Calibration tests	—	—	33-6	Final Rule. Docket No. 3025 Final Rule. Docket No. 11010	—	—
	33.47	Detonation test	—	—	—	Final Rule. Docket No. 3025	—	—
	33.49	Endurance test	—	—	33-2 33-3 33-6 33-10	Final Rule. Docket No. 3025 Final Rule. Docket No. 7464 Final Rule. Docket No. 7139 Final Rule. Docket No. 11010 Final Rule. Docket No. 16919	—	—
	33.51	Operation test	—	—	33-3	Final Rule. Docket No. 3025 Final Rule. Docket No. 7139	—	—
	33.53	Engine component tests	—	—	33-26	Final Rule. Docket No. 3025 Final Rule. Docket No. 2007-27311	—	—

续表

分类	条目	条款名称	条款类型	相关主要 AC	涉及修正案	修 正 文 档	修正量	修订类型
活塞发动机试验	33.55	Teardown inspection	—	—	33-6 33-9	Final Rule. Docket No. 3025 Final Rule. Docket No. 11010 Final Rule. Docket No. 14779, 14324	—	— —
	33.57	General conduct of block tests	—	—	33-6 33-9	Final Rule. Docket No. 3025 Final Rule. Docket No. 11010 Final Rule. Docket No. 14779, 14324	—	—
涡轮发动机设计	33.61	Applicability	说明	—	—	Final Rule. Docket No. 3025	—	无修正
	33.62	Stress analysis	说明 设计	—	33-6	Final Rule. Docket No. 11010	11 432	增加要求 设计分析
	33.63	Vibration	设计	AC33.63-1 AC33.70-1 AC33.70-2	33-10 33-17	Final Rule. Docket No. 16919 Final Rule. Docket No. 28107	11 297	更改说明
	33.64	Pressurized engine static parts	设计	—	33-27	Final Rule. Docket No. 2007-28501	1 191	增加要求 设计分析
	33.65	Surge and stall characteristics	设计	AC33.65-1	33-6	Final Rule. Docket No. 3025 Final Rule. Docket No. 11010	11 432	更改说明
	33.66	Bleed air system	设计	—	33-6 33-10	Final Rule. Docket No. 11010 Final Rule. Docket No. 16919	21 936	更改说明
	33.67	Fuel system	设计	—	33-2 33-6 33-10 33-18 33-25 33-26	Final Rule. Docket No. 3025 Final Rule. Docket No. 7464 Final Rule. Docket No. 11010 Final Rule. Docket No. 16919 Final Rule. Docket No. 26019 Final Rule. Docket No. 2007-27899 Final Rule. Docket No. 2007-27311	38 450	更改说明 设计分析

续　表

分类	条目	条款名称	条款类型	相关主要 AC	涉及修正案	修正文档	修正量	修订类型
涡轮发动机设计	33.68	Induction system icing	设计	AC33.63-1	33-6 33-10 33-34	Final Rule. Docket No. 11010 Final Rule. Docket No. 16919 无	22 998	增加要求 更改说明 增加要求
	33.69	Ignition system	设计	—	33-6	Final Rule. Docket No. 3025 Final Rule. Docket No. 11010	11 432	更改说明
	33.70	Engine life-limited parts	设计	AC33.7A AC33.70-1 AC33.70-2 AC33.14-1	33-22	Final Rule. Docket No. 2006-23732	424	增加要求 设计分析 替代 33.14
	33.71	Lubrication system	设计	—	33-6 33-10 33-21 33-27	Final Rule. Docket No. 3025 Final Rule. Docket No. 11010 Final Rule. Docket No. 16919 Final Rule: Docket No. 2002-6717 Final Rule. Docket No. 2007-28501	26 538	设计分析 更改说明
	33.72	Hydraulic actuating systems	设计	—	33-6	Final Rule. Docket No. 11010	11 432	增加要求
	33.73	Power or thrust response	设计	AC33.65-1	33-3 33-4	Final Rule. Docket No. 3025 Final Rule. Docket No. 7139 Final Rule. Docket No. 9464	4 162	更改说明 设计分析
	33.74	Continued rotation	设计	AC33.74/92-1A	33-17 33-24	Final Rule. Docket No. 28107 Final Rule. Docket No. 28107	4 241	增加要求 更改说明
	33.75	Safety analysis	设计	AC33.5 AC33.8 AC33.9 AC33.75-1A AC33.28-1 AC33.70-1 AC33.70-2 AC33.75-1A	33-6 33-10 33-24	Final Rule. Docket No. 11010 Final Rule. Docket No. 16919 Final Rule. Docket No. 25376	25 384	增加要求 更改说明 设计分析

续 表

分类	条目	条 款 名 称	条款类型	相关主要 AC	涉及修正案	修 正 文 档	修正量	修订类型
涡轮发动机设计	33.76	Bird ingestion	设计 试验	AC33.76-1 AC33.76-1A	33-20 33-23 33-24	Final Rule. Docket No. FAA-1998-4815 Final Rule. Docket No. 2006-25375 Final Rule. Docket No. 2006-25376	9 125	增加要求 试验验证
	33.77	Foreign object ingestion — ice	设计	—	33-6 33-10 33-19 33-20 33-34	Final Rule. Docket No. 11010 Final Rule. Docket No. 16919 Final Rule. Docket No. 28652 Final Rule. Docket No. FAA-1998-4815 无	27 537	设计分析 试验验证 增加要求
	33.78	Rain and hail ingestion	设计	AC33.78-1	33-19	Final Rule. Docket No. 28652	1 807	增加要求 设计分析
	33.79	Fuel burning thrust augmentor	设计	—	33-6	Final Rule. Docket No. 11010	11 432	增加要求 设计分析
涡轮发动机试验	33.81	Applicability	说明	—	33-6	Final Rule. Docket No. 3025 Final Rule. Docket No. 11010	11 432	基础说明
	33.82	General	说明	AC33.87-1	33-6	Final Rule. Docket No. 11010	11 432	增加要求 基础说明
	33.83	Vibration test	试验	AC33.7A AC33.63-1 AC33.87-1	33-6 33-10 33-17 33-33	Final Rule. Docket No. 3025 Final Rule. Docket No. 11010 Final Rule. Docket No. 16919 Final Rule. Docket No. 28107 Amendment 33-33 Correction	23 211	设计分析 试验验证 更改说明
	33.84	Engine overtorque test	试验	—	33-30	Final Rule. Docket No. 2007-28502	4 551	增加要求 试验验证

续　表

分类	条目	条款名称	条款类型	相关主要 AC	涉及修正案	修　正　文　档	修正量	修订类型
涡轮发动机试验	33.85	Calibration tests	试验	AC33.87 - 1	33 - 6	Final Rule. Docket No. 3025		增加要求试验验证
					33 - 18	Final Rule. Docket No. 11010 Final Rule. Docket No. 26019	16 931	
	33.87	Endurance test	试验	AC33.7A AC33.63 - 1	33 - 3	Final Rule. Docket No. 3025		
					33 - 6	Final Rule. Docket No. 7139		
					33 - 10	Final Rule. Docket No. 11010		增加要求试验验证更改说明
					33 - 12	Final Rule. Docket No. 16919		
					33 - 18	Final Rule. Docket No. 24337	48 662	
					33 - 25	Final Rule. Docket No. 26019		
					33 - 30	Final Rule. Docket No. 2007 - 27899 Final Rule. Docket No. 2007 - 28502		
					33 - 32	无		
	33.88	Engine overtemperature test	试验	AC33.7A	33 - 6	Final Rule. Docket No. 11010		
					33 - 10	Final Rule. Docket No. 16919		
					33 - 18	Final Rule. Docket No. 26019	37 067	增加要求试验验证
					33 - 25	Final Rule. Docket No. 2007 - 27899		
					33 - 26	Final Rule. Docket No. 2007 - 27311		
	33.89	Operation test	试验	—	33 - 4	Final Rule. Docket No. 3025		
					33 - 6	Final Rule. Docket No. 9464	22 316	增加要求试验验证
					33 - 10	Final Rule. Docket No. 11010 Final Rule. Docket No. 16919		
	33.90	Initial maintenance inspection test	试验	AC33.90 - 1	33 - 6	Final Rule. Docket No. 11010		更改说明试验验证
					33 - 10	Final Rule. Docket No. 16919	25 347	
					33 - 21	Final Rule. Docket No. 16919		

续　表

分类	条目	条款名称	条款类型	相关主要 AC	涉及修正案	修　正　文　档	修正量	修订类型
涡轮发动机试验	33.91	Engine component tests	试验	AC33.28-1 AC33.63-1 AC33.87-1	33-6	Final Rule. Docket No. 3025	16 691	更改说明 试验验证
					33-26	Final Rule. Docket No. 11010		
					33-27	Final Rule. Docket No. 2007-27311 Final Rule. Docket No. 2007-28501		
	33.92	Rotor locking tests	试验	AC33.74/92-1A	33-6	Final Rule. Docket No. 11010	22 729	更改说明 试验验证
					33-10	Final Rule. Docket No. 16919		
					33-17	Final Rule. Docket No. 28107		
	33.93	Teardown inspection	试验	AC33.7A AC33.87-1	33-6	Final Rule. Docket No. 3025	34 776	更改说明 试验验证
					33-9	Final Rule. Docket No. 11010		
					33-10	Final Rule. Docket No. 14779, 14324		
					33-18	Final Rule. Docket No. 16919		
					33-25	Final Rule. Docket No. 26019 Final Rule. Docket No. 2007-27899		
	33.94	Blade containment and rotor unbalance tests	试验	AC33.94	33-10	Final Rule. Docket No. 16919	10 504	增加要求 设计分析 试验验证
	33.95	Engine-propeller systems tests	试验	—	33-3	Final Rule. Docket No. 3025 Final Rule. Docket No. 7139	3 782	更改说明
	33.96	Engine tests in auxiliary power unit (APU) mode	试验	—	33-11	Final Rule. Docket No. 23737	760	增加要求 试验验证
	33.97	Thrust reversers	试验	AC33.97	33-3	Final Rule. Docket No. 3025 Final Rule. Docket No. 7139	3 782	更改说明

续 表

分类	条目	条款名称	条款类型	相关主要 AC	涉及修正案	修 正 文 档	修正量	修订类型
涡轮发动机试验	33.99	General conduct of block tests	说明 文档	AC33.99	33 – 6 33 – 9	Final Rule. Docket No. 3025 Final Rule. Docket No. 11010 Final Rule. Docket No. 14779, 14324	13 209	更改说明 试验验证
	33.201	Special requirement: Turbine aircraft engines	说明	—	33 – 9 33 – 13 33 – 25	Final Rule. Docket No. 18334 Final Rule. Docket No. 2007 – 27899 Final Rule. Docket No. 14779, 14324	7 471	增加要求 试验验证
附录 A	A33.1	Instructions for continued airworthiness	说明 文档	—	33 – 9 33 – 21	Final Rule. Docket No. 14779, 14324 Final Rule. Docket No. 2002 – 6717	5 188	增加要求 更改说明
	A33.2	Instructions for continued airworthiness	说明 文档	AC33.4 – 2	33 – 9	Final Rule. Docket No. 14779, 14324	1 777	增加要求
	A33.3	Instructions for continued airworthiness	说明		33 – 9 33 – 21	Final Rule. Docket No. 14779, 14324 Final Rule. Docket No. 2002 – 6717	5 188	增加要求 更改说明
	A33.4	Instructions for continued airworthiness	说明	—	33 – 21	Final Rule. Docket No. 2002 – 6717	3 411	增加要求 更改说明
附录 B	B33.1	Certification standard atmospheric concentrations of rain and hail	说明 表格	—	33 – 19	Final Rule. Docket No. 28652	1 807	增加要求

2. 适航规章 FAR - 33 部的修订规律

需要注意的是,FAR - 33 部中条款 33.31 ~ 条款 33.57 为活塞发动机所对应的适航条款[4]。对于民用大涵道比涡扇发动机,如果将涉及活塞发动机的条款剔除,并按修正案正式实施的年份对修正案进行划分,则可以得到表 2.3。从表中可以看到,每次修订中所涉及的条款个数并不相同,即修正案的规模大小不同。

表 2.3　修正案实施年份及对应修订个数统计表[1]

年　份	涉及条款个数	修 正 案 编 号
1965	30+1=31	33 - 0, 33 - 1
1966	1	33 - 2
1967	8	33 - 3
1971	2	33 - 4
1974	1+31=32	33 - 5, 33 - 6
1977	1+2=3	33 - 7, 33 - 8
1980	9	33 - 9
1984	23	33 - 10
1986	2	33 - 11
1988	2	33 - 12
1990	1+1=2	33 - 13, 33 - 14
1993	1	33 - 15
1995	1	33 - 16
1996	4+7=11	33 - 17, 33 - 18
1998	3	33 - 19
2000	3	33 - 20
2007	5+3+1+4=13	33 - 21, 33 - 22, 33 - 23, 33 - 24
2008	5+8+3+1=17	33 - 25, 33 - 26, 33 - 27, 33 - 28
2009	1+4=5	33 - 29, 33 - 30
2011	1	33 - 31
2012	1+1=2	33 - 32, 33 - 33
2015	1+1=2	33 - 34

此时,如果再对表 2.3 按年份和各年所涉及的修订条款个数作图,则可以得到反映 FAR - 33 部条款修订范围或程度大小的变化趋势,如图 2.1 所示[1]。从图中可以看出,FAR - 33 部的修正反映出一定的规律性,即每隔 10 ~ 15 年的周期,规章会有一次比较大规模的修正,自 1964 年以来总共有 5 次,即 1964 年、1974 年、1983年、1996 年和 2008 年,其间夹杂着一些较小的修订。对于规章修订的这种规律性,

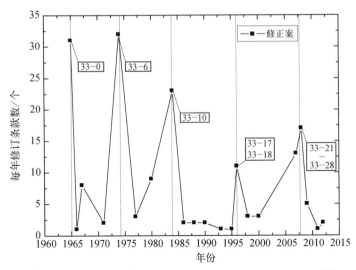

图 2.1　FAR-33 部适航规章修正案各年修订条数频率图[1]

需要从适航规章的修订原因加以分析。

3. 衍变因素分析

对于衍变的因素分析,仍分类加以概括,并通过逻辑上"边界"的概念来详细介绍,即航空发动机在设计阶段应有一个安全边界,而规章应在逻辑上大于这个安全边界,其可称为条款边界。最为理想的情况下,条款边界应紧贴安全边界,从而既满足了要求又不会带来浪费,不理想的情况是条款边界超出安全边界,从而在设计阶段带来浪费,最不理想的情况是条款边界不足以囊括安全边界的约束范围,从而在设计阶段产生影响发动机安全性的结果。适航规章的历次修订均通过边界的调整变化加以反映。

1) 科技水平的提高

当科技出现突破,新的技术、材料、制造工艺等因素出现在新型航空发动机的研制过程中时,对航空发动机制造商而言,原条款的约束边界不能保证发动机的安全性;对 FAA 而言,原条款边界不能保证适航审定的需要。因此,对规章的修订实质上是同时扩大了安全边界和条款边界,且属于显性边界的主动扩大,如图 2.2 所示。有关科技水平的提高主要可以通过新技术的出现和新方法的应用两方面来加以说明。

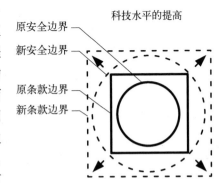

图 2.2　科技水平提高产生的安全边界及条款边界变化

(1) 新技术的出现。有关科技进步带来的适航规章的修订,比较典型的有

FAR-33 部于 1974 年第 6 次修正案中[5]引入的关于限寿件的要求,其主要针对关键零部件的低循环疲劳失效所诱发的安全性问题。针对疲劳失效现象的研究起源较早,早在 19 世纪 50 年代,Wohler 就通过对机车车轴使用中失效问题的系统分析,提出了金属疲劳的概念,奠定了疲劳研究的基础[6]。1945 年,Miner 在对疲劳问题进行大量试验研究的基础上,将 Palmgren 提出的线性累积损伤理论公式化,形成了 Palmgren-Miner 线性累积损伤法则[7]。之后,Manson[8]和 Coffin[9]在试验的基础上提出了表达塑性应变和疲劳寿命间关系的 Manson-Coffin 方程,建立了低循环疲劳的研究方法。在此基础上发展了局部应力-应变法,并应用到飞机零部件的疲劳寿命计算方面。随后,FAA 在对 FAR 的第 6 次修订中增加了关于起动-停车应力循环的适航条款 FAR-33.14[10],其可以指导限寿件设计以防止可能诱发危害性发动机影响的疲劳失效问题。以此为基础,航空工业发展了很多安全寿命理念的部件寿命管理方法来防止限寿件失效,并取得了良好的效果。

(2)新方法的应用。有关新方法的应用所产生的规章的修订,最典型的例子如 33.75 条款"Safety analysis"的引入[11]。对于工业生产中传统的安全技术工作已有 150 多年的历史,但是对于现代大型复杂工程系统是多学科发展的成果,单项的安全防护或单一学科的安全研究难以解决整个系统的安全问题。特别是系统发展中的严重灾难性事故的经验和教训,促使人们认识到系统安全分析的重要性[12]:1958 年美国防空导弹爆炸事故,促使陆军部在 1960 年 7 月在 Redstone 兵工厂建立第一个系统性工程组织;20 世纪 50 年代末到 60 年代前中期,美国战略导弹发生多次重大事故,促使美国空军于 1962 年 4 月提出了"空军弹道导弹系统安全性工程",同年 9 月将系统安全性作为独立工程项目发布"武器系统安全性标准 WS133B";1966 年 6 月美国国防部对空军标准进行修改,颁布了 MIL-STD-38130 标准;1969 年 7 月发布"系统、有关分系统与设备的系统安全性大纲",即 MIL-STD-882 标准。

在系统安全分析方法发展的基础上,1974 年 FAA 在第 6 次修正案中[5],在 FAR-33 部中加入条款 33.75"Safety analysis",其中明确规定了必须通过安全性分析的方法来保证任何可能的故障、失效、错误操作都不能导致航空发动机着火、爆炸、超过结构完整性强度要求、失去停车能力的后果。但是,在这次修订及之后的第 10 次修订中,虽然强调了安全分析,但是并没有给出具体的安全性分析方法。直到 2007 年的第 24 次修正案[13],才给出了可以采用的分析方法实例:故障树分析(fault tree analysis, FTA)、故障模式分析(failure mode and effects analysis, FMEA)和马尔科夫分析(Markov analysis, MA)方法。但这次修订的原因主要可归结于与 EASA CE-E 规章保持一致性的需求,且修订案提出的安全分析方法已经有着多年的发展历史,如故障树分析于 1961 年被提出[14,15],由美国贝尔实验室首先用于分析"民兵"导弹发射控制系统,成为复杂系统可靠性和安全性分析的一种有力工具;故障模式分析最初用于系统的可靠性分析,后发展成为一种有效的安全性分析技术,并被广泛应用。

2) 灾难性事故的发生

在规章的制定过程中,由于认识上的不到位甚至错误,以及科技发展水平等因素的制约,不可避免地存在一些不足和漏洞,其反映出来是条款边界不能全部包括发动机的安全边界,从而造成的结果是航空发动机在运行过程中发生了灾难性的事故。事故发生后,需对安全边界进行扩大,从而重新包括安全边界,反映在条款上即一次修订且该次修订属于标准隐形边界的主动扩大,如图2.3所示。

对于灾难性事故的发生所带来的规章的修订,比较典型的仍可以通过对发动机限寿件的认识来体现。例如,FAR‐33.14条款制定之后[13],科研人员逐渐发现,基于安全寿命理念的部件寿命管理方法在处理载荷、工作环境和材料等参数的随机性对限寿件安全性的影响方面,存在明显不足。一方面,传统的轮盘失效分析采用确定性方法,假定零部件的工作环境与载荷等条件可以完整地进行描述,然而实际使用中的零部件材料、尺寸容差、运行条件和载荷的不确定通常无法得到

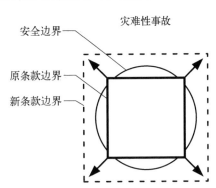

图2.3　灾难性事故产生的安全边界及条款边界变化

完整和足够正确的描述。因此,确定性的分析方法不能准确地反映飞行中航空发动机的实际运行状态,甚至会由于缺乏关键信息而不能正确地确定安全系数,在这些情况下,采用传统方法分析轮盘安全性会产生较大偏差。另一方面,大量的发动机使用经验表明部件的材料和加工缺陷是客观存在的,但是这些缺陷的存在概率较小,不能完全在实验室抽样试验中反映出来,因此传统的轮盘失效分析方法难以对其进行描述,一般是通过假设部件不存在缺陷的方式来处理,然而此类发生概率极小的缺陷存在会引起灾难性的飞行事故,如图2.4所示的苏城空难和潘城空难[16,17]。因此,苏城空难后,为克服传统安全寿命管理方法的缺点,进一步提高限寿件的安全性,FAA通过对已有的发动机非包容失效情况的调查,要求转子完整性委员会(Rotor Integrity Sub‐Committee, RISC)评估概率风险应用的可能性,并联合西南研究院以及4个大型航空发动机公司研究包含失效风险分析的零部件寿命管理方法,期望通过对载荷随机性和缺陷分布进行定量分析,进而控制发动机危害性影响事件率,从根本上提高部件使用寿命期内的安全性。因此,FAA针对限寿件发布了最新的修正案[18],以FAR‐33.70替代了FAR‐33.14,提出了针对发动机高能转子的设计、制造与维护的适航性要求。与原有的适航设计体系相比,最重要的就是引入了失效风险分析内容,在传统的寿命管理系统的基础上,通过增加概率失效风险分析与弹性检查时间间隔,实现寿命管理系统的改进,提高航空发动机设计的安全性。

(a) 材料缺陷导致苏城空难

(b) 加工缺陷导致潘城空难

图 2.4　由缺陷导致的飞行事故[16,17]

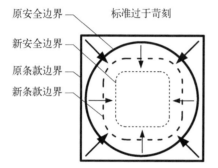

图 2.5　标准过于苛刻安全边界
及条款边界变化

3) 原标准过于苛刻

在规章的制定过程中,同样由于认识上的不到位甚至错误或者科技发展水平的局限性,对部分条款的标准制定过于苛刻。反映在边界上即条款边界过大,其结果是制造商为满足该条款需要付出没有必要的资源成本,造成了浪费。因此,相关部门需要缩小条款边界并调整安全边界与之相靠近,从而更符合制造商的实际需要并将极大地节省成本,如图 2.5 所示。

由于原条款标准制定过于苛刻所带来修订的典型例子如 1974 年第 6 次修正案中对条款 33.83 "Vibration test" 所作出的修正[5]。很多供应商反映该条款中有关 110% 最大持续转速的要求应被删除,因为实际中发动机没有能力达到这一超速条件,所以 FAA 经过进一步调查后,同意供应商的建议并删除了该要求。

4) 叙述或定义不清晰

在规章的制定过程中,某些条款所作出的要求在语言叙述上或者定义上并不清晰,从而制造商在执行该条款时存在着误解甚至是错误。在这种情况下,FAA 在听取制造商建议的基础上,对部分条款内容或定义通过修正案的形式进行修正。反映在边界上即条款边界由不清晰向清晰转变,如图 2.6 所示。

在修正案中,由于以上原因所作出的修正很多,比较典型的有 1974 年第 6 次修正案中对

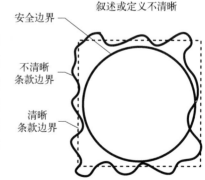

图 2.6　叙述或定义不清晰安全
边界及条款边界变化

条款 33. 89 "Operation test" 所作出的修正[5]，原条款中有关 "extreme ambient temperature and altitude" 的应力并不清晰，经供应商建议后，FAA 将其修正为 "maximum and minimum operation ambient temperature" 和 "maximum operating altitude"，从而增强了该条款的可执行性。

5）国际一致性

随着民用航空发动机研制中国际合作的增加以及 2002 年 EASA 的成立，民用航空发动机在投入市场前必须通过 FAA 和 EASA 的适航审定。尽管在之前，罗罗公司的发动机已经在波音飞机上或者 GE 的发动机已经在 Airbus 飞机上使用，但是由于两个航空安全局在航空发动机适航规章的制定上存在一定的差异性，FAA 执行 FAR - 33 部标准，EASA 执行 CS - E 标准，所以在审定过程中带来了一些问题。为解决这些问题，FAA 对部分规章内容进行了一定的修订，以保持规章的国际一致性，如图 2.7 所示。

图 2.7　适航规章的国际一致性

有关国际一致性比较典型的例子如有关 "发动机控制系统" 条款的变化，在 FAR 中有关控制系统的条款是 33.28，该条款自制定以来经历过两次修订，即在 1993 年的第 15 次修订和在 2008 年的第 26 次修订[19]；在 CS - E 中有关控制系统的条款是 AMC E50，该条款自制定以来也经历了两次修订，即在 2007 年的第 1 次修订和在 2009 年的第 2 次修订。需要注意的是，FAA 在 2008 年的修订之前，其条款内容与 CS - E 有一定的差距，但是在 2008 年的修订后，FAR 和 CS - E 在内容上基本保持了一致。两大航空安全管理局适航规章的统一，有利于民用航空发动机更加便捷地获得适航资格证。

4. FAR - 33 部规章修订与航空发动机研制的关联性探究

如果将民用大涵道比涡扇发动机的四个发展阶段与适航规章的修订变化相对应来看，将反映出一些有趣的关联性规律。本书以 GE 公司的典型发动机型号为例[20]，阐述规章修订与航空发动机研制的关联性，如图 2.8 所示。

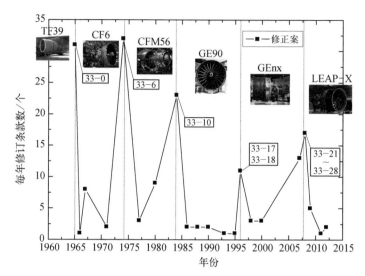

图 2.8　民用航空发动机划代与 FAR - 33 部规章修正的关系

　　GE 公司在 20 世纪 60 年代成功发展出世界上第一代大涵道比涡扇发动机 TF39[21],从而将航空发动机的发展历程推到一个崭新的阶段——高涵道比涡轮风扇发动机时代。在此基础上,GE 公司发展出民用发动机型号 CF6,其首飞时间为 1971 年。而在这段时间内,适航规章主要经历了两次大规模修订,即 1965 年的修正案 33 - 0 和 1974 年的修正案 33 - 6[5]。对于第一次 33 - 0 修正案[22],其原因可以认为是随着涡扇发动机时代的到来,旧的以涡喷发动机为基础制定的条款已经不能满足航空发动机发展的需要,势必需要进行修订以满足对新机型适航审定的需要;对于第二次 33 - 6 修正案,其原因可以归结为以 CF6 为代表的新型发动机的研制成功,体现出需要适航规章进行相应的升级和提高,以满足认证的需要;此外,该阶段由于超声速客机的研制处于热点,所以适航规章也需要包含新的标准以适应超声速客机发动机的需要。

　　1969 年法国政府针对国际民用航空市场形势提出了研究 10T 推力级涡扇发动机的课题[23],法国 SNECMA 公司经过分析和调查,1971 年底与 GE 公司合作,以美国 F101 军用涡扇发动机的核心机为基础发展满足 20 世纪 80 年代飞机低油耗、低噪声、低污染要求的发动机[24]。1974 年 9 月正式成立 CFM 国际公司,发动机命名为 CFM56,并与 1979 年 11 月完成首飞并取得美、法两国的适航证。因此,可以看到,该型发动机的研制时间处于 FAR - 33 部 1974 年第 2 次(33 - 6)[5] 和 1983 年第 3 次(33 - 10)[25] 大规模修订之间。

　　进入 20 世纪 80 年代中期后,各大航空发动机制造公司意识到研制一种新型发动机,即使在具备各种生产与试验设备的条件下,仍面临高额的费用(10 亿～15 亿美元,甚至更多)和风险的问题[24,25]。为分摊资金和更好地打开市场,在技术上集各家所长,多公司联合研制已成为一种趋势。在这种背景下,1991 年 GE 公司联合 SNECMA 公司、MTU 公司和日本相关的航空发动机公司正式启动 GE90 发动机项目,GE90 发动机的设计大量采用了美国飞机发动机关键技术研究计划中取得的重要成果。1993 年 12 月,GE90 安装在波音 747 飞行试验台上进行了首次飞行试验。因此,该型发动机的研制时间处于 FAR－33 部 1983 年第 3 次(33－10)[26]和 1995~1996 年的第 4 次(33－17,33－18)[27,28]大规模修订之间。在这段时间内,规章的修订主要体现出国际一致性。

　　20 世纪 90 年代中期至 21 世纪初期,GE 公司发展了 GEnx 航空发动机[29]。GEnx 的结构设计源于超高推力的 GE90 发动机,是 GE90 基准结构的第 5 次应用,而且 GE90 已在双发飞机上得到了验证,所以 GEnx 将是一种采用成熟技术的低风险发动机,其首飞时间为 2007 年 2 月。可以看到,该型发动机的研制时间处于 FAR－33 部 1996 年第 4 次(33－17,33－18)[27,28]和 2008 年第 5 次(33－21~33－28)[30,31]大规模修订之间。需要注意的是,在此期间随着民用航空发动机研制中国际合作的增加以及 2002 年 EASA 的成立,为进一步降低审定效率和成本,此次修订主要是 FAA 对部分规章内容进行修订,以进一步保持规章的国际一致性。

2.1.3　CCAR－33 部的历史衍变

　　中国民用航空规章《航空发动机适航规定》(CCAR－33 部)自 1988 年 2 月 9 日发布施行以来,已用于国产运七、运八、直九和直十一等航空器所装 WJ5E、WJ5AI、WJ6、WJ9、WZ8D 和 WZ8A 等型发动机的型号合格审定和引进的国外民用航空发动机的型号认可审查。该标准对保障我国民用航空发动机的使用安全和促进民用航空事业的发展发挥了重要作用。

　　随着航空科学技术的发展,各种新技术不断应用于航空发动机,人们对安全标准的认识也在逐步提高。《航空发动机适航规定》(CCAR－33 部)是参考美国联邦航空条例 FAR－33 部第 11 修正案制定的[32]。CCAR－33R1 部即第一次修订案于 2002 年 4 月 19 日生效,参考 FAR－33 部第 20 修正案制定[33]。目前 FAR－33 部已修订到第 34 修正案,CCAR－33R2 部(即第二次修订案)于 2012 年 1 月 1 日起执行[34],参考 FAR－33 部第 21~第 34 修正案,增加了增压的发动机静子零件、发动机限寿件、发动机超扭试验、活塞发动机的涡轮增压器转子和获得早期 ETOPS 资格的设计和试验标准,更新了发动机的部分验证标准。

　　为保持我国适航标准与国际标准同步,防止国外不符合现行国际标准的发动机进入我国造成民用航空飞行隐患,配合国际民航组织安全审计和我国新支线飞机项目及大型商用飞机发动机项目的开展,中国民用航空局依据《中华人民共和国民用航空法》第三十四条,决定修订《航空发动机适航规定》。

1. CCAR - 33R1 部的修订总结

本次修订参考了美国联邦航空规章 FAR - 33 部的 8 项修正案,如表2.4 所示,并涉及 17 个条款,如表2.5 所示。

表 2.4 CCAR - 33R1 部修订涉及的修正案

修正案编号	标 题	生效日期
Amdt33 - 12	旋翼航空器规章评审大纲,第 3 修正案	1988.10.03
Amdt33 - 13	运行和飞行的一般规则修订(不适用)	1990.08.18
Amdt33 - 14	涡轮发动机飞机燃油排泄和排气排出物的要求	1990.09.10
Amdt33 - 15	适航标准:航空发动机电气和电子控制系统	1993.08.16
Amdt33 - 16	权限援引的修订(不适用)	1995.12.28
Amdt33 - 17	适航标准:持续转动和转子锁定试验,振动试验	1996.07.05
Amdt33 - 18	适航标准:旋翼航空器发动机一台发动机不工作(OEI)额定值的定义和型号审查标准	1996.08.19
Amdt33 - 19	适航标准:吸雨和吸雹	1998.04.30
Amdt33 - 20	适航标准:吸鸟和外物吸入——冰	2000.12.13

表 2.5 CCAR - 33R1 部修订涉及的条款

条款号	新 增	修 订	FAR 修正案	备 注
33.1	—	√	33 - 14	—
33.7	—	√ √	33 - 12 33 - 18	—
33.28	√	—	33 - 15	—
33.29	—	√	33 - 18	—
33.63	—	√	33 - 17	—
33.67	—	√	33 - 18	—
33.74	√	—	33 - 17	—
33.76	√	—	33 - 20	—
33.77	—	√ √	33 - 19 33 - 20	—
33.78	√	—	33 - 19	—
33.83	—	√	33 - 17	—
33.85	—	√	33 - 18	—
33.87	—	√ √	33 - 12 33 - 18	—
33.88	—	√	33 - 18	—
33.91		√	33 - 6	—

续 表

条款号	新 增	修 订	FAR 修正案	备 注
33.92	—	√	33-17	—
33.93	—	√	33-18	—
附件 B	√	—	33-19	—

2. CCAR-33R2 部的修订总结

本次修订参考了美国联邦航空规章 FAR-33 部的 10 项修正案,如表 2.6 所示,并涉及 26 个条款,如表 2.7 所示。

表 2.6 CCAR-33R2 部修订涉及的修正案

修正案编号	标 题	生效日期
Amdt33-21	多发飞机 ETOPS 运行	2007.01.16
Amdt33-22	发动机限寿件	2007.09.04
Amdt33-23	发动机吸鸟	2007.10.17
Amdt33-24	安全分析	2007.09.04
Amdt33-25	旋翼机发动机 OEI 额定功率	2008.08.19
Amdt33-26	发动机控制系统要求	2008.08.19
Amdt33-27	非转动承压件	2008.09.25
Amdt33-28	螺旋桨	2008.10.24
Amdt33-29	防火	2009.07.30
Amdt33-30	发动机超扭限制	2009.09.02

表 2.7 CCAR-33-R2 部修订涉及的条款

条款号	新 增	删 除	修 订	FAR 修正案	备 注
33.5	—	—	√ √ √	33-24 33-25 33-26	—
33.7	—	—	√ √	33-26 33-30	—
33.14	—	√	—	33-22	—
33.17	—	—	√	33-29	—
33.19	—	—	√	33-28	—
33.27	—	—	√	33-26	—
33.28 33.29	—	—	√ √ √	33-26 33-25 33-26	—

条款号	新　增	删　除	修　订	FAR 修正案	备　注
33.34	√	—	—	33－22	—
33.53	—	—	√	33－26	—
33.64	√	—	√	33－27	—
33.67	—	—	√ √	33－25 33－26	—
33.70	√	—	√	33－22	—
33.71	—	—	√ √	33－21 33－27	—
33.74	—	—	√	33－24	—
33.75	—	—	√	33－24	—
33.76	—	—	√ √	33－23 33－24	—
33.84	√	—	—	33－30	—
33.87	—	—	√ √	33－25 33－30	—
33.88	—	—	√	33－25 33－26	—
33.90	—	—	√	33－21	—
33.91	—	—	√	33－26 33－27	—
33.93	—	—	√	33－25	—
33.201	√	—	—	33－21	—
A33.3	—	—	√	33－21	—
A33.4	—	—	√	33－25	—

2.2　航空发动机安全性与适航体系

2.2.1　欧美安全性与适航的三角形体系

经过近百年的发展,欧美适航体系已形成由工业方、局方、研究机构/大学等三方机构构成的稳定的三角形体系,如图2.9所示。

在安全性与适航的三角形体系中,工业方是主体,是安全性和适航目标的实现者,为公众提供安全的航空发动机产品;局方是保障,是安全性和适航目标的审查者,保障公众利益;研究机构/大学是智库,是安全性和适航新技术、新方法的创新者,以适应新技术、新材料的发展和对安全性预期的不断提升。

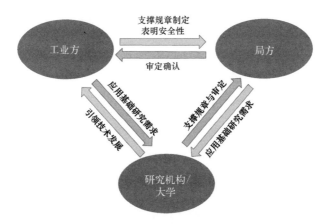

图 2.9　欧美安全性与适航的三角形体系

在这个三角形体系中,工业方一方面从航空发动机设计构造、试验等角度支撑局方适航规章的制定,确保适航规章与工业体系相匹配;另一方面要向局方表明其航空发动机产品的安全性和适航水平,确保航空发动机产品的安全性和适航水平满足规章要求。局方则要对工业方拟提供给公众使用的航空发动机产品进行审定确认,确保工业方提供的产品达到适航规章要求的最低安全水平。

在工业方探索新技术、新方法在航空发动机中的应用、受到事故启发改进安全性和适航设计方法、希望通过进一步提高自身产品的安全性水平形成竞争优势时,或局方在约束/审查新技术、新方法在航空发动机中的应用、受到事故启发改进安全性和适航要求、通过进一步提高安全性要求改善随着航空规模增长带来的事故数增长的问题时,均面临大量的基础科学问题,而工业方和局方自身的资源又难以支撑这些基础研究活动,此时工业方和局方向研究机构/大学提出应用基础研究需求,并由研究机构/大学通过基础研究提出上述问题的解决方案。一方面引领工业方安全性和适航技术的发展;另一方面支撑局方的适航规章与审定。

在长期的安全性与适航设计、审定、研究实践中,欧美发达国家和地区形成了这一稳定的三角形体系,既保证了已有航空发动机产品的安全性,又积累了大量的安全性和适航技术,支撑航空发动机安全性水平的不断提升。因此,欧美发达国家和地区适航三角形体系是后发国家在发展自身安全性与适航体系时应借鉴的重要经验之一。

2.2.2　军民融合发展提升航空发动机安全性

过去数十年间,欧美发达国家和地区民用适航体系的产生和发展,推动了航空安全性水平的快速提升,美国国家航空航天局(National Aeronautics and Space Administration, NASA)和 FAA 预期,在未来 20 年间,航空安全性水平还将有大幅提升[35]。

为了提高军用航空器的安全性水平,美军从 20 世纪 80 年代开始借鉴民航适航体系,把适航理念和技术引入了军用航空领域,经过多年的发展,已形成完整的军机适航体系。从技术上和管理上充分借鉴民机安全性与适航系统工程的发展成果,推动了军机安全性水平的全面提升[35]。

纵观美国军用航空器安全性的发展历程,其主要经历了 5 个阶段:事故调查阶段(20 世纪 20 年代初期至 40 年代初期);事故预防阶段(20 世纪 40 年代中期至 60 年代中期);实施系统安全阶段(20 世纪 60 年代后期至 80 年代中期);综合预防阶段(20 世纪 80 年代中期至 90 年代中期);军机适航性发展阶段(21 世纪)[35]。

美国军方适航审定的依据是 MIL - HDBK - 516。为了使军机灾难性事故率达到百万飞行小时率级,美国国防部于 2002 年 10 月颁布了 MIL - HDBK - 516(军机适航性审查标准)。先后于 2004 年、2005 年、2014 年颁布了 A 版、B 版和 C 版,其使用范围从原版只涉及空军,扩大到涉及空军、海军、陆军;MIL - HDBK - 516 引用和参考了国防部规范、标准、手册,以及政府出版物和非政府出版物共 220 多项标准规范等技术文件,包括系统工程、结构、飞行技术、推进系统及安装、航空器子系统、机组人员系统、航空电子、电气系统、电磁环境效应、系统安全、计算机设备、维修性、乘客安全以及材料等近 900 项审查条款[35]。

美军对 F-15、F-16 改型、F-22、F-35 已开展了适航性审定工作,并成功对"全球鹰"无人机完成了适航审定。欧美各主要航空国家和地区的军方都有适航审定机构,负责军机的适航审定工作[35]。

英国、法国、德国、意大利、西班牙、荷兰、波兰、加拿大、澳大利亚等国军方也已开展了军用航空器适航性工作。印度于 1995 年成立了"军机适航性与审查中心"(CEMILAC),其目的是巩固和加强军机适航性工作。中国台湾地区也成立了"军用飞机设计制造适航验证中心"负责管理军机及其零组件的设计、制造、组装过程和产品的验证,并积极推广相关的验证技术[35]。

欧美发达国家和地区军机借鉴民机安全性与适航系统工程的发展成果,不但推动了军机安全性水平的全面提升,同时,新技术、新材料、新工艺在军机上的应用又引入了新的安全性与适航问题,军机对民机安全性与适航体系的发展在客观上又对民机的安全性与适航体系发展形成了牵引。因此,军民融合发展是加快航空发动机安全性水平进步的理想途径[35]。

2.2.3　后发国家安全性与适航设计面临的问题

欧美发达国家和地区能形成稳定的安全性与适航三角形体系,是因为欧美的发展模式是以研究机构/大学的基础研究和应用基础研究为牵引,不断为工业方、局方提供安全性与适航领域的新技术、新理论、新方法,一方面推动了工业方研制水平的提高,另一方面支撑局方定义具有可实现性的安全性指标及其实现途径。研究机构/大学提出的安全性与适航领域的新技术、新理论、新方法,滚动地在工业方得到验证,并应用于改型和新型号的研制。适航规章作为最低的安全要求,其先进程度落后于工业方的技术水平。因此,形成并维持安全性与适航稳定的三角形体系的必要条件是:应用基础研究水平领先于发动机研制水平,发动机研制水平领先于规章要求。

后发国家的航空发动机自主研制进程常常以军用需求为切入点,由于军机与民机相比任务剖面更加复杂、循环参数更高,对军机的安全性要求普遍低于民用产品。同时,在后发国家航空发动机发展的早期阶段,常常以性能、寿命等指标作为研制活动的主要目标。因此,从需求上来说,后发国家航空发动机发展的早期阶段借鉴欧美先进民机安全性与适航技术和管理体系的动机不足。

随着后发国家航空发动机技术的不断进步,借鉴欧美先进民机安全性与适航技术和管理体系成为必然选择,原因有以下两方面。

一方面,随着全球民用航空市场,尤其是后发国家国内的民用航空市场规模持续扩大,民用航空发动机需求不断增长,民用航空发动机的本土化需求越发强烈。而民用航空发动机产品在进入本国或他国市场前要经过严格的适航审查,没有强有力的安全性与适航体系做支撑,获取市场准入资格就无从谈起。因此,民用航空发动机领域借鉴欧美先进民机安全性与适航技术和管理体系成为必然选择。

另一方面,受到先进军用飞机高机动、超声速需求的牵引,航空发动机的推重比、单位推力、响应速度需求不断提高,航空发动机耦合性、瞬变性、整体性、非线性程度不断增强,军用航空发动机进入“四强(强耦合、强瞬变、强整体、强非线性)”阶段,传统的以完整性、失效安全为基础的早期安全性设计方法难以应对航空发动机的“四强”趋势。因此,军用航空发动机领域借鉴欧美先进民机安全性与适航技术和管理体系成为必然选择。

但后发国家直接照搬欧美先进安全性与适航体系面临困难,如图 2.10 所示。反观欧美发展历程,其稳定的安全性与适航三角形体系根植于应用基础研究、工业方研制水平和局方认识水平的土壤之上,是三方协同发展的必然结果。而后发国家的历程恰恰相反:第一,后发国家的适航规章的制定过程通常参考欧美发达国家和地区的适航规章,适航规章本身的技术水平与欧美相比虽略有滞后,但大体上与欧美保持同步;第二,后发国家的工业方研制水平显著落后于欧美发达国家和地区,在欧美发达国家和地区作为最低安全性要求的适航规章在后发国家工业体系中反而成为较高的安全性要求;第三,后发国家的航空发动机行业发展的特点是早期以测绘仿制为主,积累技术,发展到一定阶段之后逐渐过渡到自主研制。因此,在后发国家航空发动机行业发展的早期,对基础研究和应用基础研究的重视程度不足,导致后发国家基础研究和应用基础研究的起点低、起步晚,无法形成全面牵引工业方研制水平进步的格局。综上,与欧美应用基础研究水平领先于发动机研制水平,且发动机研制水平领先于规章要求的格局不同,后发国家基础研究水平落后于发动机研制水平,且发动机研制水平落后于规章要求,直接借鉴欧美先进安全

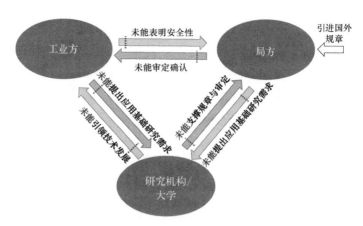

图 2.10 后发国家安全性与适航设计三角形体系面临的问题

性与适航体系面临困难。

2.2.4 小节将分析后发国家如何改变现状,在充分借鉴欧美发达国家和地区发展经验的基础上,建立适应后发国家国情的安全性与适航体系。

2.2.4 适应后发国家国情的安全性与适航体系框架

2.2.3 节分析了欧美发达国家和地区安全性与适航三角形体系背后的支撑逻辑,并得出后发国家直接照搬欧美先进安全性与适航体系面临困难的结论,本节将分析后发国家如何顺应国情,在借鉴欧美先进安全性与适航体系的基础上,发展自主安全性与适航体系框架。

后发国家照搬欧美先进安全性与适航体系困难的根源在于,在安全性与适航三角形体系中的三方发展水平全面倒置,要改变这一现状有三个关节必须疏通:第一,局方要树立建立自主适航规章的目标,改变照搬照抄欧美发达国家和地区适航规章的现状,在安全性总目标不低于欧美发达国家和地区适航规章的基础上,发展适应本土工业体系和技术路线的适航规章;第二,重视研究机构/大学在基础研究领域的牵引和对工业方研制技术、局方审定技术的带动作用,突出研究机构/大学在国际交流中的独特优势,加强国内研究机构/大学与国外工业方、局方、研究机构/大学在安全性与适航基础研究领域的交流与合作,优先从基础研究层面,而不是规章和研制技术层面借鉴欧美发达国家和地区的先进经验,实现国内基础研究从跟随支撑到牵引推动的跨越;第三,工业方自身要勇于总结自身短板,改变以事后处理为主的现状,重视事前预防,总结安全性与适航设计中的瓶颈问题,借助国内研究机构/大学的基础研究资源,从瓶颈问题中蕴含的基础科学问题入手,认识、掌握并利用航空发动机安全性与适航的内在规律,实现安全性与适航设计技术的跨越。

综上,适应后发国家国情的安全性与适航体系框架如图 2.11 所示。这一体系框架从照搬困难的根源入手,深度借鉴欧美发达国家和地区安全性与适航背后的

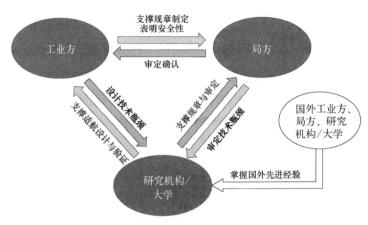

图 2.11　适应后发国家国情的安全性与适航设计三角形体系

支撑逻辑,理顺了三方角色与关系。这一框架有望支撑后发国家在较短的时间内实现从跟踪到引领的跨越。

2.3　后发国家航空发动机安全性与适航体系的发展策略

2.3.1　安全性与适航技术研究的逻辑架构

从航空发动机安全性与适航设计的角度看,主要问题有三个,即整机与系统安全、部件与子系统安全和环境安全;从航空发动机全寿命周期安全性保障的角度看,除了安全性设计的三个问题,还有安全验证、使用安全和安全管控等三个问题。航空发动机安全性与适航技术研究框架是由上述六大问题构成的,如图 2.12 所示。

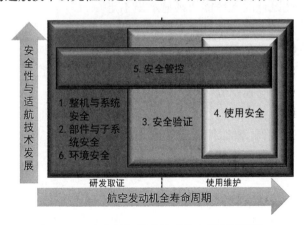

图 2.12　安全性与适航技术研究的逻辑架构

从图 2.12 中可以看出,整机与系统安全性、部件与子系统安全性、环境安全性等安全性和适航的设计问题是航空发动机安全性与适航技术的基石。这是“设计赋予"核心地位的进一步体现。从航空发动机全寿命周期看,航空发动机产品首先面临的是这三个问题,从安全性与适航技术发展的角度看,这三个问题是安全验证、使用安全、安全管控的基础和依据。

安全验证是桥梁,在体系的三个维度中均起承上启下的作用,一方面验证系统安全、元件安全、环境安全对安全性和适航要求的符合性;另一方面批准符合要求的航空发动机产品交付用户,从初始适航阶段进入持续适航阶段。

使用安全是关键,通过监测、检测、保养、维修等手段保证航空发动机安全性水平得以持续。

安全管控是保障,是公众利益的代表,在航空发动机全寿命周期中保障设计、验证、审查、使用、维护全过程的实施满足安全性和适航要求。只有在整机与系统安全性、部件与子系统安全性、环境安全性、安全验证、使用安全等技术的支撑下,才能真正回答安全管控问题,在航空发动机全寿命周期内实现并保持其安全性水平。

2.3.2 专业架构与专业能力建设

在欧美安全性与适航三角形体系的支撑下,工业方、局方、研究机构/大学各司其职,推动研制技术、审定技术和基础研究共同进步。工业方是实现这一进步的主体,欧美工业方的成功经验值得后发国家借鉴。

第一,在"四强"趋势下,安全性与适航要求的引入,要求扩展传统总体专业。

传统的航空发动机总体专业一般分为总体性能和总体结构,分别处理多专业约束下的性能、边界设计问题和多学科约束下的结构设计问题。但在"四强"趋势下,将安全性与适航要求引入航空发动机研制过程之后,这两个传统专业对安全性与适航要求符合性设计的支撑能力则显示出不足。

传统的总体性能专业在进行稳态总体性能设计和评估时,仅关注包线内典型稳态点的主流道截面参数和总体性能参数是足够的。但"四强"趋势下的安全性问题非常复杂,需要关注主流道、空气系统、滑油系统、控制系统等多系统耦合条件下发动机的瞬态载荷与损伤的演化历程。

传统的总体结构专业在进行结构布局、整机动力学、轴向力等方面的积累能解决稳态过程的结构协调、振动抑制和轴向力控制问题。但"四强"趋势下,过渡过程结构参数的瞬态演化、整机动力学及多系统耦合条件下发动机的瞬态轴向力演化历程更加复杂。

综上,在新的设计输入和"四强"趋势下,必须对发动机总体专业进行必要的扩展,使航空发动机设计体系能够应对系统安全、元件安全、环境安全和使用安全等新问题,才能支撑安全性与适航目标的实现,如图 2.13 所示。

第二,在"四强"趋势下,安全性与适航要求的引入,要求扩展传统部件专业。

在"四强"系统安全专业的牵引下,强度、寿命等专业面临多种过渡过程载荷

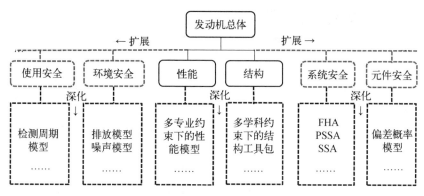

图 2.13　安全性与适航技术系统工程

以不同相位叠加的新问题;燃烧、风扇等专业面临全包线的环境安全新问题;使用维护也面临循环计数、全系统监测、检测信息融合推断等全新的系统安全问题。这将对各部件专业提出新的要求。

以欧美航空发动机寿命专业的发展为例(图 2.14),1989 年苏城空难发生后,FAA 要求航空发动机相关的工业部门回顾相关技术,提出损伤容限方法,降低发动机高能部件非包容事故的概率,作为安全寿命方法的补充。这一方法强调从系统环境和过渡过程的新视角审视元件安全问题。

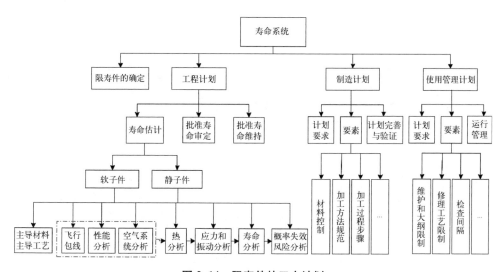

图 2.14　限寿件的三大计划

从专业架构上看,这些系统环境和过渡过程的新输入必然推动部件专业的进步。因此,各传统专业发展均应从系统工程视角切入,改变传统设计活动的输入、流程、数据库、工具、判定准则和输出,发展符合安全性与适航要求的关键零部件寿命系统、排放管理系统、视情维护系统等,带动零部件专业水平技术进步。

2.3.3　与现有设计活动的融合

安全性与适航设计和传统设计的区别在于发动机设计流程中所采用的要求、指标存在差异。通过引入与分解安全性与适航要求,完善传统设计的评价指标,发展或完善分析方法,改进设计流程,才能最终保证产品的安全性与适航水平。

航空发动机作为一个复杂系统,必须依靠严格的过程控制和技术状态管理对其安全性加以保证。因此,航空发动机的研制遵循复杂系统安全性的科学规律,同时又要兼顾现有设计体系。因此,对于我国民用航空发动机的研制,可以由设计单位或工业方,在初始设计阶段,建立由主管适航的发动机型号副总设计师领导下的安全规划组和系统安全性分析组协同工作,协调原有的专业组的设计输入和输出的机制。安全规划组和系统分析组的主要工作是针对适航性设计需求,明晰发动机耦合关系和解耦方法,为原有的专业工作组提供设计输入和拟监控输出,为子系统提供安全性指标和依据。

通过上述措施,在现有的设计体系下,助推各专业组贯彻适航规章要求。对此,图2.15给出了适航条款与发动机设计过程的解耦关系,且各个过程均可以按

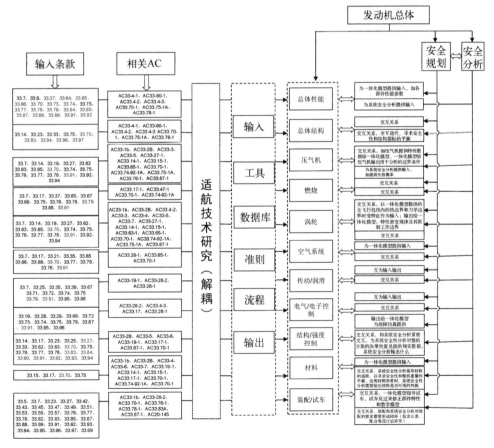

图2.15　安全性和适航要求与现有设计活动的融合

照设计活动的六要素来保证适航性的设计赋予特性。

从专业发展的角度看,安全性与适航专业应分别从基础研究、工业方、局方的三方视角拓展,如图 2.16 所示。其中,针对安全性与适航技术,按照基础研究视角解耦,分为整机与系统安全性、部件与子系统安全和环境安全性、安全验证、使用安全和安全管控等六大专业方向,在这六大方向的基础上,分别从工业方视角和局方视角拓展出需求。

工业方需求	安全性与适航组技术树			军方/局方需求	
涉及传统专业	工业方分解	重点方向	军方/局方分解	涉及 33 部适航条款	涉及 MIL-HDBK-516B
总体性能、总体结构、空气系统、滑油系统、燃油系统、控制、机械系统、六性适航等	安全性指标分解及综合技术	整机与系统安全	总体性能符合性技术	33.19、33.21、33.66、33.65、33.68、33.73、33.75 等	7.2.1.2、7.2.2.1、7.2.3.1、7.3.2
总体性能、总体结构、空气系统、滑油系统、燃油系统、控制、机械系统、六性适航、系统工程等	主动安全技术		总体结构符合性技术	33.19、33.62、33.63、33.68、33.75、33.70 等	7.2.1.2、7.2.2.1、7.2.3.1、7.2.3.3、7.2.4.1、7.3.1.2、7.3.2
总体性能、总体结构、空气系统、滑油系统、燃油系统、控制、机械系统、六性适航、系统工程等	被动安全技术		空气系统符合性技术	33.21、33.66、33.65、33.68、33.73、33.75 等	7.2.1.2、7.2.2.1、7.2.3.1、7.2.3.3
总体性能、总体结构、空气系统、滑油系统、燃油系统、控制、机械系统、六性适航、系统工程等	控制系统安全性设计与评估技术	部件与子系统安全	控制系统符合性技术	33.19、33.28、33.29、33.67、33.72、33.75 等	7.2.1.2、7.2.2.1、7.2.3.1、7.2.4.1.3、7.2.4.1.4、7.2.4.1.5、7.2.4.1.6、7.2.4.2、7.2.4.2.10、7.2.4.2.12、7.3.2
总体性能、总体结构、空气系统、滑油系统、燃油系统、控制、机械系统、部件结构、六性适航等	结构安全设计与评估技术		寿命限制件	33.15、33.17、33.19、33.27、33.62、33.63、33.64、33.70、33.74、33.75、33.97 等	7.2.2.4、7.2.3.1、7.2.3.2、7.2.3.3、7.2.3.4、7.2.4.1.1、7.2.4.1.10、7.2.4.2.1、7.2.4.12.3、7.3.2、7.3.2.4
			非寿命限制件	33.15、33.17、33.19、33.27、33.62、33.63、33.64、33.67、33.69、33.71、33.72、33.74、33.75、33.97 等	7.2.2.4、7.2.3.1、7.2.3.2、7.2.3.3、7.2.3.4、7.2.4.1.1、7.2.4.1.6、7.2.4.1.7、7.2.4.1.10、7.2.4.1.11、7.2.4.2.1、7.2.4.12.3、7.3.2
材料、制造、六性适航等	制造符合性技术		部件连接与安装	33.23、33.25、33.29、33.75 等	7.2.3.1、7.2.3.3、7.2.5.1.2
材料、六性适航等	材料符合性技术		外物吸入	33.76、33.77、33.78、附录 B、33.75 等	7.2.3.1、7.2.3.3
总体性能、总体结构、空气系统、滑油系统、燃油系统、控制、机械系统、部件结构、整机试验、六性适航等	符合性方法与安全性表明	安全验证	整机安全性验证技术	33.81、33.82、33.83、33.84、33.85、33.87、33.88、33.89、33.90、33.93、33.201、33.75、33.78、33.77、33.96 等	7.2.1.2、7.2.2.2、7.2.2.3、7.2.3.1、7.2.3.2、7.2.3.3、7.2.4.1.6、7.2.4.2.1、7.2.4.1.1、7.2.4.1.11、7.2.4.2.2、7.3.1.2、7.3.3
总体性能、总体结构、空气系统、滑油系统、燃油系统、控制、机械系统、整机试验、六性适航等	整机试验验证技术				
气动、燃烧、部件结构、材料、部件试验、系统工程、六性适航等	部件试验验证技术		部件安全性验证技术	33.75、33.91、33.92、33.94、33.97 等	7.2.2.4、7.2.3.1、7.2.3.3、7.2.4.1.1、7.2.4.1.2、7.2.4.1.3、7.2.4.1.4、7.2.4.1.5
总体性能、总体结构、空气系统、滑油系统、控制、机械系统、部件结构、六性适航等	在线监测与处置	使用安全	持续适航技术	33.4、91 部、43 部、121 部、145 部、147 部等	—
总体性能、总体结构、空气系统、滑油系统、控制、机械系统、部件结构、检测、维修、六性适航等	离线检测与维修				
总体性能、总体结构、空气系统、滑油系统、控制、机械系统、部件结构、六性适航等	运行大数据挖掘与策略支持				
系统工程、六性适航等	设计保障体系	安全管控	适航体系建设	21 部、AP-21-03 等	—
系统工程、六性适航等	供应商管控		生产制造安全性技术	21 部、25 部、33 部、AP-21-03A 等	—
总体性能、气动、六性适航等	主、被动降噪技术	环境安全	噪声适航设计与验证技术	36 部等	—
总体性能、燃烧、六性适航等	污染物排放控制技术		排放适航设计与验证技术	34 部等	—

基础研究视角

图 2.16　安全性与适航专业从基础研究、工业方、局方的三方视角拓展

2.3.4　对现有设计活动的发展

目前,我国航空发动机行业经过 60 余年的发展,依靠测仿研制完成了多个发动机型号的投产和交付,初步具备了军用航空发动机研制的能力。但是,由于长期走仿研道路,未能获得航空发动机的核心技术,自主研制的设计与验证体系还未建立,民用航空发动机研制还基本空白。

现阶段,国内军用发动机研制主要依据 GJB 241,相当于美国 20 世纪 70 年代 MIL-E-5007D 的标准水平。在通用安全性方面,航空工业也参照 MIL-STD-882,在 80 年代编制了《系统安全性通用大纲》(GJB 900);以 1990 年发布的美军手册"System Safety Engineering Design Guide for Army Materiel"(MIL-HDBK-764)为参照,1997 年发布了《系统安全工程手册》(GJB/Z 99—1997),作为《系统安全性通用大纲》的支持标准。但是,分析国内目前航空发动机研制的发展阶段,设计水平还停留在按稳态设计、评价阶段,至少落后现行适航规章/安全性标准要求 15 年。安全性设计体系处在"故障安全设计"阶段的初期,与国外先进国家的差距有 20~30 年。国内对系统安全理论和技术方法缺乏深入研究,对设计阶段的事故风险评价未能规范,缺乏有效解决安全性问题的成熟工程化的方法,难以使标准得以真正贯彻,其深层次的原因是机理研究不充分、安全性理论缺失。

国外发动机系统安全性技术发展经历了四个阶段(图 2.17),分别是:完整性及冗余设计阶段、失效安全设计阶段、系统安全设计阶段和目前在探索中的"四强"(强耦合、强瞬变、强整体、强非线性)安全设计阶段。

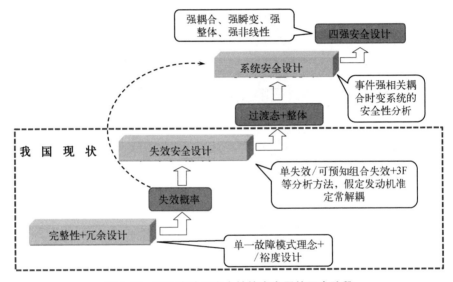

图 2.17   航空发动机安全性技术发展的四个阶段

前三个阶段在不同程度上依赖大量的理论假设、已有模型和已有数据,难以支撑新构型先进发动机的安全性设计与验证。必须在揭示发动机"四强"危害性机理的基础上,发展具有"四强"特征的系统安全理论、模型、工具、数据及研发体系,才能使现有设计活动进入"四强"安全阶段,支撑军、民用发动机安全性与适航水平的不断提升。

参考文献

[1]   Guo L, Ding S T. Studies on historical evolution of FAR Part 33 associated with development of civil high bypass ratio turbofan engine. Toulouse: 3th International Symposium on Aircraft Airworthiness, 2013.

[2]   de Florio F. Airworthiness: An introduction to aircraft certification. 2nd ed. London: Elsevier Public, 2010.

［ 3 ］ Federal Aviation Administration. Historical CFR by amendment. http：//rgl. faa. gov/ Regulatory_and_Guidance_Library/rgFAR. nsf/MainFrame［2019 - 4 - 30］.

［ 4 ］ 中国民用航空局. 航空发动机适航规定. CCAR - 33 - R2. 北京，2012.

［ 5 ］ Federal Aviation Administration. Amendment No. 33 - 6 in historical CFR. 1974.

［ 6 ］ Yao W X. Fatigue life prediction of structures. Beijing：National Defence Industry Press, 2003.

［ 7 ］ Miner M A. Cumulative damage in fatigue. Journal of Applied Mechanics, 1945, 12：159 - 164.

［ 8 ］ Manson S S. Behavior of materials under condition of thermal stress. Washington：NACA TN - 2933, 1954.

［ 9 ］ Coffin L F. A study of the effects of cyclic thermal stressed on a ductile metal. Transactions of the American Society of Mechanical Engineers, 1954, 76：931 - 950.

［10］ Federal Aviation Administration. Advisory circular 33. 14 - 1：Damage tolerance for high energy turbine engine rotors. 2001.

［11］ Federal Aviation Administration. Airworthiness standards：Aircraft engines：33. 75 safety analysis. e - CFR 14 part 33. Washington, 2009.

［12］ 鲍梦瑶. 基于模型的航空发动机增压系统安全性分析方法研究. 北京：北京航空航天大学,2014.

［13］ Federal Aviation Administration. Amendment No. 33 - 24 in historical CFR. 2007.

［14］ Society of Automotive Engineers. Guidelines and methods for conducting the safety assessment process on civil airborne systems and equipment. ARP 4761. Warrendale, 1996.

［15］ Society of Automotive Engineers. Certification considerations for highly-integrated or complex aircraft systems. ARP 4754. Warrendale, 1996.

［16］ National Transportation Safety Board. Aircraft accident report — United airlines flight 232 McDonnell Douglas DC - 10 - 10 Sioux gateway airport. Sioux City, Iowa, 1989.

［17］ National Transportation Safety Board. Aircraft accident report — Uncontained engine failure, delta airlines flight 1288, McDonnell Douglas MD - 88, N927DA. Pensacola, Florida, 1996.

［18］ Federal Aviation Administration. Amendment No. 33 - 22 in historical CFR. 2007.

［19］ Federal Aviation Administration. Amendment No. 33 - 26 in historical CFR. 2008.

［20］ Mari C. Trends in the technological development of aero-engines：An overview. ISAB；2001 - 1012, 2001.

［21］ Benzakein M J. Propulsion strategy for the 21st century - A vision into the future. ISAB；2001 - 1005, 2001.

［22］ Federal Aviation Administration. Amendment No. 33 - 0 in historical CFR. 1965.

［23］ Gu N. CFM56：Engine of change. Flight International, 1999：19 - 25.

［24］ Robert S. Commerce, security and the "Ten Ton Engine". The Washington Post, 1972.

［25］ Chen G. Development of high-bypass ratio turbofan aeroengine. Aeronautical Manufacturing Technology, 2008, 13：38 - 45.

［26］ Federal Aviation Administration. Amendment No. 33 - 10 in historical CFR. 1984

［27］ Federal Aviation Administration. Amendment No. 33 - 17 in historical CFR. 1996.

［28］ Federal Aviation Administration. Amendment No. 33 - 18 in historical CFR. 1996.

［29］ Los A. General electric performs first run of new GEnx engine. Flight International, 2006, 169
　　　 (11): 24-25.

［30］ Federal Aviation Administration. Amendment No. 33-21 in historical CFR. 2007.

［31］ Federal Aviation Administration. Amendment No. 33-28 in historical CFR. 2008.

［32］ 中国民用航空局. 航空发动机适航规定. CCAR-33. 北京,1988.

［33］ 中国民用航空局. 民航局令第 109 号: 关于《中国民用航空总局关于修订〈航空发动机适
　　　 航标准〉的决定》的说明. 北京,2002.

［34］ 中国民用航空局. 民航局令第 207 号: 关于修订《航空发动机适航规定》的说明. 北京,
　　　 2012.

［35］ 徐浩军. 航空器适航性概论. 西安: 西北工业大学出版社,2012.

第 3 章
民用航空发动机安全性和适航设计要求

在第 1 章中,已经详细论述了航空发动机安全性与适航性的定义和关联,即安全性是从工业方视角出发,通过设计赋予的航空器特征;适航性是从审定方视角出发,通过判断系统、强制执行的适航要求的符合程度,对设计最低安全性的确认。因此,对于安全性与适航"如何设计赋予、如何制造实现、如何验证表明、如何审定接受、如何维护保持"的五大问题,核心是如何设计赋予问题。而安全性的设计赋予,是通过基于系统安全性思想及全过程安全性管控的适航技术体系实现的,并以民用适航规章要求的审定通过,或融入适航理念的军用标准要求的满足加以保证的。因此,民用适航规章在设计活动中怎样通过适航技术体系贯彻安全性与适航要求,首先要解决或开展的是从设计赋予需求出发的具体要求的剖析和解读。因此,本章正是从此出发,详细阐述航空发动机的安全性和适航设计要求。

同时,典型的民用航空发动机适航规章 FAR - 33 部(CCAR - 33 部)及 CS - E 的安全性与适航要求(图 1.1、图 1.2 所示逻辑架构)可以概括为两大类:设计与构造类要求和台架试验(型号验证试验)要求,即通过满足条款的要求来实现安全性和适航,主要是通过设计分析加必要的试验的方式实现。其中,试验主要是针对某些设计。当设计不可避免地存在不能用分析的方法或不足以表明安全性时,采用有限且必要的试验表明安全性。因此,安全性与适航要求的核心在设计,而必要试验仅是对设计安全性的补充。因此,适航技术体系下的安全性与适航要求剖析,重点是设计与构造类要求,故本章的分析重心落在设计类条款。

另一方面,民用航空发动机适航规章产生和发展的本质来源于航空器对安全性的需求,并以具体条款的适航性设计要求(设计赋予需求)加以体现;同时,随着航空发动机技术水平的进步、灾难性事故的发生等(2.1.2 小节"衍变因素分析"),设计需求也在不断的变化和发展,所以本质上适航条款的修订和更新是设计需求改变的必然结果。因此,对适航条款要求的解耦分析应从最根本的安全性需求着手展开,所以这里的适航要求不同于一般设计活动中的设计标准、设计手册等工业设计资料要求,而是在这些基础设计材料的基础上,上升到系统安全性的层面,各条款要求作为全流程系统安全性设计中的一个子部分,共同实现安全性需求的满足。

而适航条款的设计与构造类要求,即设计类条款,就是安全性需求最直接和核心的体现;同时,各设计类条款是系统安全性设计的子部分,因此,它们之间必然存在交互关系。

对于民用适航规章,在1.2.4小节有关FAR－33部与CS－E的特征对比中已经指出,FAA和EASA在技术实力上没有"代差",并出于二者间互相取证成本(时间、资金)等因素的考虑,在规章架构和条款具体要求上已经基本趋于一致,区别仅在于文本表现形式和修订模式的不同;同时,CCAR－33部基本参考FAR－33部制定,在规章架构和条款要求上高度一致,因此,本部分对设计类条款设计要求的分析以美国FAR－33部为对象,其结论具有普适性和通用性。

3.1　设计类条款的构成

目前,针对航空涡轮发动机的设计需求,FAA在FAR－33部中按照发动机的不同工作特点,将设计类条款分为航空涡轮发动机与航空活塞发动机两大类(图1.1、表3.1)[1],即涡轮发动机: B章——"设计与构造: 总则",E章——"设计与构造: 航空涡轮发动机",G章——"涡轮发动机专用要求",共29个条款;航空活塞发动机: B章——"设计与构造: 总则",D章——"台架试验: 活塞式发动机",共16个条款。具体设计活动中,通过对该35个条款要求的符合性表明,实现设计需求的满足。对于表3.1中所列出的35个条款,在本书附录中分别给出了各条款具体的解读,包括:

(1) 条款的演变历史,包括条款本身及修正案的发展历程和咨询通告(AC)的发展历程;

(2) 条款相关典型事故案例剖析;

(3) 条款涉及的工业标准/工业方资料;

(4) 条款的技术内涵解读;

(5) 条款对应的符合性方法和符合性验证项目。

表 3.1　航空发动机设计类条款汇总

分 部 名 称	条款号	条 款 名 称
B章　设计与构造: 总则(航空涡轮发动机、活塞发动机通用要求)	33.11	(设计与构造要求)适用范围
	33.15	材料
	33.17	防火
	33.19	耐用性
	33.21	发动机冷却
	33.23	发动机的安装构件和结构

续　表

分 部 名 称	条款号	条 款 名 称
B 章　设计与构造：总则（航空涡轮发动机、活塞发动机通用要求）	33.25	附件连接装置
	33.27	涡轮、压气机、风扇和涡轮增压器转子
	33.28	发动机控制系统
	33.29	仪表连接
C 章　设计与构造：活塞式航空发动机	33.31	（活塞发动机设计要求）适用范围
	33.33	振动
	33.34	涡轮增压器转子
	33.35	燃油和进气系统
	33.37	点火系统
	33.39	润滑系统
E 章　设计与构造：航空涡轮发动机	33.61	（涡轮发动机设计要求）适用范围
	33.62	应力分析
	33.63	振动
	33.64	发动机静承压件
	33.65	喘振和失速特性
	33.66	引气系统
	33.67	燃油系统
	33.68	进气系统结冰
	33.69	点火系统
	33.70	发动机限寿件
	33.71	润滑系统
	33.72	液压作动系统
	33.73	功率或推力响应
	33.74	持续转动
	33.75	安全分析
	33.76	吸鸟
	33.77	外物吸入——冰
	33.78	吸雨和吸雹
	33.79	燃烧燃料加力装置

3.2　设计类条款架构及相互关系

由于适航条款本身的目的是满足发动机的设计安全性需求，并通过适航审定予以确认,所以任何条款的"里"都是安全性,是针对航空发动机设计工业方而言的;而任何条款的"表"都是适航性,是针对航空发动机适航审定方而言的。因此,对于表 3.1 所列出的涡轮发动机 29 个条款,以及活塞发动机 16 个条款,各条款间的逻辑架构及相互间关系分析,也应从工业方和审定方两个角度加以阐述。

3.2.1　工业方视角下的设计类条款架构及相互关系

一般而言,成功的航空发动机设计是基于系统安全性思想及全过程安全性管控的适航技术体系实现的,其在设计工作中,根据发动机各个子系统的结构、功能、工作环境、涉及专业等,将设计安全性需求分解并划分到具体的机构,如总体性能、总体结构、空气系统、燃烧等。根据这种从设计安全新需求出发的机构划分,对适航规章各条款进行解耦,从而形成设计类条款的逻辑架构,如图 2.15 所示。

从图 2.15 中可以看出,工业方具体的设计机构(部门)对应着具体的设计类条款[包括其对应的适航咨询通告(AC)],需要注意的是,它们并不是一一对应的关系,即一个条款可能对应着几个部门,如 33.70 条款"寿命限制件"就对应着总体性能、总体结构、压气机、涡轮等多个设计机构[2]。这种特点一方面是由于某个具体的设计机构内部又包含了更为细致的工业划分,并对应到具体条款;而更为重要的是,条款与设计机构的对应关系背后,隐藏的是发动机总体技术下的安全规划技术和安全性分析,即由安全规划技术决定了各个设计部门所负责的具体工作及所需要与条款间的交互关系,由安全性分析决定了各条款内容应该对设计机构设计工作的安全性保证要求。而实际上,这种安全性规划和安全性分析正是基于系统安全性思想及全过程安全性管控的适航技术体系的核心和体现(有关安全性分析及安全性规划的详细阐述将在第 4 章中详细阐述);也正是这种隐含的指导思想,决定了适航规章设计类条款的相互间关系。

(1) 条款"表象的独立性"。对于每个具体条款,从"表象"上来说是独立的,即针对具体的问题或具体的系统或具体的部件,如振动、耐久性、点火系统、寿命限制件,明确了最低安全性水平下的要求。对于这些要求本身所针对的对象,其是独立的。

(2) 条款"隐象的关联性"。而具体条款在系统安全性的指导思想下,安全性的满足必须从整机系统的角度去考虑和满足,因此,条款之间又包含了或隐藏着相互的关联:如 33.70 条款"寿命限制件"包含了 33.15 条款"材料"的要求[2],33.70条款的满足必须同时考虑 33.15 条款"材料"的要求;33.75 条款"安全分析"包含了其他各条款的隐藏要求[3],即每个条款都与 33.75 条款描述的 7 个顶事件有着"千丝万缕"的关联。

因此,从工业方视角下剖析设计类条款的逻辑架构、条款要求与工业设计的融合,以及设计安全性的实现,必须从整机角度的系统安全性出发,并同时从条款要求的"表象"和"隐象"两方面入手。

3.2.2 审定方视角下的设计类条款架构及相互关系

对于适航审定方,航空发动机型号是否满足设计类条款要求的确认,其本质和核心仍然是设计安全性需求是否得到满足,设计活动是否是基于系统安全性思想及全过程安全性管控的适航技术体系实现的,但是并不能简单地按照工业方视角下的设计类条款逻辑架构或设计机构的划分加以审查。这一方面是由于适航审定方通常没有足够的人力资源划分如此细致的专业机构;另一方面条款间本身建立在系统安全指导思想下的相互关联性也决定了审定机构没有必要按照设计机构设置众多的审查小组。

因此,从适航审定方视角,其完全可以从设计安全性需求的满足出发,从更加宏观的安全性技术领域的角度看待和划分设计类条款的架构,如表3.2所示,即系统层面设计安全性的满足和部件与子系统层面设计安全的满足两类,并包含了具体的适航技术。其中,为了逻辑上的完备性,表3.2同时给出了环境安全、安全验证、使用安全及安全管控所涉及的具体适航规章和条款。但是,尽管审定方视角不同,条款本身的相互关系并不发生改变,即审查工作仍然要从整机角度的系统安全出发,并同时从条款要求的"表象"和"隐象"两方面入手开展具体的审查工作。

表 3.2 审定方视角出发的适航规章设计类条款逻辑架构

分 类	适 航 技 术	涉 及 适 航 条 款
整机与系统安全（设计类）	总体性能符合性技术	33.19,33.21,33.35,33.66,33.65,33.68,33.73,33.75 等
	总体结构符合性技术	33.19,33.33,33.35,33.62,33.63,33.68,33.75,33.70 等
	空气系统符合性技术	33.21,33.35,33.66,33.65,33.68,33.73,33.75 等
	控制系统符合性技术	33.19,33.28,33.29,33.35,33.67,33.72,33.73,33.75 等
部件与子系统安全（设计类）	寿命限制件	33.15,33.17,33.19,33.27,33.33,33.34,33.35,33.62,33.63,33.64,33.70,33.74,33.75 等
	非寿命限制件	33.15,33.17,33.19,33.27,33.33,33.35,33.37,33.39,33.62,33.63,33.64,33.67,33.69,33.71,33.72,33.74,33.75 等
	部件连接与安装	33.23,33.25,33.29,33.75 等
	外物吸入	33.76,33.77,33.78,附录 B,33.75 等
环境安全	噪声适航设计与验证技术	36 部等
	排放适航设计与验证技术	34 部等
安全验证	整机安全性验证技术	33.81,33.82,33.83,33.84,33.85,33.87,33.88,33.89,33.90,33.93,33.99,33.201,33.75,33.78,33.77,33.76 等
	部件安全性验证技术	33.75,33.91,33.92,33.94,33.97 等

续　表

分　类	适　航　技　术	涉及适航条款
使用安全	持续适航技术	33.4,91 部,43 部,121 部,145 部,147 部等
安全管控	适航体系建设	21 部,AP-21-03 等
	生产制造安全性技术	21 部,25 部,33 部,AP-21-03A 等

3.3　民用航空发动机全局性适航设计类条款

在 3.1 小节中,已经指出航空发动机适航条款要求的本质和来源是设计安全性需求。对于任何一个设计类条款要求,都体现出条款本身具有的"表象的独立性"以及条款内涵的"隐象的关联性"特征。其中,"表象的独立性"是针对该条款所涉及具体对象的设计安全性需求的满足,"隐象的关联性"是针对各条款作为航空发动机全过程系统安全性分析子系统下的设计安全性需求的满足。但是,由于条款所涉及具体对象设计安全性需求的复杂程度不同,这种特征,尤其是"隐象的关联性"特征在具体条款上不可避免地存在"关联性和关联范围的强弱"。因此,可以根据这种设计需求的"关联性和关联范围的强弱"将设计类条款分为"全局性"条款和"局部性"条款两类。"全局性"条款,即该条款所针对对象的设计需求涉及发动机的大多数部件及关键安全件,对发动机设计安全性起着决定性作用;同时该条款设计需求在系统安全性层面与其他大多数条款具有很强的关联性,或在分析表明其他条款涉及安全性的符合性时必然涉及在内。"局部性"条款,即该条款只针对发动机的某一个或几个具体部件(非核心)的设计安全性需求,且不是发动机全过程系统安全性分析中的决定性因素;同时与其他大多数条款设计安全性需求的关联性相对较弱,或仅与有限的几个条款具有关联性,在分析表明其他条款涉及安全性需求符合性时被涉及在内的很有限。显然,对于航空发动机设计中基于系统安全性思想及全过程安全性管控的适航技术体系,"全局性"条款由于具有更大的影响和作用范围,甚至覆盖了所有条款的设计安全性需求(如 33.75"安全性"),因此必然是航空发动机设计中需要重点关注的对象和难点,也是航空发动机安全性和适航设计要求的核心。

一般地,对于表 3.1 所述的设计类条款,最典型的"全局性"条款是 33.75"安全性"以及 33.70"寿命限制件"。对于 33.75 条款"安全性",由于整个适航体系和适航规章就是为了保证航空器安全性,所以其"全局性"特征无须解释。而对于 33.70 条款"寿命限制件",其对象是指"失效将产生灾难性后果的转子和主要静子结构件,如(包括但不限于)盘、隔圈、轮毂、轴、高压机匣和非冗余的安装部件",所以 33.70 条款几乎包括了航空发动机所有的关键安全件,并与大多数条款具有很强的关联性,影响和作用范围很广,因此是典型的"全局性"条款。同时,以 33.75 条款"安全性"和 33.70 条款"寿命限制件"为代表的"全局性"条款是满足安全性和适航设计要求的关键,而在实际民机型号的取证过程中也是难点和瓶颈所在,因此应重点关注。

参考文献

[1]　Federal Aviation Administration. Airworthiness standards:Aircraft engines. e - CFR 14 part 33. Washington,2009.

[2]　Federal Aviation Administration. Airworthiness standards:Aircraft engines:33.70 Engine Life - Limited Parts. e - CFR 14 part 33. Washington,2007.

[3]　Federal Aviation Administration. Airworthiness standards:Aircraft Engines:33.75 Safety Analysis. e - CFR 14 part 33. Washington,2007.

第4章
航空发动机系统安全性六要素分析

4.1 系统安全性分析技术概述

安全需求是航空产业的核心需求,伴随着安全需求的持续发展,安全性方法和理念也一直在进步。近几十年来,与系统安全性相关的适航条款(包括 FAR 25.1309 和 FAR 33.75 等)经历了数次修订,以顺应安全需求的发展趋势。虽然推动系统安全性技术发展的核心动力是日新月异航空技术的安全需求,但作为强制标准的相关适航规章的发展在系统安全性技术的规范化和系统化进程中具有举足轻重的作用。

随着航空发动机"四强"特征的凸显,标准中方法在航空发动机中的适用性需要进一步确认。本章首先结合航空发动机特点,分析系统安全分析技术的六个要素,然后通过系统安全分析实例说明相关安全性分析技术的应用,并展示应对航空发动机"四强"趋势的系统安全分析新方法。

4.1.1 系统安全性分析的输入及输出

1. 系统安全性分析的输入

安全要求、发动机设计方案和飞行剖面是系统安全性分析的三个重要输入,发动机设计方案是系统安全性分析的对象,安全要求是系统安全性分析的重要依据。

1) 安全要求

安全要求包括规章安全要求和客户安全要求。其中,规章安全要求是最低安全要求,客户安全要求通常高于规章安全要求。在不同的应用场景下,客户提出的安全要求各不相同,但规章安全要求则相对固定,主要源自 CCAR 33.75/FAR 33.75/CS - E 510,即"安全分析条款"。由于客户安全要求的形式与规章安全要求一致,本节重点阐述安全要求中的规章安全要求。

FAR - 33 部中的安全分析条款最早出现于 1974 年的 33 - 6 修正案,之后在 33 - 10 和 33 - 24 修正案中对 FAR 33.75 的相关内容进行了修订。其中,2007 年发布的 33 - 24 修正案提出了以系统安全性评估方法为核心的发动机适航安全性要求。

　　最新版本的 FAR 33.75 定义了三类发动机影响：① 危害性的发动机影响（hazardous engine effects）；② 轻微的发动机影响（minor engine effects）；③ 重大的发动机影响（major engine effects），并规定了不同影响等级事件的最大允许发生概率，如表 4.1 所示。FAR 33.75 通过控制单个发动机风险到可接受的水平，来达到可接受的发动机总设计风险，实质上是要求事件发生的可能性或概率的减少正比于它影响的严重性[1]。

表 4.1　航空发动机的安全要求[1]

失效等级	失 效 影 响	最大允许发生概率/（次/发动机飞行小时）
危害性的发动机影响	高能碎片不包容； 座舱用发动机引气中有毒物质浓度足以使机组人员或乘员失去活动能力； 与驾驶员指令方向相反的相当大的推力； 不可控的着火； 发动机安装系统失效，导致发动机意外脱开； 发动机引起的螺旋桨脱开； 不能使发动机完全停车	$10^{-7} \sim 10^{-9}$
重大的发动机影响	受控的着火（即通过关闭发动机或采用机载灭火系统控制）； 可以表明不会引起灾难性事故的机匣烧穿； 可以表明不会引起灾难性事故的低能量碎片飞出； 导致机组成员不舒服的振动； 座舱用发动机引气中有毒物质的浓度足以降低飞行机组成员的操作能力； 与驾驶员指令方向相反的推力，低于危害性的发动机影响规定的水平； 产生的推力大于最大额定推力； 发动机支承载荷路径失去完整性，但发动机没有脱开； 显著的无法控制的推力振荡； 其他的严重性在危害性的与轻微的发动机影响之间的影响	$10^{-5} \sim 10^{-7}$
轻微的发动机影响	一台发动机失效，其唯一后果是该发动机部分或全部丧失推力或功率（和相关发动机使用状态），这种失效将被认为是轻微的	—

　　FAR 33.75 及其咨询通告的发布和修订体现了适航规章"突出多层次安全验证"的新特点。安全分析条款不是孤立的，表明对 FAR 33.75 的符合性离不开 33.15、33.21、33.27、33.70 等物理条款的支持。在实际研制过程中，准确获取极小可能性的原发失效概率存在很大困难，但若某关键零部件的原发失效可能导致危害性的发动机影响，则不得不证明该事件的发生概率满足安全要求。为了化解上述困难，在现行的适航规章体系中，关键零部件的安全性要求是由专门的物理条款约束的，其中即包括 FAR 33.70（发动机限寿件）。FAR 33.75 和 FAR-33 部中的物理条款分别从系统安全层面和局部物理细节层面保障了航空发动机的安全性水平，使现行的 FAR-33 部条款体系呈现出"突出多层次安全验证"的新特点。

　　2）发动机设计方案

　　发动机设计方案是系统安全性分析的对象，是系统安全性分析的重要输入之一。在不同的设计阶段,发动机设计方案具有不同的含义。

(1) 方案设计阶段:这是发动机研制的第一个阶段,掌握的设计信息量最少,发动机设计方案主要体现为发动机功能、发动机架构等。

(2) 初步设计阶段:发动机设计方案主要体现为系统功能、系统架构等。

(3) 详细设计阶段:发动机设计方案主要体现为详细功能、详细架构和详细要求等。

(4) 设计确认与验证阶段:发动机设计方案主要体现为加工方案、装配方案等。

3) 飞行剖面

狭义上讲,飞行剖面指与时间相关的动力需求;广义上讲,飞行剖面指决定发动机状态的所有边界条件与时间的关系。飞行剖面决定了发动机工作状态的演化历程和各系统、各零部件载荷及损伤的演化历程,是系统安全性分析的重要输入。

局方建议申请人应当根据营运人的预定用途预测飞行剖面,由于实际剖面不同于最初的预测剖面,这将造成发动机系统安全水平的变化,故应采用保守的飞行剖面。

用于系统安全性分析和设计的飞行剖面应由发动机制造商与预期飞行器制造商、可能的营运人联合定义。

2. 系统安全性分析的输出

系统安全性分析的最终输出是表明发动机设计方案满足安全要求的全套分析材料和支撑材料。可接受的输出形式包括安全性分析报告、试验结果的说明、两个类似零件或组件的比较、其他定性资料,或详细深入的分析。

分析应该考虑预期的使用范围。某些失效情况仅在某些使用情况或某些任务中存在,分析它们发生的概率时必须考虑此种情况或任务的概率,与随后发生的失效概率相结合。

可接受的安全性分析的深度和广度也取决于:所考虑的系统、零件或组件完成功能的复杂性和重要性、相关失效情况的严重性、设计的唯一性和相关使用经验的广度、提出的失效的数量和复杂性、失效原因的可检测性等。

4.1.2 系统安全性分析的流程及判定准则

1. 系统安全性分析的流程

20 世纪 70~80 年代,随着航空技术的不断进步,飞机和发动机向综合化和复杂化发展。为了从设计角度保证飞机和发动机的安全性水平,并表明设计对 FAR 25.1309 和 FAR 33.75 条款的符合性,在新的综合程度与复杂程度下,系统安全性方法应运而生。当时,各个公司将功能危险性评估(FHA)、故障树分析(FTA)、失效模式和影响分析(FMEA)、共因分析(CCA)等方法应用于航空产品的开发过程,并逐渐形成了系统安全性评估与设计体系。为了规范相关设计、验证与审定技术,美国自动机工程师协会(Society of Automotive Engineers, SAE)与航空大国适航当局、各主要飞机、发动机公司一起,于 1996 年出台了两部推荐航空活动(aerospace recommended practice, ARP)标准: SAE ARP - 4754[2] 和 SAE ARP - 4761[3]。其中,SAE ARP - 4754 的核心目的在于为设计方、制造商、系统集成商和审定局方提供一个共同的国际性的基础,来表明复杂系统开发对适航规章要求的符合性。SAE ARP - 4761 的核心目的在于总结工业界成熟的系统安全性评估经验,对执行一个被工业界普遍接受的安全评估过程提供指南和方法。这两部标准及其引述文件对民机复杂机载系统的审定要求、开发过程、安全评估等方面做出指导,形成了规范化的复杂系统安全性体系。两部标准不仅适用于飞机,还适用于航空发动机系统及相关设备。

　　本小节重点关注系统安全性设计与评估方法层面的进展。目前,主流的系统安全设计与评估过程是由 SAE ARP - 4761 建议的,其概况如图 4.1 所示。

　　SAE ARP - 4761 将典型的研制周期按照时间先后顺序分为四个研制阶段,分别是方案设计阶段、初步设计阶段、详细设计阶段、设计确认与验证阶段。根据各个研制阶段的特点,主要的系统安全性工作分为需求分析、设计和试验。在概念设计和初步设计阶段,安全需求分析是主要工作;在详细设计阶段安全性设计是主要工作;在设计确认与验证阶段试验是主要工作。由于研制过程具有继承的、迭代的特性,在任何设计阶段中三类工作都是并存的,只存在主次的差异。

　　系统安全性评估活动在任何研制阶段都是研制工作的重要组成部分,安全性评估活动主要包括 FHA、初步系统安全性评估(preliminary system safety analysis, PSSA)、系统安全性评估(system safety analysis, SSA)和 CCA,上述活动通过与设计的充分交互最终实现安全性目标。

　　1) 功能危险性评估[3]

　　FHA 是系统安全性评估的第一步,它在系统的研制初期就要开始实施,是一种定性的、归纳的评估方法,其优点在于能在设计的早期,在没有细节设计信息时,就能提供关键性的设计指南。其目的在于对功能进行系统、综合的检查,识别这些功能的失效状态,并根据严重程度对失效状态进行分类。FHA 是自上而下的过程。

　　安全要求是 FHA 的重要输入。来自客户和适航规章的安全要求常常是针对各类不期望后果的发生概率要求。安全性设计与评估的首要工作是结合要研制的系统将这些安全要求具体化、实例化。承担这一转化任务的系统安全性评估工作是 FHA。

　　FHA 是面向多个设计层次的评估活动,在两个层次上完成上述转化: ① 方案

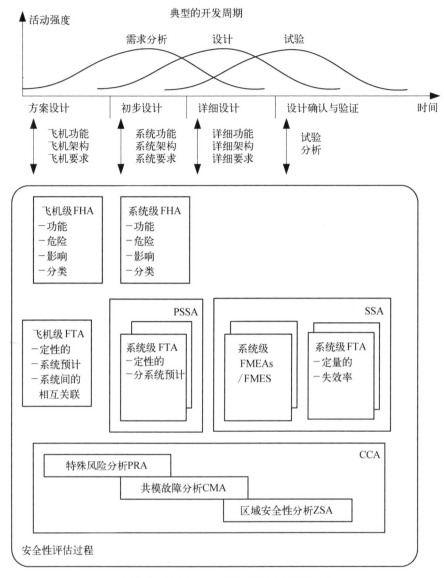

图 4.1　系统安全性设计与评估过程概况

设计阶段的重要研制工作是顶层系统的功能设计。针对顶层功能实施 FHA,完成了安全要求的第一次转化,通过顶层系统 FHA 识别出的失效状态严重性类别实质上就是针对顶层系统功能的具体化、实例化的安全要求;② 初步设计阶段,将顶层功能需求细化并分配给各系统是一项重要研制工作。在此阶段内,为了实现安全目标,细化后的功能必须取代顶层功能成为实现系统安全目标的主体。此时每个系统都承担了若干细化功能,大大增加了功能失效组合的可能,且细化功能的失效状态(及其任意组合)的安全性后果在实施针对各系统的 FHA 之前也是未知的。

因此,在初始设计阶段,必须针对各系统的细化功能再次实施 FHA,最终形成针对细化功能的安全要求。

实施 FHA 的具体步骤如图 4.2 所示。

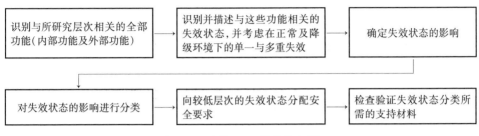

图 4.2　实施 FHA 的具体步骤

2) 初步系统安全性评估[3]

初步系统安全性评估过程的目的在于系统的检查建议的系统架构,以确定失效如何导致功能危险性评估识别出的功能危险,以及如何满足 FHA 的要求。PSSA 是自上而下的过程。

各功能的失效状态及其严重性分类(FHA 的结果)是 PSSA 的重要输入。在 PSSA 中仍然涉及安全要求的转化与导出问题。初步设计阶段的重要工作是确定系统架构,用由硬件和软件构成的有机整体实现系统功能。在这一阶段,为了满足 FHA 阶段形成的安全要求,各种硬件、软件及系统架构必须取代系统功能,成为实现安全目标的主体。相应地,通过开展 PSSA,安全要求的形式也变为概率要求和研制保证等级要求,其中概率要求用于约束硬件设计,研制保证等级用于约束硬件和软件的设计。PSSA 同样是面向多个设计层次的评估活动,可在多个层次上传递安全要求。

PSSA 中的常用方法包括故障树分析、相关图分析(dependence diagram, DD)和马尔可夫分析(Markov analysis, MA)。一般情况下,FTA 和 DD 完全等效,而在考虑容错系统具备持续监控功能时,MA 则更为合适。

实施 PSSA 的具体步骤如图 4.3 所示。

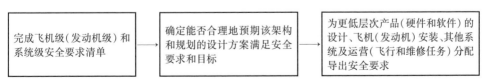

图 4.3　实施 PSSA 的具体步骤

3) 系统安全性评估[3]

系统安全性评估的目的是对所实施系统进行系统、综合的评估,表明设计满足相关的安全要求。SSA 是自下而上的过程。

与 FHA 阶段和 PSSA 阶段的核心问题不同,SSA 的核心问题是评估当前的设计是否满足 FHA 阶段和 PSSA 阶段得到的安全要求,即迭代的验证设计对安全要求的符合性。因此,FHA 和 PSSA 的输出是 SSA 的重要输入。由于 PSSA 可是多层的,相应的 SSA 也可是多层的,且 SSA 与 PSSA 的层次必须一一对应。SSA 既可以是定量的,也可以是定性的,这取决于安全要求。在 SSA 中应迭代地确认设计对定性和定量安全要求的符合性,确认活动包括概率计算、研制保证等级等。

SSA 中常用的方法包括 FMEA、失效模式和影响总结(failure modes and effects summary,FMES)、FTA、DD 和 MA。其中,FMES 是 FMEA 的总结,可通过逐层实施 FMES 最终获取硬件的失效模式及各种失效模式对应的概率,并最终实现与上层分析的对接。

实施 SSA 的具体步骤如图 4.4 所示。

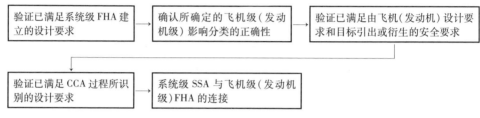

图 4.4　实施 SSA 的具体步骤

4) 共因分析[3]

事件独立性假设是多数系统安全性评估方法的基本假设,但共因失效确是客观存在的。经验表明,独立性程度对危险后果发生概率的影响可达数个量级,危险后果的发生概率对失效事件独立性程度非常敏感。共因分析的目的是确认功能、系统、硬件(软件)之间具有独立性,或由于不具备独立性而引入的风险是可接受的。此外,CCA 必须完全排除可能导致灾难性后果的共因事件,即必须通过设计保证灾难性后果诱因的独立性。共因分析贯穿整个研制周期的各个环节。共因分析分为三种,分别是区域安全性分析(zonal safety analysis,ZSA)、特殊风险分析(particular risks analysis,PRA)与共模分析(common mode analysis,CMA)。

ZSA 分析考虑飞机(发动机)上各个系统/组件的安装关系以及飞机(发动机)上安装非常邻近的各系统组件之间的相互干扰。ZSA 主要用来编写设计和安装指南、区域内的安装检查和系统(组件)间的干扰检查。

在 ZSA 中,重点关注空间距离较近的区域集合,其局限性在于考虑的区域较为集中,有可能遗漏全局性的影响,PRA 弥补了这一缺陷。特定风险是指超出有关系统,但可能破坏独立性要求的事件或影响,典型的特定风险包括着火、冰雹、鸟撞等。

共模分析的目的是确认 FTA、DD、MA 中的由"与门"连接的事件在实际执行中是独立的。典型的共模失效诱因包括硬(软)件错误、硬件失效、制造缺陷等。

2. 系统安全性分析的判定准则

宏观上看,系统安全性分析的判定准则是明确的,即发动机设计方案对安全要求的符合性。但发动机研制是多专业参与的周期很长的过程,如果脱离了过程控制,最终的发动机设计方案将难以满足安全要求。因此,安全要求是发动机系统安全性设计的目标和最终判定准则,但各个研制阶段应有阶段判定准则,以降低大规模设计迭代的风险。

（1）整机安全需求分解阶段（图 4.5）,系统安全性分析的主要手段是整机级 FHA、PSSA 和整机级 CCA,这一阶段的判定准则是发动机整机的架构和功能能否满足顶层的安全要求,即完成顶层安全要求符合性的确认。

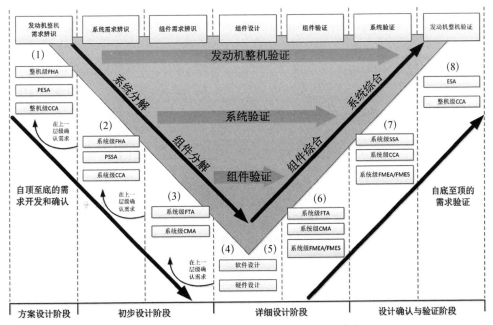

图 4.5　航空发动机系统安全性设计流程[4]

（2）在系统安全需求分解阶段,系统安全性分析的主要手段是系统级 FHA、PSSA 和系统级 CCA,这一阶段的判定准则是通过系统安全需求分解获得的系统级安全性指标的综合能满足整机安全要求,即完成整机级的安全性指标确认。

（3）在组件安全需求分解阶段,系统安全性分析的主要手段是系统级 FTA 和系统级 CMA,这一阶段的判定准则是通过组件安全需求分解获得的组件级安全性指标的综合能够满足系统级安全要求,即完成系统级的安全性指标确认。

（4）在底层安全性设计阶段,系统安全性分析的主要对象是零部件(含硬件和软件),这一阶段的判定准则是在整机系统环境下,通过软硬件安全需求分解获得的软硬件安全指标的综合能够满足组件级安全要求,即完成组件级的安全性指标确认。

（5）在底层综合阶段，系统安全性分析的主要对象是设计完成的零部件（含硬件和软件），这一阶段的判定准则是软硬件的详细设计方案是否满足软硬件设计需求分解获得的软硬件安全指标，即完成底层零部件安全性指标验证。

（6）在组件综合阶段，系统安全性分析的主要手段是系统级 FTA、系统级 CMA 和系统级 FMEA/FMES，这一阶段的判定准则是软硬件的详细设计方案在集成为组件后，是否满足组件分解阶段经确认的组件级安全性指标，即完成组件级的安全性指标验证。

（7）在系统综合阶段，系统安全性分析的主要手段是系统级 SSA、系统级 CCA 和系统级 FMEA/FMES，这一阶段的判定准则是组件的详细设计方案在集成为系统后，是否满足系统分解阶段经确认的系统级安全性指标，即完成系统级的安全性指标验证。

（8）在整机综合阶段，系统安全性分析的主要手段是 SSA 和整机级 CCA，这一阶段的判定准则是系统的详细设计方案在集成为整机后，是否满足整机需求分解阶段经确认的整机级安全性指标，即完成整机级的安全性指标验证。

4.2 系统安全性分析的工具及数据

4.2.1 系统安全性分析的工具需求及关键技术

1. 航空发动机系统安全性分析的实质

4.1 节介绍了系统安全性分析的流程分为 FHA、PSSA、SSA、CCA 等，掌握这些分析方法的实质，是提出系统安全性分析工具需求的关键。

FHA 和 SSA 的共同特征是开展"由因推果"，即回答当发动机发生功能失效或底层零部件失效后，在发动机全包线范围内将导致什么样的发动机后果？主要针对原发性的功能失效或底层零部件失效。

PSSA 的主要特征是开展"由果溯因"，即追溯每一个可能导致重大的或危害性发动机影响的组件失效模式的可能诱因或诱因组合。

CCA 的主要特征是识别"多因同源"，即回答哪些失效之间不满足独立性假设，具有强相关性。

因此，各类安全性分析方法的实质是建立航空发动机各类失效或失效组合与后果之间的映射关系。

2. 航空发动机系统安全性分析工具需求分析

要建立航空发动机各类失效或失效组合与后果之间的映射关系，必须掌握发动机失效萌生和失效发展的综合作用规律。而现代先进航空发动机是由主流道、空气系统、燃油系统、滑油系统、控制系统等多个子系统组成的高度耦合复杂系统，"四强"特性给航空发动机系统安全性分析带来了新的问题，而建模与仿真是研究具有"四强"特性系统的有效工具，为从模型层面反映航空发动机系统的"四强"特性，航空发动机系统安全性分析工具需要具有耦合性、动态性、不确定性等属性。

1）耦合性[4]

耦合现象普遍存在于发动机系统、部件间。目前，广泛应用的发动机特性仿真模型多为基于气动热力学的零维模型，主要解决一次流部件的匹配、总体性能等问题。这类模型通过定比例引气、定比例流量分配和零维截面掺混等简单模型考虑二次流的影响；二次流空气系统模型则多基于流体网络法建立，主要解决二次流流量分配、压力和温度分布等问题。二次流空气系统的边界条件由零维特性仿真模型给出。发动机的全系统分析流程基于解耦假设（图 4.6），通过数据集成代替模型集成。系统分析中的简化和假设虽然会使计算复杂度大大降低，但由此产生的对设计的负面影响常常被推迟到设计后期——建立硬件并测试后才能逐渐消除。研究表明，解耦假设将给限寿件工作边界的分析结果带来不可忽略的误差。因此，解耦的假设不适用于航空发动机系统安全性分析工具。

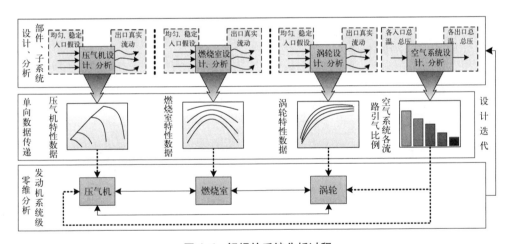

图 4.6　解耦的系统分析过程

2）动态性[4]

"危险的 11 分钟"是航空安全领域中的著名概念，这一概念是指 8 分钟的进近着陆阶段和 3 分钟的起飞阶段（共计 11 分钟）是航空器最容易发生重大事故的阶段。事故集中发生在这 11 分钟内，原因在于：① 飞行器各子系统过渡工作特征明显，系统危险机理复杂；② 系统工作状态显著偏离设计状态。而在诸多飞行器部件中，航空发动机的工作边界变化最为剧烈——在数秒内热端温度变化可达 1 000 K，转速变化 1 倍以上。因此，航空发动机系统安全性分析工具应具有过渡态分析能力。

图 4.7(a)~(c)分别是二次流空气系统引气比例、涡轮前总温、高压涡轮盘腔冷却气总温的过渡态与稳态分析结果对比。分析对比图可得如下结论：① 从图 4.7(a)可以看出，过渡过程中二次流空气系统引气比例的变化量级远大于不同稳态工作点的引气比例差异，变化幅度超过 1%；② 从图 4.7(b)可以看出，发动机加速的过渡过程中涡轮前总温曾超出 1 900 K，超温幅度大，但持续时间不长；③ 从图 4.7(b)和(c)可以看出，高压涡轮盘作为限寿件，其过渡过程工作边界变化剧烈。

　　3）不确定性[4]

　　发动机的加工、装配、运行及维护过程中均存在不确定性，而确定性的分析方

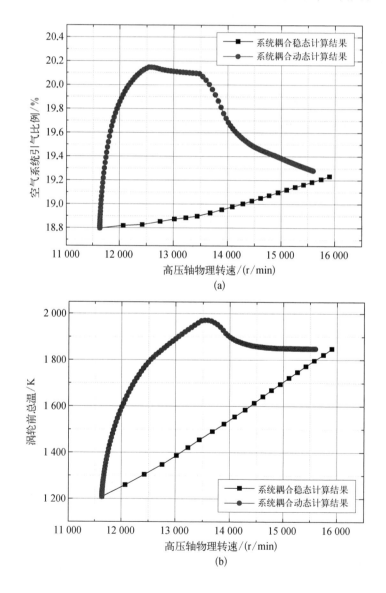

(a)

(b)

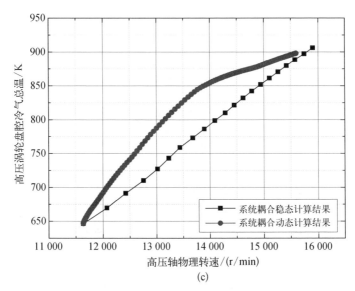

(c)

图 4.7　动态/稳态系统耦合分析结果

法无法反映不确定的潜在危险。确定性分析方法难以定量评估发动机的概率风险。因此,航空发动机系统安全性分析工具应具有不确定性分析能力。

　　分别记所有压气机、涡轮、旋转盘腔的性能参数、一次流和二次流部件的流通面积、压力损失元件的总压恢复系数、转子机械效率的确定性取值为 $X_i(i=1, 2, 3, \cdots)$。定义 Y_i 是对应于 X_i 随机变量,Y_i 服从数学期望为 X_i、标准差为 $2‰X_i$ 的正态分布,即 $Y_i \sim N(X_i, (0.002X_i)^2)$。以带分布的 Y_i 取代确定性仿真输入 X_i,采用蒙特卡罗法得到的不确定性分析结果如图 4.8 所示。从图 4.8 可以看出,与确

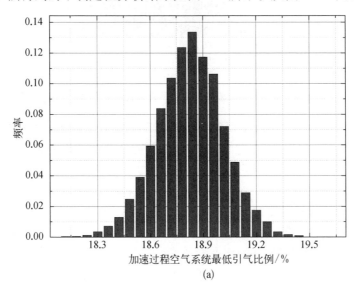

(a)

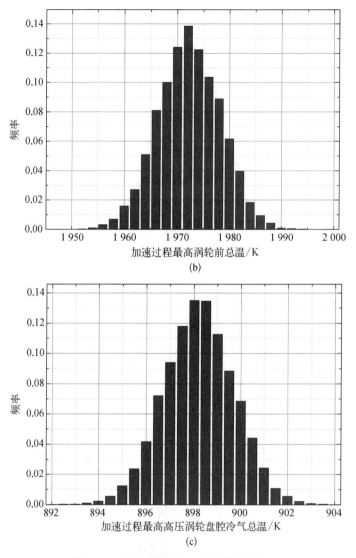

图 4.8 动态系统耦合不确定性分析结果

定性分析仅有唯一结果相比,不确定性限寿件工作边界分析结果具有"分布"属性。从图 4.8 还可看出,各部件加工、装配给性能及几何造成的极小偏差,会给发动机关键零部件的工作边界带来显著的不确定性。

4.2.2 系统安全性分析的数据需求及获取途径

系统安全性分析的支持数据可分为两类,一类是共性数据需求,即经验分析和模型分析共同需要的数据,如历史型号系统安全性分析数据、各系统/组件/零件的安全性基础数据等;另一类是模型数据需求,即模型分析特有的数据需求,如系统/

组件/零件的特性数据和由制造引入的容差概率分布数据等。

1. 系统安全性分析的共性数据需求及获取途径

数据是航空发动机安全性设计的重要支撑。在研制阶段,系统安全数据资源可用于避免曾经导致事故的设计缺陷;在运行阶段,系统安全性数据资源可用于快速定位事故原因,并将危害隐患控制到最小范围;在发动机维修过程中,系统安全性数据可用于排除易导致事故的维修缺陷。

系统安全性分析的共性数据可分为公开数据资源与内部数据资源。

1) 公开数据资源

公开数据资源是指可从公开渠道获取的数据资源,包括手册、适航指令、各类公开报告等。

(1) 手册。在各种公开数据资源中,手册是系统性最高、结构化最好的数据资源。典型的系统安全性手册包括《电子设备可靠性预计手册》(GJB/Z299C)、《NSWC机械可靠性预计手册》等,分别用于支撑电子设备和机械设备定量失效概率分析。

(2) 适航指令。适航指令是在某飞行器型号合格审定后,由局方针对在某一民用航空产品(包括航空器、航空发动机、螺旋桨及机载设备)上发现的,很可能存在或发生于同型号设计的其他民用航空产品中的不安全状态,所制定的强制性检查要求、改正措施或使用限制的文件,其内容涉及飞行安全,如不按规定完成,有关航空器将不再适航。因此,在航空发动机设计中,系统回顾历史适航指令,检查并排除当前设计的类似隐患,可有效避免类似的不安全状态重现。

(3) NTSB 事故调查报告。NTSB 是美国国家运输安全委员会(National Transportation Safety Board)的英文缩写。NTSB 成立于 1967 年,总部设于华盛顿,是美国联邦政府的独立机关,专责于美国国内的航空、公路、铁道、水路及管线等事故的调查。

NTSB 的使命之一是调查事故,确定事故发生时的条件和环境,确定可能的事故原因,提出预防同类事故的建议。NTSB 的航空事故调查过程及结论会以报告的形式在其官方网站发布。报告通常包含事故的过程、事故分析、分析结论及建议。在航空发动机设计中,系统回顾 NTSB 事故调查报告,检查并排除当前设计的类似隐患,可有效避免类似的不安全状态重现。

在全球其他国家和地区,也设有类似 NTSB 的机构,如日本的航空、铁道事故调查委员会、加拿大的运输安全委员会(Transportation Safety Board)、英国的航空事故调查局(Air Accidents Investigation Branch)、法国的航空事故调查局(Bureau d'Enquêtes et d'Analyses pour la sécurité de l'Aviation Civile)、德国的航空事故调查局(Bundesstelle für Flugunfalluntersuchung)以及中国台湾地区的行政院飞航安全委员会等。

(4) ICAO 与 IATA 安全报告。国际民用航空组织(ICAO)是联合国的一个专门机构,1944 年为促进全世界民用航空安全、有序的发展而成立。国际民用航空组织总部设在加拿大蒙特利尔,负责制定国际空运标准和条例。

国际航空运输协会(IATA)是一个由世界各国航空公司所组成的大型国际组织,其前身是 1919 年在海牙成立并在第二次世界大战时解体的国际航空业务协会,总部设在加拿大的蒙特利尔,执行机构设在日内瓦。IATA 的宗旨是为了世界人民的利益,促进安全、正常而经济的航空运输,对于直接或间接从事国际航空运输工作的各空运企业提供合作的途径,与国际民用航空组织以及其他国际组织通力合作。

ICAO 与 IATA 每年会发布安全报告(图 4.9),回顾过去一年内全球的商用航空事故,给出事故清单及摘要,分析过去一年的事故与地区、飞机/发动机类型、飞行阶段等因素的关联性,并回溯数年内的数据,给出航空安全趋势分析。

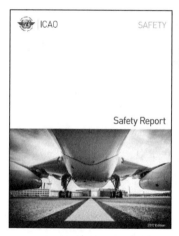

图 4.9　ICAO 和 IATA 的安全性报告[5,6]

2) 内部数据资源(研制单位、制造企业、运营企业、维修企业)

内部数据资源是指分散在各个单位内部的,与航空发动机系统安全性相关的数据资源,包括但不限于统计数据、管理数据、核算数据等。

内部数据资源的典型特点是分散、非结构化、关系不明确。如何建立数据之间的关系,并从数据中充分挖掘有用信息依赖于数据使用方、挖掘方与收集方的充分迭代和互动。只有建立了长效的数据采集、整理、挖掘机制,数据才能切实支撑航空发动机的研制安全、制造安全、运行安全。

2. 系统安全性分析模型数据需求及获取途径

系统安全性分析模型数据需求及获取途径如图 4.10 所示,在早期设计阶段,虽然没有准确的特性数据和容差数据,但反映各部件、各系统结构形式的通用特性和基于历史数据/专家经验的容差概率分布也能基本反映整机系统的特征。在设计早期,尽可能地利用已有数据进行分解确认可有效减少设计迭代次数。随着设计的深入,执行系统安全性分析所需的部件、系统特性可由仿真、试验提供,容差数据也逐渐精确化。到设计确认与验证阶段,整机测试数据可用于校准航空发动机系统安全性模型,同时可通过实测获取容差概率分布。随着数据品质的提高,航空发动机系统安全性模型从设计工具逐渐演变为设计和验证工具。

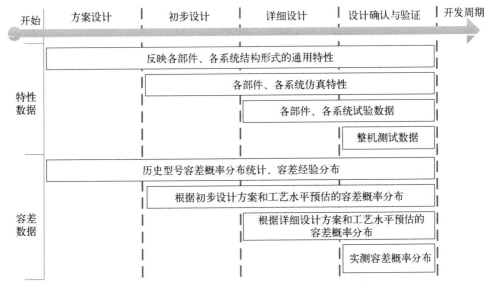

图 4.10　系统安全性分析模型数据需求及获取途径

4.3　航空发动机系统安全分析实例

4.3.1　问题描述

针对某假想涡扇发动机(以下简称 X 发动机),从概念设计阶段的发动机级FHA 开始,随着设计的深入,开展连续安全评估,直至获得满足安全要求的底层设计方案。

本例的主要目的是结合实例说明系统安全性分析过程,因此,本例分析过程并不尝试解决某发动机系统安全性分析中的所有问题,而是突出某发动机安全性分析流程与某发动机设计的交互。

4.3.2　具体分析过程

1. 发动机 FHA

1) 发动机功能树

(1) 发动机功能树是对功能的辨识,不是对系统的辨识,一个功能可能对应多个系统,多个功能也可能对应一个系统。

(2) 一级功能涉及系统内部实现,并非"把客人和机务人员安全、舒适、经济、环保地运输到目的地",而是"推力输出""包容"等。

(3) 在概念设计阶段实施,与此阶段设计信息量相匹配,并未深入系统实现。

(4) 功能树应反映安全要求、市场需求和专家经验。

考虑到以上四个功能辨识的特征和 33.75 中的顶事件,导出一级功能树如图 4.11 所示。图中的功能辨识结果是可扩展的集合,可根据安全要求、市场需求和专家经验扩展,且图中的功能辨识结果不是唯一的可接受的功能辨识结果,但给出了航空发动机一级功能的特征,可供申请人参考。

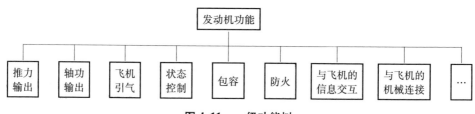

图 4.11　一级功能树

2) 确定故障状态

以"包容"功能为例,确定如下一组故障状态及评估条件。

(1) 功能故障状态(部分-仅限"包容"功能)。① 包容功能完全丧失。② 包容功能轻微丧失。

(2) 发动机飞行剖面。见 4.1.1 节飞行剖面部分。

(3) 发动机级 FHA 输出。① 根据表 4.2 中的分析,在任何运行阶段下,包容功能完全丧失的影响等级均为"危害性的",因此"包容功能完全丧失"的发生概率要求是 10^{-7} 次/发动机飞行小时;② 根据表 4.2 中的分析,在任何运行阶段下,包容功能轻微丧失的影响等级均为"重大的",因此"包容功能轻微丧失"的发生概率要求是 10^{-5} 次/发动机飞行小时。

表 4.2　发动机级 FHA(部分-仅限"包容"功能)

功能	故障状态	工作阶段	故障状态对发动机的影响	影响等级	参考材料	分析验证
包容	包容功能完全丧失	所有	高能碎片飞出发动机	危害性的	相关支持材料	发动机级 FTA
	包容功能轻微丧失	所有	低能碎片飞出发动机	重大	相关支持材料	发动机级 FTA

(4) 发动机级 FTA。① 发动机级 FTA 如图 4.12 所示,其中,顶事件是"发动机功能丧失",任何一个发动机功能的任何类型的丧失都可归入该顶事件,因此,"发动机功能丧失"与一个或门连接。此或门的下一级事件是发动机级 FHA 识别出的各种功能的各种失效模式。各种功能失效模式的概率要求来自发动机级 FHA

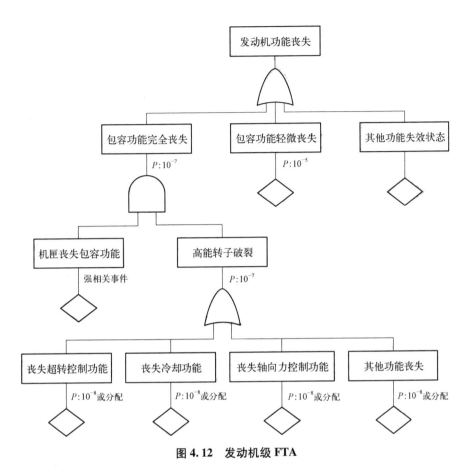

图 4.12 发动机级 FTA

的输出,即针对功能的安全要求。② 针对概率数值较低的功能失效,要进行进一步的分解,直至分解到方案设计阶段可涉及的层级。如该例中,发动机级 FTA 分析至"丧失超转控制功能""丧失冷却功能""丧失轴向力控制功能"等系统级功能丧失。这一分解方式不是唯一的,在该例的发动机级故障树中,用了一系列"未展开事件"符号来表达发动机级故障树的深度和广度都是可扩展的。③ 关于可能导致危害性发动机影响的底事件的概率要求:按照 AC 33.75 - 1A 的建议,以下两种情况都是可接受的:每种引起危害性的发动机影响的单独失效的概率小于 10^{-8} 次/发动机飞行小时;或引起特定危害性的发动机影响的组合的概率总和小于 10^{-7} 次/发动机飞行小时。

2. **系统级 FHA(以空气系统为例)**

1)确定空气系统的功能

(1)冷却。

(2)封严。

(3)轴向力控制。

（4）间隙控制。

（5）防冰。

2）识别失效状态（以轴向力控制功能为例）

（1）功能失效状态。① 转子轴向力超过止推轴承承载极限;② 高转速下轴向力反向。

（2）发动机工作阶段。见 4.1.1 节飞行剖面部分。

空气系统 FHA 摘要（表 4.3）：在整个飞行剖面内,"转子轴向力超过止推轴承承载极限"发生概率应低于 10^{-8} 次/发动机飞行小时;"高转速下轴向力反向"发生概率应低于 10^{-5} 次/发动机飞行小时。

表 4.3   空气系统 FHA（部分-仅限"轴向力控制功能"）

功能	故障状态	工作阶段	故障状态对 发动机的影响	影响等级	参考材料	分析 验证
轴向力 控制功能	转子轴向力超过止推轴承承载极限	所有	可能导致止推轴承失效,转子偏心、碰磨,诱发钛火或非包容	危害性的	相关支持材料	FTA
	高转速下轴向力反向	慢车以上转速	对轴承产生冲击载荷	重大的	相关支持材料	FTA

3. 空气系统 PSSA（以"转子轴向力超过止推轴承承载极限"为例）

某发动机空气系统主要流路结构如图 4.13 所示,该发动机主要通过 8 个篦齿实现冷气封严、轴向力调节和控制功能。

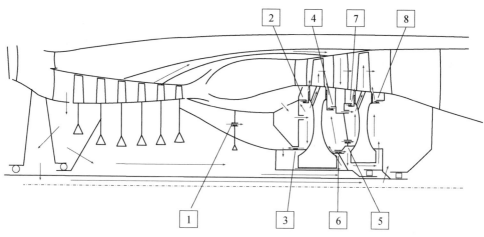

图 4.13   某发动机空气系统主要流路结构示意图

1）空气系统安全要求

（1）空气系统 PSSA（表 4.4）的输入。① （来自发动机级 FTA）在整个飞行剖面内,丧失轴向力控制功能的概率应低于 10^{-8} 次/发动机飞行小时;② （来自空气系统 FHA）在整个飞行剖面内,转子轴向力超过止推轴承承载极限的概率应低于 10^{-8} 次/发动机飞行小时。

表 4.4　空气系统 PSSA

安 全 性 要 求	设 计 决 策	备　注
在整个飞行剖面内,转子轴向力超过止推轴承承载极限的概率应低于 10^{-8} 次/发动机飞行小时	将可能使转子轴向力超过止推轴承承载极限的单个失效的失效概率控制在 10^{-8} 次/发动机飞行小时以内非常困难,因此,建议的设计决策包括: ① 通过空气系统架构设计控制任意单个篦齿原发失效导致的轴向力变化量级; ② 轴向力应有足够的裕度,单个失效不应导致转子轴向力超过止推轴承承载极限; ③ 止推轴承必须承受足够大的轴向力而不发生失效,根据轴承技术水平,极限轴向力载荷不少于 5T	应表明任意与轴向力相关的单个组件失效不应导致转子轴向力超过止推轴承承载极限

（2）衍生的安全性要求。根据表 4.4 的设计决策,衍生出下面一组安全性要求(表 4.5)。

表 4.5　衍生的安全性要求

安 全 性 要 求	设 计 决 策	备　注
所有可能使转子轴向力超过止推轴承承载极限的组件失效应充分独立,确保不会发生任何的共模失效	影响发动机稳态及过渡过程轴向力的封严结构从结构上应尽可能分离。对于多级篦齿的情况,应设置不少于 2 级的封严环,以确保封严环脱落不会显著影响整个篦齿的封严效果; 若发生转静子碰磨,则必须表明这些碰磨对轴向力的影响充分小	CMA 中应考虑
所有可能使转子轴向力超过止推轴承承载极限的组件失效应充分独立,确保任何发动机系统内的原发失效或特殊风险不应导致两个或两个以上的可能影响轴向力控制功能的组件失效	应确保吸入发动机的外物应从外涵排出,至少不应通过引气进入空气系统内部; 应表明任何一个失效概率大于 10^{-8} 次/发动机飞行小时的零部件的原发失效均不会导致两个及两个以上的影响轴向力控制功能的空气系统组件失效	ZSA 和 PRA 中应考虑

2）失效状态评定

发动机和空气系统 FHA 确认的失效状态如下,应对每个失效状态进行初步评估和预测。

在整个飞行剖面内,转子轴向力超过止推轴承承载极限的概率应低于 10^{-8} 次/发动机飞行小时。

（1）PSSA 的故障树分析。本部分针对某发动机,将空气系统 FHA 获得的安全要求分解至组件级。

PSSA 分析是初步设计阶段的重要工作,故障树是 PSSA 阶段的常用工具,建立故障树的失效传播逻辑通常依赖专家经验。但是,在航空发动机 PSSA 中应用基于经验的故障树分析方法则面临困难,这是因为:① 为追求性能和经济性,现代航空发动机耦合性快速增强。叶片烧蚀、涡轮盘屈曲等由多系统、多物理场耦合诱发的失效逐渐增多,呈现"耦合失效突出化"趋势;② 在上述趋势下,发动机失效演化的三个基本特征是状态空间复杂、事件强相关和失效按网状结构传播;③ 故障树分析方法的三个基本假设是故障按照离散布尔逻辑传递、底事件独立和故障传递可表示为树形结构,恰与发动机"耦合失效突出化"的三个基本特征矛盾。

因此,在航空发动机 PSSA 中仅依赖专家经验难以做出准确判断。基于耦合模型的解耦分析方法对提高复杂系统的安全性分析的准确性具有不可或缺的作用。

本书采用基于模型的分析方法定量评估篦齿失效对发动机高压轴向力控制功能的影响等级。为此,建立了某发动机主流道与内流空气系统耦合仿真为核心的整机一体化分析模型,如图 4.14 所示。该模型采用模块化建模的思想,集成并实现了发动机主流道总体性能模型与空气系统模型之间的动态数据交互和耦合求解,能够模拟并判定发动机空气系统局部设计参数变化对主流道工作参数、空气系统工作参数、转子轴向力的系统影响。航空发动机一体化模型建模方法和轴向力算法分别见文献[7]和[8]。

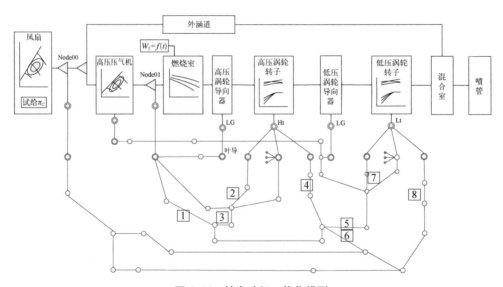

图 4.14   某发动机一体化模型

为了对篦齿失效的危害等级进行分类(本例仅考虑转子轴向力超过止推轴承承载极限,暂不考虑轴向力反向的影响),将单一失效导致轴向力超过 5 000 kg 的篦齿失效危害性定义为危害性的;将单一失效导致轴向力为 4 500~5 000 kg 的篦齿失效危害性定义为重大的;将单一失效导致轴向力小于 4 500 kg 的篦齿失效危害性定义为轻微的。

基于某发动机的一体化仿真模型,评估了该发动机 8 个篦齿单独失效对高压转子轴向力超限功能的定量影响,如表 4.6 所示。

表 4.6　设计状态下各篦齿在不同失效模式下对高压转子轴向力的影响评估

篦齿编号	失 效 模 式	轴向力相对变化量/kg	失效后的轴向力/kg	失效的危害性等级
1	当量间隙重度增长	2 052.17	5 026.17	危害性
	当量间隙中度增长	1 924.147	4 898.147	重大的
	当量间隙轻度增长	1 562.44	4 536.44	重大的
	当量间隙轻度下降	−1 468.57	1 505.432	轻微的
	当量间隙中度下降	−7 149.73	−4 175.73	轻微的
	当量间隙重度下降	−9 021.76	−6 047.76	危害性
2	当量间隙重度增长	−447.849	2 526.151	轻微的
	当量间隙中度增长	−380.329	2 593.671	轻微的
	当量间隙轻度增长	−248.181	2 725.819	轻微的
	当量间隙轻度下降	156.117 4	3 130.117	轻微的
	当量间隙中度下降	235.793 4	3 209.793	轻微的
	当量间隙重度下降	240.888 8	3 214.889	轻微的
3	当量间隙重度增长	−1 421.1	1 552.905	轻微的
	当量间隙中度增长	−1 266.12	1 707.879	轻微的
	当量间隙轻度增长	−919.181	2 054.819	轻微的
	当量间隙轻度下降	998.258 2	3 972.258	轻微的
	当量间隙中度下降	2 266.886	5 240.886	危害性
	当量间隙重度下降	2 625.492	5 599.492	危害性
4	当量间隙重度增长	−711.905	2 262.095	轻微的
	当量间隙中度增长	−667.781	2 306.219	轻微的
	当量间隙轻度增长	−546.978	2 427.022	轻微的
	当量间隙轻度下降	1 354.323	4 328.323	轻微的
	当量间隙中度下降	6 135.781	9 109.781	危害性
	当量间隙重度下降	8 669.291	11 643.29	危害性

篦齿编号	失效模式	轴向力相对变化量/kg	失效后的轴向力/kg	失效的危害性等级
5	当量间隙重度增长	−533.929	2 440.071	轻微的
	当量间隙中度增长	−464.833	2 509.167	轻微的
	当量间隙轻度增长	−321.941	2 652.059	轻微的
	当量间隙轻度下降	298.616 7	3 272.617	轻微的
	当量间隙中度下降	632.369 5	3 606.369	轻微的
	当量间隙重度下降	721.198 3	3 695.198	轻微的
6	当量间隙重度增长	−1 461.26	1 512.739	轻微的
	当量间隙中度增长	−1 184.17	1 789.831	轻微的
	当量间隙轻度增长	−731.584	2 242.416	轻微的
	当量间隙轻度下降	582.649 6	3 556.65	轻微的
	当量间隙中度下降	1 211.448	4 185.448	轻微的
	当量间隙重度下降	1 378.961	4 352.961	轻微的
7	当量间隙重度增长	−7.080 76	2 966.919	轻微的
	当量间隙中度增长	−6.545 61	2 967.454	轻微的
	当量间隙轻度增长	−5.043 67	2 968.956	轻微的
	当量间隙轻度下降	22.802 44	2 996.802	轻微的
	当量间隙中度下降	96.339 95	3 070.34	轻微的
	当量间隙重度下降	133.261 8	3 107.262	轻微的
8	当量间隙重度增长	−5.019 54	2 968.98	轻微的
	当量间隙中度增长	−9.059 13	2 964.941	轻微的
	当量间隙轻度增长	−8.334 94	2 965.665	轻微的
	当量间隙轻度下降	−6.378 55	2 967.621	轻微的
	当量间隙中度下降	22.601 68	2 996.602	轻微的
	当量间隙重度下降	82.419 77	3 056.42	轻微的

　　评估结果表明,1 号、3 号、4 号篦齿是影响高压转子轴向力的最关键敏感篦齿,都能直接导致转子轴向力超过止推轴承承载极限,对发动机产生危害性影响。考虑到止推轴承承受轴向力的极限是 5T,基于该发动机架构建立以"转子

轴向力超过止推轴承承载极限,产生的轴向力大于 5T"为顶事件的 FTA 如图 4.15 所示。

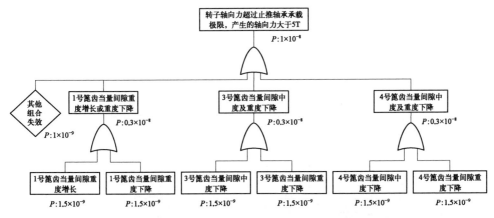

图 4.15　针对初始空气系统架构自上而下的安全性指标分解

(2)确立要求。根据表 4.6 的危害性等级,同时考虑工业水平,为篦齿的任何失效模式分配数值高于 10^{-5} 的概率要求是没有必要的,结合图 4.15 的分析,衍生出更低层面的要求(表 4.7)。

表 4.7　基于初始空气系统架构分配的篦齿失效率指标

篦齿编号	失 效 模 式	分配的失效概率指标	篦齿编号	失 效 模 式	分配的失效概率指标
1	当量间隙重度增长	1.5×10^{-9}	3	当量间隙重度增长	1×10^{-5}
	当量间隙中度增长	1×10^{-5}		当量间隙中度增长	1×10^{-5}
	当量间隙轻度增长	1×10^{-5}		当量间隙轻度增长	1×10^{-5}
	当量间隙轻度下降	1×10^{-5}		当量间隙轻度下降	1×10^{-5}
	当量间隙中度下降	1×10^{-5}		当量间隙中度下降	1.5×10^{-9}
	当量间隙重度下降	1.5×10^{-9}		当量间隙重度下降	1.5×10^{-9}
2	当量间隙重度增长	1×10^{-5}	4	当量间隙重度增长	1×10^{-5}
	当量间隙中度增长	1×10^{-5}		当量间隙中度增长	1×10^{-5}
	当量间隙轻度增长	1×10^{-5}		当量间隙轻度增长	1×10^{-5}
	当量间隙轻度下降	1×10^{-5}		当量间隙轻度下降	1×10^{-5}
	当量间隙中度下降	1×10^{-5}		当量间隙中度下降	1.5×10^{-9}
	当量间隙重度下降	1×10^{-5}		当量间隙重度下降	1.5×10^{-9}

篦齿编号	失 效 模 式	分配的失效概率指标	篦齿编号	失 效 模 式	分配的失效概率指标
5	当量间隙重度增长	1×10^{-5}	7	当量间隙重度增长	1×10^{-5}
	当量间隙中度增长	1×10^{-5}		当量间隙中度增长	1×10^{-5}
	当量间隙轻度增长	1×10^{-5}		当量间隙轻度增长	1×10^{-5}
	当量间隙轻度下降	1×10^{-5}		当量间隙轻度下降	1×10^{-5}
	当量间隙中度下降	1×10^{-5}		当量间隙中度下降	1×10^{-5}
	当量间隙重度下降	1×10^{-5}		当量间隙重度下降	1×10^{-5}
6	当量间隙重度增长	1×10^{-5}	8	当量间隙重度增长	1×10^{-5}
	当量间隙中度增长	1×10^{-5}		当量间隙中度增长	1×10^{-5}
	当量间隙轻度增长	1×10^{-5}		当量间隙轻度增长	1×10^{-5}
	当量间隙轻度下降	1×10^{-5}		当量间隙轻度下降	1×10^{-5}
	当量间隙中度下降	1×10^{-5}		当量间隙中度下降	1×10^{-5}
	当量间隙重度下降	1×10^{-5}		当量间隙重度下降	1×10^{-5}

4. 基于 PSSA 导出安全要求的篦齿设计(以 1 号封严篦齿为例)

篦齿设计者按照表 4.7 中的安全要求开展篦齿安全性设计,设计完成后,对这些篦齿进行 SSA 分析(表 4.8~表 4.10),以确认设计是否达到了 PSSA 阶段导出的安全要求。

(1) 1 号封严篦齿 FMEA。

表 4.8　1 号封严篦齿失效影响类型

失效影响编号	失效影响类型
1	间隙重度增长
2	间隙中度增长
3	间隙轻度增长
4	间隙轻度下降
5	间隙中度下降
6	间隙重度下降
7	无影响

表 4.9　1 号封严篦齿失效模式和影响分析

部件标号	部件类型	故障模式	失效率	故障影响代码	故障影响
C1	篦齿	脱落	X1	1	间隙重度增长
		掉块	X2	2	间隙中度增长
		塑性变形(压缩)	X3	2	间隙中度增长
		塑性变形(拉伸)	X4	5	间隙中度下降

续　表

部件标号	部件类型	故障模式	失效率	故障影响代码	故障影响
C2	封严环	脱落	X5	1	间隙重度增长
		掉块	X6	2	间隙中度增长
		塑性变形（压缩）	X7	5	间隙中度下降
		塑性变形（拉伸）	X8	2	间隙中度增长

（2）1 号封严篦齿 FMES。

表 4.10　1 号封严篦齿失效模式和影响分析摘要

空气系统影响	失　效　率	故 障 原 因	评　　注
间隙重度增长	$X_1 + X_5 = 1 \times 10^{-8}$	篦齿脱落 封严环脱落	可能导致止推轴承失效
间隙中度增长	$X_2 + X_3 + X_6 + X_8 = 8.36 \times 10^{-8}$	篦齿掉块 篦齿塑性变形（压缩） 封严环掉块 封严环塑性变形（拉伸）	显著增加止推轴承载荷
间隙中度下降	$X_4 + X_7 = 6.24 \times 10^{-7}$	篦齿塑性变形（拉伸） 封严环塑性变形（压缩）	显著增加止推轴承载荷

（3）结论。1 号封严篦齿间隙重度增长这一失效模式的发生概率为 10^{-8}，无法满足空气系统 PSSA 阶段故障树分解指标的要求，必须引入设计迭代，通过初步设计阶段空气系统架构的调整来降低高压转子轴向力对关键篦齿间隙的敏感度。

5. 空气系统架构迭代设计

为了降低相关发动机影响对单个篦齿失效的敏感性水平，本部分介绍空气系统架构迭代设计实例。

以上的分析表明，基于航空发动机空气系统初始架构设计（图 4.16），对部分篦齿失效率的指标要求远远超出实际工程技术能力，轴向力超限的功能失效率也根本无法得到保障。因此，空气系统的初始架构设计是不合理的，必须对初步设计阶段空气系统架构的进行优化调整（图 4.17），直至最终轴向力超限的功能失效率被控制在可接受的水平。

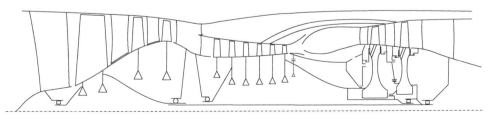

图 4.16　改进前的篦齿布局

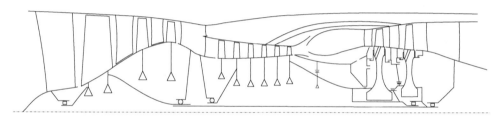

图 4.17   改进后的篦齿布局

对空气系统架构进行优化调整的目标是降低 1 号、3 号、4 号篦齿的敏感性。基本限制条件是保持发动机空气系统的轴向力控制功能和其他基本功能不受影响,也就是保持各支路流量、各腔室压力不变。主要手段是在结构限制范围内,从整机系统的角度,通过综合调整空气系统各篦齿半径和间隙,降低高压轴转子轴向力对篦齿当量间隙变化的敏感性。依据航空发动机一体化模型的寻优分析结果,空气系统的优化改进涉及 1 号、2 号、3 号、4 号、6 号共 5 个篦齿,具体调整措施如表 4.11 所示。

表 4.11   初步设计阶段对空气系统架构进行的设计更改

篦齿编号	改 进 前			改 进 后		
	半径/mm	间隙/mm	间隙/半径比	半径/mm	间隙/mm	间隙/半径比
1	221.4	0.416	0.001 9	180.7	0.510	0.002 8
2	201	0.498	0.002 5	213	0.469	0.002 2
3	110	0.296	0.002 7	132.5	0.246	0.001 9
4	240	0.8	0.003 3	198.5	0.967	0.004 9
5	150	0.45	0.003 0	150	0.45	0.003 0
6	70	0.685	0.009 8	130	0.37	0.002 8
7	240	0.55	0.002 3	240	0.55	0.002 3
8	250	0.8	0.003 2	250	0.8	0.003 2

通过航空发动机一体化模型对优化的空气系统架构下的篦齿敏感性重新进行设计评估,分析结果如表 4.12 所示。可以看出,通过对航空发动机空气系统架构进行优化改进,在空气系统各腔室压力和各支路冷气流量不变的前提下,各篦齿当量间隙变化对高压转子轴向力的影响显著下降。

表 4.12   方案改进后各篦齿在不同失效模式下对高压转子轴向力的影响评估

篦齿编号	失 效 模 式	轴向力相对变化量/kg	失效后的轴向力/kg	失效的危害性等级-轴向力超限视角
1	当量间隙重度增长	−965.207	2 008.793	轻微的
	当量间隙中度增长	−860.762	2 113.238	轻微的

篦齿编号	失 效 模 式	轴向力相对变化量/kg	失效后的轴向力/kg	失效的危害性等级-轴向力超限视角
1	当量间隙轻度增长	−618.606	2 355.394	轻微的
	当量间隙轻度下降	878.507 8	3 852.508	轻微的
	当量间隙中度下降	880.790	3 854.790	轻微的
	当量间隙重度下降	−1 399.29	1 574.711	轻微的
2	当量间隙重度增长	−226.51	2 747.49	轻微的
	当量间隙中度增长	−187.46	2 786.54	轻微的
	当量间隙轻度增长	−114.876	2 859.124	轻微的
	当量间隙轻度下降	34.380 27	3 008.38	轻微的
	当量间隙中度下降	−10.653 8	2 963.346	轻微的
	当量间隙重度下降	−36.673 6	2 937.326	轻微的
3	当量间隙重度增长	−878.442	2 095.558	轻微的
	当量间隙中度增长	−783.178	2 190.822	轻微的
	当量间隙轻度增长	−569.526	2 404.474	轻微的
	当量间隙轻度下降	618.916 8	3 592.917	轻微的
	当量间隙中度下降	1 411.96	4 385.96	轻微的
	当量间隙重度下降	1 637.061	4 611.061	重大的
4	当量间隙重度增长	−168.262	2 805.738	轻微的
	当量间隙中度增长	−158.348	2 815.652	轻微的
	当量间隙轻度增长	−130.829	2 843.171	轻微的
	当量间隙轻度下降	348.028 1	3 322.028	轻微的
	当量间隙中度下降	1 111.93	4 085.93	轻微的
	当量间隙重度下降	2 441.527	5 415.527	危害性
5	当量间隙重度增长	−294.495	2 679.505	轻微的
	当量间隙中度增长	−256.711	2 717.289	轻微的
	当量间隙轻度增长	−178.417	2 795.583	轻微的
	当量间隙轻度下降	164.114 5	3 138.114	轻微的
	当量间隙中度下降	350.061 6	3 324.062	轻微的
	当量间隙重度下降	399.752 7	3 373.753	轻微的
6	当量间隙重度增长	−4.928 08	2 969.072	轻微的
	当量间隙中度增长	−0.566 38	2 973.434	轻微的
	当量间隙轻度增长	35.974 16	3 009.974	轻微的

篦齿编号	失 效 模 式	轴向力相对变化量/kg	失效后的轴向力/kg	失效的危害性等级-轴向力超限视角
6	当量间隙轻度下降	−7.195 73	2 966.804	轻微的
	当量间隙中度下降	38.287 5	3 012.288	轻微的
	当量间隙重度下降	64.405 35	3 038.405	轻微的
7	当量间隙重度增长	3.546 211	2 977.546	轻微的
	当量间隙中度增长	3.283 776	2 977.284	轻微的
	当量间隙轻度增长	2.597 262	2 976.597	轻微的
	当量间隙轻度下降	−2.614 39	2 971.386	轻微的
	当量间隙中度下降	7.775 511	2 981.776	轻微的
	当量间隙重度下降	18.161 18	2 992.161	轻微的
8	当量间隙重度增长	−45.275 5	2 928.724	轻微的
	当量间隙中度增长	−42.395 4	2 931.605	轻微的
	当量间隙轻度增长	−34.573 1	2 939.427	轻微的
	当量间隙轻度下降	78.769 49	3 052.769	轻微的
	当量间隙中度下降	300.104 2	3 274.104	轻微的
	当量间隙重度下降	393.257 3	3 367.257	轻微的

需要说明的是,由于航空发动机是一个强非线性的系统,转子轴向力可能并非篦齿当量间隙单调函数。图 4.18 给出了高压转子轴向力与 1 号篦齿当量间隙之间的关系。可以看出,在空气系统的改进方案中,随着 1 号篦齿当量间隙的变化,

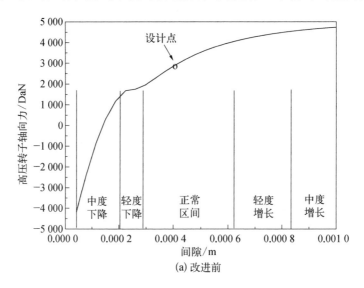

(a) 改进前

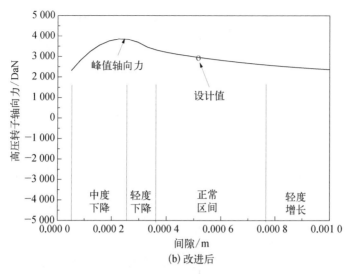

图 4.18　高压转子轴向力与 1 号篦齿当量间隙之间的关系

高压转子峰值轴向力出现在篦齿当量间隙中度下降的区间。因此,在表 4.12 中给出的篦齿敏感性评估数据中,选取高压转子峰值轴向力作为判定 1 号篦齿在当量间隙出现中度下降失效时的危害等级。

图 4.19 给出了针对空气系统改进方案的轴向力控制功能失效的 FTA(忽略 3 个及以上的失效组合)。根据各事件的危害性等级,考虑工业水平和可能的组合失效,结合图 4.19 的分析,衍生出表 4.13 中的更低层面要求。

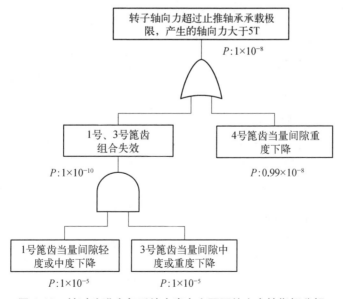

图 4.19　针对改进空气系统方案自上而下的安全性指标分解

表 4.13 基于改进空气系统架构分配的篦齿失效率指标

篦齿编号	失 效 模 式	分配的失效概率指标	现有工艺水平下可实现的篦齿失效概率(示意)
1	当量间隙重度增长	1×10^{-5}	3.68×10^{-6}
	当量间隙中度增长	1×10^{-5}	3.42×10^{-7}
	当量间隙轻度增长	1×10^{-5}	1.71×10^{-6}
	当量间隙轻度下降	1×10^{-5}	1.01×10^{-6}
	当量间隙中度下降	1×10^{-5}	1.69×10^{-6}
	当量间隙重度下降	1×10^{-5}	5.59×10^{-6}
2	当量间隙重度增长	1×10^{-5}	7.01×10^{-7}
	当量间隙中度增长	1×10^{-5}	1.53×10^{-6}
	当量间隙轻度增长	1×10^{-5}	1.53×10^{-6}
	当量间隙轻度下降	1×10^{-5}	3.26×10^{-6}
	当量间隙中度下降	1×10^{-5}	1.31×10^{-6}
	当量间隙重度下降	1×10^{-5}	5.21×10^{-6}
3	当量间隙重度增长	1×10^{-5}	1.42×10^{-6}
	当量间隙中度增长	1×10^{-5}	5.21×10^{-7}
	当量间隙轻度增长	1×10^{-5}	3.32×10^{-6}
	当量间隙轻度下降	1×10^{-5}	4.92×10^{-7}
	当量间隙中度下降	1×10^{-5}	7.30×10^{-7}
	当量间隙重度下降	1×10^{-5}	9.76×10^{-7}
4	当量间隙重度增长	1×10^{-5}	2.36×10^{-7}
	当量间隙中度增长	1×10^{-5}	4.60×10^{-6}
	当量间隙轻度增长	1×10^{-5}	1.47×10^{-6}
	当量间隙轻度下降	1×10^{-5}	1.68×10^{-7}
	当量间隙中度下降	1×10^{-5}	4.69×10^{-8}
	当量间隙重度下降	0.99×10^{-8}	8.52×10^{-9}
5	当量间隙重度增长	1×10^{-5}	5.46×10^{-6}
	当量间隙中度增长	1×10^{-5}	3.80×10^{-7}
	当量间隙轻度增长	1×10^{-5}	1.51×10^{-7}
	当量间隙轻度下降	1×10^{-5}	1.46×10^{-7}
	当量间隙中度下降	1×10^{-5}	1.64×10^{-6}
	当量间隙重度下降	1×10^{-5}	3.46×10^{-7}
6	当量间隙重度增长	1×10^{-5}	6.58×10^{-7}
	当量间隙中度增长	1×10^{-5}	6.42×10^{-6}
	当量间隙轻度增长	1×10^{-5}	3.11×10^{-6}
	当量间隙轻度下降	1×10^{-5}	2.03×10^{-7}

续　表

篦齿编号	失 效 模 式	分配的失效概率指标	现有工艺水平下可实现的篦齿失效概率(示意)
6	当量间隙中度下降	1×10^{-5}	2.06×10^{-7}
	当量间隙重度下降	1×10^{-5}	1.06×10^{-6}
7	当量间隙重度增长	1×10^{-5}	1.94×10^{-7}
	当量间隙中度增长	1×10^{-5}	4.59×10^{-6}
	当量间隙轻度增长	1×10^{-5}	5.59×10^{-7}
	当量间隙轻度下降	1×10^{-5}	2.86×10^{-6}
	当量间隙中度下降	1×10^{-5}	2.95×10^{-6}
	当量间隙重度下降	1×10^{-5}	1.14×10^{-6}
8	当量间隙重度增长	1×10^{-5}	9.07×10^{-7}
	当量间隙中度增长	1×10^{-5}	1.19×10^{-6}
	当量间隙轻度增长	1×10^{-5}	2.28×10^{-7}
	当量间隙轻度下降	1×10^{-5}	1.52×10^{-7}
	当量间隙中度下降	1×10^{-5}	4.46×10^{-7}
	当量间隙重度下降	1×10^{-5}	2.53×10^{-7}

　　篦齿设计者按照表 4.13 中的安全要求开展篦齿安全性设计,设计完成后,对这些篦齿进行 SSA 分析,获得了现有工艺水平下可实现的篦齿失效概率(示意),与安全性指标要求一并列于表 4.13 中。最终通过图 4.20 的故障树确认设计已达到了 PSSA 阶段导出的安全要求。

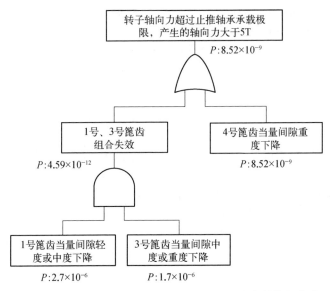

图 4.20　针对改进空气系统方案自下而上的安全性指标集成

6. 空气系统 SSA 结论

现在,已知该设计(限于本例涉及的"转子轴向力超过止推轴承承载极限"风险)能满足在 FHA 中确定的安全性要求。

4.3.3 分析结果及讨论

随着航空发动机技术的快速发展,航空发动机"四强"特性逐步凸显,而"四强"特性给航空发动机安全性研究带来了新的问题,主要包括:强整体导致危害演化全局化、强耦合导致耦合失效突出化、强瞬变导致过渡态危险主导化、强非线性导致容差影响显著化("四化")。

以局部分析、解耦分析、稳态分析、确定性分析为主要特征的失效机理研究和以经验分析为主要特征的系统安全性研究已不足以应对日益突出的"四化"新问题。很难建立航空发动机各类失效或失效组合与后果之间的映射关系。因此,必须建立反映发动机"四强"特征的航空发动机系统安全性分析工具,并开展基于模型的系统安全性分析。

在此背景下,本章分析了系统安全分析技术的六个要素,然后通过系统安全分析实例说明了相关安全性分析技术的应用,并展示了应对航空发动机"四强"趋势的系统安全分析新方法,希望对相关领域的读者有启发。

参考文献

[1] Advisory circular 33. 75 – 1A: Guidance material for 14 CFR §33. 75, safety analysis. Federal Aviation Administration, 2007.

[2] Society of Automotive Engineers. Certification considerations for highly – integrated or complex aircraft systems. ARP 4754. Warrendale, 1996.

[3] Society of Automotive Engineers. Guidelines and methods for conducting the safety assessment process on civil airborne systems and equipment. ARP 4761. Warrendale, 1996.

[4] 丁水汀,邱天. 航空发动机寿命限制件工作边界系统级分析模型. 航空动力学报,2013,28 (7): 1666 – 1674.

[5] ICAO safety report. International Civil Aviation Organization, 2016.

[6] ATA safety report. The International Air Transport Association, 2016.

[7] 刘传凯,姜洪超,李艳茹,等. 航空发动机性能与二次空气系统耦合仿真模型. 航空动力学报,2017,32(7): 1623 – 1630.

[8] 《航空发动机设计手册》总编委会. 航空发动机设计手册:第 16 册 空气系统及传热分析. 北京:航空工业出版社,2001.

第 5 章
航空发动机限寿件安全性六要素分析

在第 1 章中已经指出,航空发动机适航性是通过设计赋予、制造实现、验证表明、审定接受、维护保持的固有属性,而设计赋予承担着设计安全性的实现,因此是上述五大问题的核心。设计安全性的实现,就是要在设计活动中贯彻安全性与适航要求,这就带来了适航条款与设计活动的关系问题,即条款要求如何融入设计活动之中,如何贯彻条款要求,如何表明条款要求的满足等问题。其实从适航规章制定的目的和产生过程本质来看,适航条款本身已经对航空发动机研制的各个设计活动作出了规定,理论上不存在条款要求与设计活动融合贯彻的困难,但是考虑到我国的适航规章 CCAR - 33 部直接借鉴美国 FAR - 33 部,条款要求是与美国的工业水平和技术特点相适应和匹配的,必然与我国的工业水平和技术特点"水土不服";而适航规章作为法律文件,条款要求高度凝练,不经过解耦难以和设计活动建立联系,这也是我国目前最为棘手的难题。

另外,需要指出的是,以系统安全性为基础全流程的安全性控制思想体现在每一个条款要求之中,而适航条款面对的是各个型号的航空发动机研制过程,每一个型号都有其自有的特点,因此条款要求不可能对特定设计活动的功能分析步骤所采用的设计方法给出细节要求,而是通过对设计方法建立流程要求,通过保障设计流程可重复性与一致性有效来实现安全性设计,而这一流程在前面章节已经指出可以概括为"安全性六要素",即设计输入、设计工具、数据库、判定准则、过程控制及设计输出。

同时,在第 3 章中,也已经指出对于 33.70 条款"寿命限制件"[1],由于其对象包括"失效将产生灾难性后果的转子和主要静子部件,如(包括但不限于)盘、隔圈、轮毂、轴、高压机匣和非冗余的安装部件",即包括了航空发动机几乎所有的关键安全件,并与大多数条款具有很强的关联性,影响和作用范围很广,是典型的"全局性"条款。

因此,本章以"全局性" 33.70 条款"寿命限制件"为代表,从"安全性六要素"的角度分析该条款的适航要求与设计活动的关系,即尝试解决通过设计赋予实现安全性设计的问题,其目的是为其余条款在设计活动中如何融入、贯彻、表明条款要求给出示例。

5.1　限寿件寿命评估技术概述

在33.70条款中对限寿件的定义是指"失效将产生灾难性后果的转子和主要静子部件",其中危害性发动机后果为适航条款第33.75条中所列的七种状态中的任意一种:

(1) 非包容的高能碎片;

(2) 客舱用发动机引气中有毒物质浓度足以使机组人员或乘客失去能力;

(3) 与驾驶员命令的推力方向相反的较大的推力;

(4) 不可控火情;

(5) 发动机安装系统失效,导致非故意的发动机脱开;

(6) 如果适用,发动机引起的螺旋桨脱开;

(7) 完全失去发动机停车能力。

限寿件的失效会导致严重飞行事故的发生,因此必须通过执行一系列寿命管理行为来满足限寿件的完整性要求,而33.70条款制定的目的就是给出了完备的一套限寿件的寿命管理系统,从而对设计活动加以约束或强制要求,实现限寿件的设计安全性。该寿命评估体系包括三个阶段或三大计划,即工程计划、制造计划、使用管理计划,三大计划构成了完整的寿命管理系统。本小节将对此加以概述。

5.1.1　三大计划

33.70条款中明确规定,"制造商必须针对所有寿命限制件制定和执行工程计划、制造计划和使用管理计划",下面具体介绍三种计划内容。

1. 工程计划(engineering plan)

英文原文:"A plan that includes the assumptions, technical data and actions required to establish and maintain the life capability of an engine life-limited part. The engineering plan is established and executed as part of the pre and post-certification activities."

翻译:工程计划是一套综合的寿命评估过程和技术,以确保在危害性的发动机影响发生前拆除相关的所有发动机限寿件。这些过程和技术涉及设计、试验验证和审定要求。计划定义了制造过程、现场管理过程以及必须得到控制的零部件属性,以确保零部件在服役期内可达到并维持预定寿命。

2. 制造计划(manufacturing plan)

英文原文:"A plan that identifies the part specific manufacturing process constraints which must be included in the manufacturing definition (drawings, procedures, specifications, etc.) necessary to consistently produce each engine life-limited part with the attributes required by the engineering plan. "

翻译：制造计划是确保零部件寿命性能的完整性过程的一部分。由于在工程计划中，包括关于如何设计、制造、使用和维护发动机限寿件的各种假设，而每种假设均可影响零部件寿命，所以航空发动机制造商有必要确保工程计划要求的属性持续有效，并可通过制造计划来实现。

3. 使用管理计划(service management plan)

英文原文："A plan that defines the in-service maintenance processes and the limitations to repair associated with each engine life-limited part such that the part will maintain the attributes required by the engineering plan. These processes and limitations become part of the ICA. "

翻译：使用管理计划是工程中保持发动机限寿件在其使用期间的完整性的一部分。同样，由于工程计划包括限寿件制造、使用和维护所用的所有假设，其中每个假设都对零部件寿命有影响，因此为确保假设的有效性，需使用管理计划针对使用期间的修理、维护和大修进行约束，以令工程计划中的假设保持一致。

对于上述的三大计划，在 CCAR/FAR – 21 部里明确规定"制造要符合经批准的设计"，"使用维护要保持或不低于设计中经批准的设计状态"；此外，从上述条款中对三大计划的定义可以看出，工程计划包含了一整套的寿命评估过程和技术，而在工程计划的基础上制定相对应的制造计划和使用管理计划(各航空发动机制造商不同)，其目的是保证工程计划所要求的属性以及所用假设的持续有效。因此，工程计划是实现设计安全性的核心，也是设计活动中融合和贯彻 33.70 条款要求的关键所在，以工程计划为"主"，制造计划和使用管理计划为"辅"，从而三大计划间构成了一个闭环系统，将设计、制造和使用维护联系在一起，确保限寿件在整个寿命期间的安全，如图 5.1 所示。

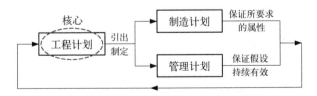

图 5.1　三大计划构成的限寿件的寿命管理闭环系统

5.1.2　工程计划(寿命评估体系)

1. 寿命评估体系的基本步骤和典型流程[2]

工程计划的核心是提出了完备的限寿件的寿命评估体系，其包含的基本步骤和典型流程如图 5.2 和图 5.3 所示，在设计活动中按照该寿命评估体系执行适航要求,保证的是最低限度的设计安全性水平。

1)基本步骤

对于基本步骤(图 5.2),在工程规划的实际实施过程中主要包含 4 个部分:应当首先进行限寿件的确定,然后针对确定的限寿件进行寿命分析,之后对寿命分析的结果进行认证,最后进行实际使用过程中限寿件运行条件与寿命分析中所采用的条件的符合性验证,即批准寿命的维持。这样可以确保对每一个限寿件的设计活动,都可以追溯其历史,评价结果的合理性;同时也可以甄别关键技术,也就是在流程中最易于出现错误,亟待改进的步骤。

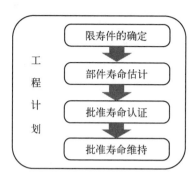

图 5.2 工程计划的 4 个基本步骤

2)典型流程

对于典型流程(图 5.3),在工程计划的实施过程中主要包含 6 个核心设计活动。

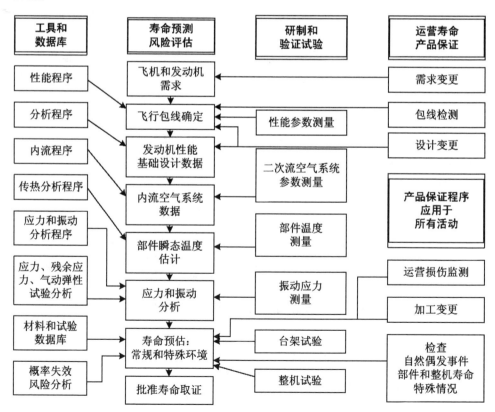

图 5.3 航空发动机限寿件寿命评估流程

（1）飞行剖面的制定：为了制定限寿件的寿命，需要根据预定用途预测发动机的飞行剖面及相应的飞行阶段。实际剖面可能不同于最初的预测，会造成安全寿命的改变或降低，在不能获得足够的航空器运行信息，尤其是早期的航空器的运行信息时，适航性设计通常以保守预期作为确定飞行剖面的依据。

（2）性能分析：通过针对航空发动机的性能分析和空气系统分析，确定限寿件的内部性能参数，如转速、内压等，以及流路的级间数据，包括气体温度、压力和质量流量等，以作为后面结构分析的边界条件。

（3）空气系统分析：通过空气动力学设计和内流分析，确定限寿件在飞行剖面各阶段的稳态和瞬态温度，以确定飞行剖面的完整温度曲线。

（4）热应力与结构应力分析：采用应力分析技术，建立计算模型，确定在限寿件各个寿命限制部位的循环应力和应变，并确定能够评估整个飞行循环中转子转速、机械和压力载荷、热梯度、装配预载荷及部件装配载荷的变化带来的影响，其中应特别关注应力集中部位如过渡圆角、孔、截面改变处、安装榫槽等。

（5）寿命分析：结合材料数据，确定限寿件的低周疲劳寿命，即限寿件的预测寿命。由于限寿件多为高转速复杂载荷作用下的零部件，确定寿命的主要依据为限寿件的裂纹萌生寿命。需要采用应力-应变、温度历程与合适的材料及循环疲劳测试数据相结合的程序，来制定最差特性零部件的低周疲劳裂纹萌生寿命。另外，还需要考虑塑性变形和蠕变带来的影响。在适航设计中，考虑到必然存在的数据分散度，应当采用合适的统计方法来减少使用的试验数据，试验数据应当用可接受的零部件风险等级来表示。

（6）寿命预估：针对限寿件，应开展适当的损伤容限评估，以尽可能降低零部件在批准寿命期内因材料、加工和使用引起的缺陷导致失效的可能性。

2. 寿命评估体系的符合性方法概括

按照图 5.3 限寿件寿命评估流程中所述的设计和验证活动，一般而言，FAR 33.70 条款工程计划的符合性方法可以概括为 8 种，如表 5.1 所示。其中，有关表中符合性方法定义已在前面给出，在此不再赘述（方法栏对应的方法全称及中文解释详见附录 A）。

表 5.1　寿命评估体系（工程计划）的符合性方法概括

主　题	适　用		方　法	简　述
	是	否		
工程计划	√		D	提交关于完整工程计划的报告
限寿件的确定	√		A,M,D	提交关于发动机型号设计限寿件的分析报告
部件寿命的确定	√		I,ST,RT,CT,ET,A,M	对所有由 ECLP 2011 确定的限寿件进行分析并确定其寿命

续　表

主　题	适　用		方　法	简　述
	是	否		
批准寿命的认证	√		D	提交 ECLP 2022 的认证报告
批准寿命的维持	√		I,D	定期提交关于确定批准寿命的运行条件持续适用性的报告

5.1.3　寿命评估体系包含的技术方法

对于限寿件寿命评估体系符合性方法背后的详细技术方法,FAR 33.70 条款本身的要求高度凝练和抽象,因此必须结合对应的适航咨询通告 AC 33.70-1[2]、AC 33.14[3]、AC 33.70-2[4] 中的技术解释、说明,以及其他相关条款如 FAR 33.15[5] 的技术资料、工业标准、工业方资料、设计活动的经验累积等加以综合分析确定。一般而言,按照寿命评估体系流程中的 6 个核心设计活动,FAR 33.70 条款工程计划常用的技术方法可以概括为以下几个方面。

1. 飞行剖面的确定

飞行剖面的确定是限寿件寿命评估体系流程中的第一步,其目的是为后续的设计活动(性能分析、空气系统分析、热分析、应力分析)提供输入条件。第 4 章已经对飞行剖面给出了详细的定义,在此不再赘述。但是,对于限寿件寿命评估流程,AC 33.70 明确指出所使用的飞行剖面应是每一个飞行阶段的功率需求;且各个飞行阶段的持续时间应与限制设备变量(如飞机重量、爬升率等)相对应,如图5.4 所示。因此,在航空器运营前,应当根据营运人的预定用途预测飞行剖面及相

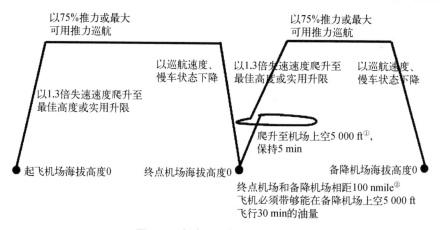

图 5.4　发动机的典型飞行剖面

---

①　1 ft=0.304 8 m;

②　1 nmile=1.852 km。

应的飞行阶段,并要求航空器制造人与可能的营运人相互配合;在运营期间,可记录实际的飞行剖面。实际剖面可能不同于最初的预测,这将造成安全寿命的改变或缩短,因此应当采用保守的、建立在实际使用的全额定功率基础上的剖面。当发动机制造人不能获得足够的航空器运营信息,尤其是早期的航空器的运营信息时,应当以保守预期作为确定飞行剖面的依据。

2. 性能分析

性能分析的主要目的是针对各个飞行阶段,确定其对应的发动机内部性能参数,即转子转速、内压和温度等。性能分析还需要充分考虑生产容差、控制容差、装配容差以及重要的大修间隔期内可能发生的发动机劣化来进行调整。同时,还应当考虑发动机运营期间经历的环境温度的范围和起飞海拔条件,以及发动机冷、热启动所带来的影响。

1) 性能分析数据需求

为了能够准确模拟发动机的内部参数在飞行剖面内随时间的变化规律,在开展性能分析工作之前必须获得数据包括,但不限于以下各项:

(1) 发动机的全部设计点气动参数;

(2) 风扇(或低压压气机)、高压压气机的试验特性,高压和低压涡轮的试验特性,燃烧室试验特性以及经验证的各发动机部件的损失特性曲线;

(3) 发动机高压和低压转子转动惯量,如果是三轴发动机,还应包括中压转子的转动惯量;

(4) 发动机各主要部件,如压气机、涡轮、燃烧室、加力燃烧室、喷管的流道尺寸及其容积;

(5) 发动机的主燃油调节规律和加力燃油调节规律;

(6) 发动机的加速和减速供油规律;

(7) 发动机飞行剖面内飞行马赫数、飞行高度,以及功率需求随时间的变化规律;

(8) 发动机可调收扩喷口的调节规律,包括瞬态喷口调节规律;

(9) 风扇进口可变弯度叶片以及高压压气机的可调静子叶片的调节规律以及这些可变几何调节部件的转角对部件特性,如压力、效率和流量的影响的试验特性曲线;

(10) 发动机在飞行包线范围内的典型工作状态的高空台试验特性(加速性,减速性,发动机各截面参数,包括总压,总温,流量等);

(11) 发动机各部件的质量、材料及其热物性(导热系数和热容量),暴露在气流中的部件表面的总面积。

(12) 各转动部件,如压气机和涡轮的叶尖间隙及其与漏气量、效率的关系。

2）性能分析模型

发动机性能分析的主要目的是将预期飞行剖面内随时间变化的功率或推力需求转化为发动机内部参数随时间的演化历程,作为空气系统分析的边界输入。

根据航空发动机其物理结构和功能特点,目前工程上使用的性能分析模型一般将发动机分解成一些基本的典型部件(进气道、风扇、外涵道、压气机、燃烧室、涡轮、尾喷管等),各部件的工质运动过程遵守基本守恒定律(质量守恒、能量守恒和动量守恒),工质的状态参数满足工质热力性质函数关系。同时,遵循流量连续、压力平衡、功率平衡等基本物理定律确定各部件之间必须遵循气动热力学与转子动力学的一系列共同工作条件,建立对应发动机架构下的非线性共同工作方程组,并进行数值迭代求解。

将部件整合形成发动机非线性性能模型的思路是:在已知发动机各部件的特性,并给定发动机调节规律的情况下,把飞行条件输入到发动机进口节点,按发动机的部件顺序,逐个地把信息传到每个部件的进口节点,当一个部件计算完成后,其出口气流参数及某些部件特性传递到下一个节点,这样就完成了从进气道到尾喷管的发动机性能参数计算过程。把上一个部件的出口节点和下一个部件进口节点连接起来可以画出通过发动机的功率和气流通道。以几何不可调混合排气涡扇发动机为例,部件之间的基本的共同工作关系可由下列共同工作方程表示。这些共同工作方程的具体求解方法见文献[6]。

（1）风扇转子功率平衡方程。

（2）高压转子功率平衡方程。

（3）高压涡轮进口流量连续。

（4）低压涡轮进口流量连续。

（5）混合器进出口内、外涵静压相等。

（6）尾喷管流量连续。

对于分别排气涡扇发动机,因为没有混合器,所以检验方程不包括(5),但需要针对内涵、外涵喷管分别建立方程(6),检验方程总数仍然是6个;对于双转子涡喷发动机,同样因为没有混合器,所以检验方程是方程(1)~方程(4)、方程(6),共5个;对于单转子涡喷发动机检验方程是方程(1)、方程(3)、方程(6),共3个。如果给出了确定的调节规律和飞行状态,满足此共同工作方程组的情况对应了发动机的一个共同工作点,也即发动机部件处于共同工作状态(包括稳态与动态),进而可以获得发动机工作时的状态参数。

通常情况下,对于以获取整机性能参数为目标的性能仿真分析,基于上述绝热假设的性能模型已经可以获得较高的预测精度。但是,对于限寿件寿命评估而言,发动机衰变、部件工艺、控制精度,以及过渡过程传热等因素的劣化组合所造成的载荷偏差,及其对限寿件寿命的影响不容忽视。因此,在图5.5所示的部件典型功

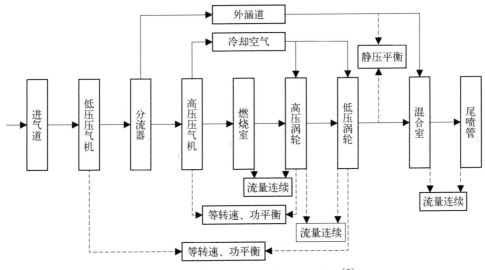

图 5.5　发动机部件之间的共同工作关系[7]

能工作关系的基础上,根据限寿件寿命分析需求,性能分析过程还应该模化并验证的影响因素包括但不限于以下各项:

(1) 部件容积效应;

(2) 空气系统引气/汇流比例的动态变化;

(3) 寿命期内部件特性的衰变;

(4) 风扇、压气机、涡轮动间隙的影响;

(5) 主要部件非稳态换热及其热容的影响;

(6) 风扇进口可变弯度叶片以及高压压气机的可调静子叶片的调节规律以及这些可变几何调节部件的转角对部件特性,如压力、效率和流量的影响的试验特性曲线;

(7) 风扇进口可变弯度叶片以及高压压气机的可调静子叶片的控制偏差。

3) 性能分析输出

发动机性能分析模型需要考虑最劣化的部件容差组合和寿命期内最大的性能衰变。性能分析的输入条件必须包含发动机完整飞行循环的不同飞行阶段,以及各飞行阶段之间的瞬变过程。从保守设计的角度,应当对发动机冷、热启动等极端瞬变过程进行充分评估。性能分析的输出包括,但不限于以下项目:

(1) 发动机高压转子、低压转子、中压转子(如果有)转速变化历程;

(2) 所有空气系统引气、排气截面的总压、总温的变化历程;

(3) 压气机、涡轮进出口截面的总压、总温变化历程(为压气机、涡轮的气动计算提供必要的边界条件,作为空气系统分析的输入);

(4) 发动机工艺容差、控制容差、过渡过程容积效应、换热、引气、间隙变化等因素对(1)~(3)的相对影响。

3. 空气系统分析

空气系统分析的目的是确定、控制和保证发动机限寿件及有关系统在整个发动机飞行剖面内具有满足要求的内部工作环境及热状态,以保证发动机在寿命期内安全可靠工作。从限寿件寿命评估的角度,空气系统分析的主要任务是:对发动机空气系统在整个飞行剖面下的流体动力计算分析,确定系统流路沿程气动参数(压力、温度与流量等)。为了准确获得空气系统温度和几何边界条件,空气系统分析通常要与发动机的热分析和结构分析相结合,对发动机限寿件和其他主要零件在整个飞行剖面内的稳态和瞬态的换热与温度场以及几何形变进行耦合模拟。

1) 准则和要求

在空气系统设计中规定计算的或测量的设计参数称为关键参数。设计准则就是规定了关键参数的限定值。如果超过该值,则会导致空气系统完不成规定的功能,使发动机内部工作环境不能保证限寿件安全可靠工作。根据空气系统的功能及其发动机相关总体、部件与系统的综合影响,空气系统的主要设计准则和要求如下。

(1)在发动机工作包线范围内,空气系统承担的冷却与温控的限寿件的最高温度和最大温差在允许范围内,既满足强度标准和型号规范规定的持久强度寿命和低循环疲劳寿命对相应零件的温度场要求。

(2)保证发动机在工作包线内,在转子与静子之间对燃气的可靠封严,防止燃气从主通道向发动机内部泄露。为此,通过静转子之间最外层封严环的冷却空气供给流量必须大于防止燃气侵入的最小流量,即临界闭锁空气流量。

(3)空气系统相关腔室压力状态必须满足发动机转子推力平衡的要求:① 在全部正常工作循环范围内的载荷,必须保证止推轴承有足够可靠工作空间;② 满足止推轴承的最小负载限制要求,以便防止滚珠在跑道上产生破坏性打滑;③ 在整个工作包线范围内,止推轴承的轴向载荷不能改变方向。

(4)冷却空气需求流量和封严气体的泄露流量不能超过发动机设计规定的限制值。通常该限制值由总体热力与气动性能计算分析经同有关部件和系统协调后输出。

(5)在完成设计功能和可靠工作的前提下,须尽量减少发动机总体与部件性能损失,这里除限制冷气流量外,还必须减少空气沿流程损失和选择初压尽量低的空气做冷却介质。另外尽量减少空气流动引起的附加损失,正确选择冷气的出流位置和方式,降低冷气在主通道内与燃气混合对主流的不利影响等。

(6)在发动机整个寿命期内,空气系统工作可靠。

(7)空气系统的结构应同相关的发动机总体及各部件结构紧密结合与协调,

构件简单,具有良好的工艺性。

（8）发动机应采取专门的技术措施面对空气系统提出的特定功能与要求,如果采取先进的刷式的封严法和主动间隙控制,就需要满足转子与静子合适的热响应特性等。

2）分析计算流程

空气系统设计分析的最终目标时获得满足限寿件工作环境要求的空气系统流路网络,结构和几何尺寸以及空气沿流路的流动参数,即空气的压力、温度和流量（或速度）等。一般,分析过程分成若干阶段并纳入发动机整个设计研制网络。而随着设计和分析工作的进展,同专业相关（如总体与部件的气动计算,零件的热分析计算,强度与寿命计算和滑油系统计算等）的空气系统设计内容也逐渐深入与扩大,为满足各项准则的考虑愈趋周密,计算分析的模型也逐渐完善,同时结合相应的试验研究,最终在技术设计阶段得出的详细结构方案的基础上,得到分析结果。

（1）一般,典型的空气系统分析的原始输入条件有：① 发动机飞行剖面,包括设计点状态和不同飞行阶段下随时间变化总体气动热力参数；② 总体方案结构和基本几何参数、空气系统在设计点状态允许最大引气流量（冷却空气流量,泄露空气流量等）；③ 压气机 S2 流面气动参数在飞行剖面内的演化过程及结构几何参数；④ 燃烧室二股气流沿程气动参数（压力与温度）分布的演化过程；燃烧室出口燃气峰值温度分布系数（OTDF）和周向平均温度分布系数（RTDF）；⑤ 涡轮 S1 和 S2 流面气动参数及结构几何参数的演化过程；⑥ 主要零件材料力学与物理性能数据：流动介质物理性能数据。

（2）典型的空气系统分析计算流程如图 5.6 所示。

首先根据技术设计得出的空气系统方案结构与流动参数数据,划分节流与换热单元,对认为必要做的单元做单元模型的流动与流阻试验研究和换热试验研究,得出各单元相应的流动规律与流阻特性关系和边界换热准则公式。并通过流阻系数和转子系统流动计算获得更准确的流阻系数和局部转子腔室的更详细的流体动力计算结果（通常采用数值流体力学计算方法）,主要是介质的压力与温度分布。

其次,对于已制成发动机（或验证机）,所以必须进行空气系统腔温、腔压与主要零件壁温的专项测量试车,获得空气系统在发动机设计状态下可测量腔室的压力与温度以及零件的壁温,然后利用流阻系数和转子系统流动计算获得和专项试车测量结果作为原始数据进行空气系统的流体分布计算,并获得系统各流路沿程的压力与温度和流量分配数据,继而对主要零件做出温度验算。

在获得与原技术设计阶段得到的空气系统相应流动参数和壁温误差比较分析后,做出理论计算与试验验证计算误差对强度与寿命的影响分析,如果影响不大即

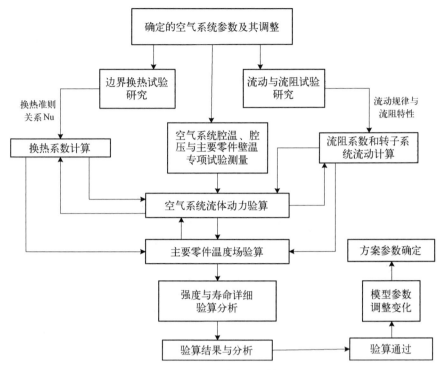

图 5.6　空气系统分析计算流程

可直接对空气系统的流路气动参数及主要零件壁温进行参数调整与修正,最终予以标定;若影响较大,则应在壁温验算基础上,继续重复详细设计阶段后续的强度与寿命验算分析,直到满足全部设计准则为止,然后根据验算结果参数的调整与修正,最终将空气系统结构几何尺寸和沿程流动参数标定。在空气系统方案参数完全确定以后,需要针对全飞行剖面下空气系统网络的流动参数的变化历程进行分析,并设计专门的模拟试验进行验证。空气系统分析程序应当采用经验证的模型或保守评估方法,对空气系统关键结构参数偏差概率的影响,以及过渡过程主要腔室容积效应、非稳态换热、篦齿动间隙等瞬变因素对限寿件载荷影响进行合理评估。

3) 分析结果

空气系统分析的主要输出是提供了发动机限寿件热分析和结构分析的边界条件。输出结果为空气系统的内部参数,需要针对完整飞行剖面采用分析和经验的工程流程来确定。空气系统分析的结果包括,但不限于以下项目:

(1) 在全飞行剖面不同飞行阶段空气系统各腔室(包括旋转盘腔)的压力、温度的演化历程;

(2) 在全飞行剖面不同飞行阶段空气系统各节流元件,包括管路气体的温度、流量演化历程。

4. 热分析

限寿件热分析作为限寿件寿命评估体系的重要环节,根据 33.70[2-4] 条款限寿件寿命技术内涵要求,需明确热分析的方法、相应工具、数据库、准则关系式、分析流程、交付物等,使限寿件热分析研究本身形成完整的闭环,为发动机限寿件的应力、振动分析及寿命预测提供完整的温度预估数据输入。

限寿件热分析设计处于总体气动热力循环方案确定、部件初步设计结束之后,应力分析、寿命分析之前;因此,限寿件热分析工作是为部件寿命预估、结构完整性、发动机定型及性能优化提供构件的温度预估数据。目前限寿件热分析主要通过理论和计算分析及试验验证对限寿件温度分布加以验证。

当前,FAA 认证的热分析计算程序主要根据限寿件的工作状况、周围热环境状况、限寿件设计的可行性论证阶段、方案设计阶段、技术设计阶段和详细设计不同阶段,建立部件的热平衡模型(一维、二维、三维),利用实测数据或空气系统、气动性能的流动换热数据库,进行不同深度的部件热分析研究工作。目前,限寿件的热分析技术符合性验证主要为理论分析计算与实测技术两部分。

(1) 限寿件的温度计算分析评估技术主要包括: ① 热平衡物理模型建立; ② 基础数据库构建;③ 限寿件温度分布;④ 制定发动机条件下的限寿件温度。

(2) 限寿件的实测温度评估技术主要包括: ① 试验物理模型建立;② 试验测试方案构建;③ 限寿件边界流动换热特性基础试验;④ 限寿件试验器综合试验及发动机真实环境试车试验。

5. 结构与振动分析

涡轮盘在结构设计中,也要考虑由于叶盘结构的耦合振动带来的风险。当转子叶片在不均匀的流场中转动时,会受到交变载荷,其频率等于上游障碍物数(扰流柱、火焰筒、导叶等)乘以发动机的转速,此频率及其谐波频率即为叶片所受的激振力频率。当其中任意一阶谐波频率与叶片的固有频率相等时,就会发生共振。发生共振的发动机转速称为共振转速,可由 Campbell 图来确定。增加阻尼是降低振动响应、防止振动疲劳失效的重要方法之一。美国国家涡轮发动机高循环疲劳科学与技术(National Turbine Engine High Cycle Fatigue Science & Technology)计划和综合高性能涡轮发动机技术(Integrated High Performance Turbine Engine Technology, IHPTET)计划提出,在涡轮发动机部件中有应用前景的四种被动阻尼技术,分别是干摩擦阻尼、夹层阻尼、颗粒阻尼和气膜阻尼。

6. 寿命预估

发动机限寿件分为转子部件和静止部件。转子部件通常主要受到离心载荷和由温度梯度产生的热应力,其次受到各种压力载荷;对于静止部件,有一部分主要承受压力载荷作用,这就造成确定转子部件和受压力载荷作用的静止部件的寿命限制时的依据不同。对转子部件而言,将裂纹萌生寿命作为其寿命;而对受压力载荷作用的静止件而言,将裂纹萌生寿命与部分残余裂纹扩展寿命之和作为其寿命。

1) 寿命分析要求

在确定限寿件的寿命时应根据限寿件的类型,结合限寿件的工作条件,从破坏机理出发,选择适当的确定寿命的方法。通常确定寿命的方法包括计算分析方法和(或)试验方法。确定限寿件寿命的方法应综合以下因素(但不限于): ① 疲劳; ② 振动;③ 蠕变和断裂;④ 腐蚀;⑤ 热屈曲;⑥ 由于制造、装配等造成的残余应力等。

当采用计算分析的方法确定限寿件寿命时,计算模型应依据实验室试验、子部件或部件试验数据建立。

当采用试验的方法确定限寿件的寿命时,对于部件的特征部位的温度和应力,试验条件下应能代表发动机的真实工作情况,特征部位是指如试验部件的孔或叶片接触部位等这样的位置。对发动机真实环境与试验条件之间的差异进行分析,并用适当的方法对这些差异进行修正。

当采用计算分析预测部件寿命时,要考虑材料的分散性,采用最小寿命曲线进行寿命预测给出寿命裕度。当采用试验方法给出寿命时,也要考虑部件试验带来的寿命分散性,采用适当统计方法来处理试验数据。

2) 寿命分析方法

针对确定寿命的适航要求,结合英国军用标准 00 – 970 Part 11[8] 及相关文献资料[2-4],总结几种确定寿命的方法,下面分别予以介绍。

(1) 安全寿命方法。安全寿命方法用于将裂纹萌生寿命作为寿命限制的部件,是涡轮盘等转子部件常采用的确定寿命的方法,以下重点介绍采用该方法确定寿命的步骤。

安全寿命方法要求部件在发生不安全状态之前将部件更换下来,而这种不安全状态指的是萌生裂纹,因此安全寿命方法用于那些将裂纹萌生寿命作为其寿命限制的部件。工程上将产生"第一条工程裂纹"作为达到裂纹萌生寿命的标志,这一裂纹的尺寸为: 表面长 0.75 mm(0.030 in),深 0.375 mm(0.015 in)。考虑到寿命的分散性,在给出限寿件的寿命时同时要求具有一定的可靠度,对于涡轮盘这样的关键件,通常安全寿命定义为: 存活率在 $P = 99.87\%$ 下产生第一条工程裂纹的循环数。对于限寿件,通常主要受到低循环疲劳(LCF),但同时受到蠕变、振动等其他损伤,因此这一安全寿命的确定是以低循环疲劳损伤为主,同时考虑蠕变、振动等其他损伤的影响。

安全寿命方法确定部件的寿命包含两个手段: ① 计算分析手段;② 部件试验手段。

(2) Databank 方法。与安全寿命方法不同,Databank 方法是直接将限寿件关键部位的应力温度等信息输入材料数据库中计算得到其寿命,而不是通过试验的方法得到寿命。安全寿命法的一个主要缺点是寿命曲线只能归类同种结构形式或结构特征试样的实验结果,而 Databank 方法则可对同种材料各种形状或结构特征的所有实验结果归一化,因此,增加了寿命预测的置信度。

Databank 方法的基础是断裂力学,通过对每个试验结果进行分析,采用断裂力学方法计算得到对应于每个试验结果的有效初始缺陷(EIFS),这样就会得到一系列的 EIFS,通过对 EIFS 分布的分析进而得到一定可靠度下的 EIFS。在进行寿命预测时,将部件关键部位的应力温度等信息输入 EIFS 数据库,进而得到其寿命。

(3) 损伤容限方法。航空发动机的使用经验已经证实,材料、加工及使用引起的缺陷确实存在,并且这些缺陷具有降低寿命限制件结构完整性的潜在可能。通过适当的损伤容限评估,尽可能降低零部件在批准寿命期内因材料、加工和使用引起的缺陷导致失效的可能性。

损伤容限方法并不是对前两种方法的代替,而是对前两种方法的补充。对于限寿件的一些特殊关键部位,通常是与前两种方法相结合来建立限寿件的寿命。

(4) 视情退役(retirement for cause)方法。采用安全寿命方法确定的寿命,通常要求具有 99.87% 的可靠度,即认为 1 000 个结构件中有 1 个达到破坏,其他 999 个都将退役,但实际这些结构件仍有可观的裂纹扩展寿命,对于涡轮盘这样造价昂贵的部件,会产生较大的经济浪费。因此,RFC 方法得到发展,并主要应用于涡轮盘。这样可充分利用盘的裂纹扩展剩余寿命,克服以"第一条工程裂纹"为准则的安全寿命方法所具有的过度保守的定寿思想的缺点。RFC 方法不是安全寿命方法的替代,而是延伸。它采用断裂力学的理论体系,分析盘上断裂关键部位的裂纹扩展寿命,确定任务循环和检验周期。目前该方法已成功地应用于美国一批航空发动机的延寿,并取得了巨大的经济效益。

采用 RFC 方法的一个关键技术是建立一种预测裂纹萌生和扩展的概率方法。当采用概率方法时,一般不能得到解析解,所以要采用计算模拟的技术。从技术上来看,主要有如下几个部分:① 材料初始质量(缺陷分布);② 裂纹萌生模型;③ 裂纹扩展模型;④ 裂纹扩展概率变化;⑤ 概率应力模型;⑥ 发动机用法和载荷;⑦ NDE 的能力。

3) 概率失效风险分析技术

传统的安全寿命管理方法将某一存活率下(通常为 99.87% 或 99.99%)零部件萌生规定长度裂纹所需的循环数定义为部件的批准寿命,通过限制使用寿命的方法来保障发动机限寿件的安全性,取得了良好的效果。但在处理载荷、工作环境和材料等参数的随机性对发动机限寿件安全性的影响方面,传统方法存在一些不足[9-11]。

一方面,对于部件工作环境与载荷条件的随机性,传统的轮盘失效分析采用确定性方法,假设这些条件都可以被完整和正确地描述,然而实际加工中零部件的材料和尺寸容差、运行时环境条件和载荷的不确定通常难以得到完整和足够正确的描述,因此,确定性的失效分析难以准确反映飞行中航空发动机的实际运行状态,甚至会由于缺乏关键信息而不能正确地确定安全系数,在这些情况下,采用传统方法分析轮盘安全性会产生较大偏差。

另一方面,大量的发动机使用经验表明部件的材料和加工缺陷是客观存在的,但是这些缺陷的存在概率较小,不能完全在实验室抽样试验中反映出来,因此安全寿命方法难以对其进行描述,一般是通过假设部件不存在缺陷的方式来处理。然而,1989 年苏城空难[12]和 1996 年潘城空难[13]正是由这些极少概率存在的缺陷而引起的严重飞行事故,如图 5.7 所示。事实表明,对于存在缺陷的情况,传统方法并不适用。因此,为克服传统安全寿命管理方法的缺点,进一步地提高发动机限寿件的安全性,避免灾难性飞行事故的发生,就必须发展能够定量分析参数随机性和缺陷分布对部件安全性影响的方法——概率风险评估方法。通过对随机性和缺陷分布的定量分析,概率风险评估可以在不具备完整描述的条件下更加准确地反映发动机部件的实际运行状态,预测预期的飞行事故率,进而通过控制发动机危害性影响事件率,从根本上提高部件使用寿命期内的安全性。此外,概率风险评估还可以确保发动机限寿件在零部件的设计阶段就可以预测其满足适航规章相关的失效概率要求,并给出推荐的发动机限寿件的检查间隔,降低实际运行中发动机危害性影响发生的概率。因此,FAA 积极倡导概率风险评估在民用航空领域的应用,并取得了显著的效果,不仅如此,近年来,概率风险评估在提高发动机安全性方面的作用也逐渐被军用航空认识和肯定,并且在最新的军用标准中有所体现。

(a) 材料缺陷导致苏城空难　　　　　　　(b) 加工缺陷导致潘城空难

图 5.7　由缺陷导致的飞行事故

限寿件的概率失效风险评估较为复杂,其技术详细介绍将在5.1.4小节中独立阐述。

5.1.4　寿命评估体系(工程计划)对传统设计活动的补充要求

对于图5.3所示的33.70条款中,工程计划所给出的航空发动机限寿件完整寿命评估流程,已经对设计活动的关键步骤及各个阶段的设计工作作出了要求或强制规定,理论上不存在条款要求与设计活动的贯彻困难。但是,如前所述,33.70条款的制定是与美国工业水平和技术特点相适应和匹配的,必然与我国的航空发动机设计活动存在差异或我国开展的传统设计工作不足以表明条款的符合性,因此为便于我国航空工业界融合贯彻条款要求,本小节将揭示33.70条款寿命评估体系(工程计划)与传统设计活动的差异性,明确适航补充要求。

对此,在之前章节中已经指出设计流程可以通过"安全性六要素"加以解耦并与设计活动融合,因此对于寿命评估体系(工程计划)对传统设计活动的补充要求,同样从"六要素",即设计输入(或输入数据)、设计工具(或分析工具)、数据库、判定准则、过程控制(或流程控制)及设计输出(或输出数据)加以概括,如图5.8所示。

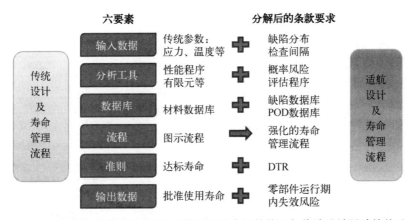

图5.8　通过"六要素"反映的限寿件适航寿命评估体系与传统设计活动的关系

其中,适航性设计不是改变传统的部件设计体系(图5.4),而是通过安全性与适航性设计分析将条款要求向部件设计分解,转化为具体要求,并在设计中加以应用。例如,对于部件的功能评价方面,安全性与适航性设计具有直接的要求。相对于传统设计关注性能和效率等方面,安全性与适航性设计主要关注安全性,其原因在于适航条款实际上是航空发动机的最低安全标准。以涡轮盘腔为例,适航条款规定轮盘预期运行寿命期内的失效风险必须满足DTR要求,这是一个典型的安全性指标。因此,实际上是为传统的涡轮盘腔设计的功能评价增加了一个评价指标,直接改变了其设计需求,从而影响了设计流程。

因此,对于航空发动机部件设计,设计的一般流程是相同的,安全性下的适航性设计与传统设计的区别在于实际部件设计流程中各步所采用的要求、指标与方法等。针对部件设计的安全性设计分析,就是通过引入与分解适航性要求,完善传统部件设计的评价指标,发展或完善分析方法,改进设计流程,最终通过贯彻部件的适航性设计,保障产品的安全性。

同时,图5.3结合图5.4也表明,为实现在限寿件设计阶段的安全性,应依据适航规章具体条款的分解要求,对产品设计每一活动项目给出相关的详细要求;而按照"六要素"制定设计分析的流程方法,可以非常直观地促使航空工业界理解条款要求与设计活动的贯彻和融合方法,使得所设计产品符合具体条款的要求,所以证明是一种有效的解耦方法。

5.2   限寿件寿命评估的输入、输出、流程控制及判定准则

由于"安全性六要素"被证明是条款的有效解耦方法,其可以非常直观地表明条款要求与设计活动的贯彻和融合方法,因此,本章按照"安全性六要素"的分解形式,以及5.1.2小节中所述的寿命评估体系,尤其是典型设计流程中的四个基本步骤(图5.2)和六个核心设计活动(图5.9及5.1.2小节所述)加以解耦分析,其目的是便于我国航空工业界建立融合33.70条款要求的、限寿件基于全流程控制的安全性设计体系。同时,也为其他设计类条款在设计活动中的贯彻给出参考示例。

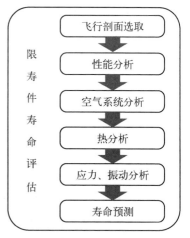

图 5.9   限寿件寿命评估的核心设计活动[2]

5.2.1   限寿件寿命评估的输入及输出

1. 输入的具体内容与形式分析

总体上,对于设计输入,一般要考虑所有运行条件及实际影响,并表明数据的合理性和置信空间,以及数据来源的可追溯性。

对于设计活动,输入往往表现为一维或二维的工程数据,来源一般为数据缩放(DZ)、工程经验(E)、类比分析(S),因此必须用分析的方法表明三种方法的实际影响。

对于数值仿真,其初始条件和边界条件,一般来源于总体性能、空气系统等上游信息,因此必须表明初始及边界条件假设依据及实际差异性。

对于试验验证,输入表现为工程设计和数值仿真的结果,因此需要在试验大纲

中表明试验状态与设计状态的差异性。

1) 设计活动的输入分析

对于具体的各项设计活动,设计输入的要求和内涵可概括如下。

(1) 飞行剖面。输入: 在确定飞行剖面的过程中,应当尽可能准确地以营运人的预期用途作为输入条件。如果发动机制造人不能获得足够的航空器运营信息,就会造成实际剖面与预期剖面的较大差异。在这种情况下,为了不造成实际安全寿命的改变或降低,只能增加预期飞行剖面的保守程度。在极限情况下,甚至需要将全部设计变量都设为对零部件寿命带来损伤的极值,这会带来设计难度和成本不必要的增长。因此,准确地确定营运人的预期用途是关键。

(2) 性能分析。输入: 性能分析的设计输入应当包括,但不限于: ① 随时间变化的功率需求;② 所经历的环境温度;③ 所经历的飞行高度。

(3) 空气系统分析。输入: 二次空气系统分析的输入边界条件是发动机级间数据。级间数据通常由气体动力学分析软件来确定。气体动力学分析软件本身必须是完善的、经过校验的。若性能分析的输出为发动机过渡态的内部气路参数,那么必须使用恰当的方法,将其转化为与时间相关的空气系统边界条件。

(4) 传热分析。输入: 由二次空气系统提供热分析计算边界条件,如对流换热系数、流体温度、相关物性等。

(5) 应力分析。输入: 由性能分析、热分析等确定的气动载荷、热载荷以及机械载荷等,材料(弹性/非弹性)、几何尺寸(含应力集中部位)。

(6) 寿命预测。输入: 限寿件的实际飞行载荷谱,依据性能分析、热分析、应力和振动分析得到的应力场、温度场的分布,以及检查间隔等参数。

2) 输入的流程化概括

对于"六要素"的输入部分,表 5.2 给出了工程计划四个基本步骤的分析对象及备注事项,其中每一个前置流程的输出都将作为下一步流程的输入条件;表 5.3 给出了转子件寿命评估各阶段的分析对象及备注事项,其各设计活动的输出也将作为下一步"六要素"设计工具部分的输入条件。

表 5.2　工程计划四个基本步骤的输入分析

基本步骤	对　象	备　注
限寿件的确定	发动机部件引起"七个顶事件"发生的概率	依据 AC 33.75 的分析得到[2]
部件寿命估计	确定的限寿件	依据 AC 33.75 的分析结果[2]
批准寿命认证	部件寿命及其有效的支持数据,安全系数	依据部件寿命估计的结果及其可追溯性文档;对寿命管理流程的评估
批准寿命维持	部件的批准寿命,清单	依据部件批准寿命认证的结果及其可追溯性文档

表 5.3　转子件寿命评估中的输入分析

核心设计活动	对　象	备　注
飞行剖面的选取	飞机飞行剖面	依据飞机飞行剖面合理的转换
性能分析	飞行剖面	依据飞机飞行剖面合理的转换
空气系统分析	级间数据	依据性能程序的计算结果
热分析	性能、空气系统参数	依据性能、空气系统分析结果
应力、振动分析	性能、空气系统、温度场参数	依据性能、空气系统、热分析结果
寿命预测	性能、温度场、应力、振动参数	依据性能、热、应力、振动分析结果

2. 输出的具体内容与形式分析

总体上,设计活动的输出应给出相应的置信区间。

对于工程设计和数值仿真,需通过输入置信度、工具置信度、数据库置信度分析给出输出置信空间。

对于试验验证,需提供完备的误差分析。

1) 设计活动的输出分析

对于具体的各项设计活动,设计活动输出的要求和内涵可概括如下。

(1) 飞行剖面。输出:飞行剖面分析的设计输出应当包括预期环境条件,以及随时间变化的功率需求,作为性能分析的输入或边界条件。

(2) 性能分析。输出:性能分析需要输出所有飞行条件或者飞行阶段下的发动机内部性能参数,即转子转速、内压和温度等。其中,既包括稳态工作过程也包括过渡态工作过程。性能分析还需要通过偏差分析等方法,输出主要部件的关键容差信息。

(3) 空气系统分析。输出:通过空气系统分析软件预测可作为热分析边界条件的机匣和盘腔内气体温度、压力和气体流量,包括盘腔环流、燃气入侵以及泄漏等。盘腔压力为结构分析的边界条件。

(4) 传热分析。输出:进行每一个限寿件各工况热分析需要输出的温度分布参数(稳态、过渡态)。

(5) 应力分析。输出:限寿件的应力分布,应力场和温度场随时间变化的历程,以及偏差敏感性分析,作为寿命预测的输入。

(6) 寿命预测。输出:限寿件的预测寿命,以及预期寿命期内的概率失效风险(DTR)。

2) 输出的流程化概括

对于"六要素"的输出部分,表 5.4 给出了工程计划四个基本步骤的分析对象及备注事项;表 5.5 给出了转子件寿命评估各阶段的分析对象及备注事项,其各设计活动的输出也将作为下一步"六要素"输出阶段的输入条件。至此,在工程计划的每个流程的"适航六要素"得到保障之后,就可以保障整个工程规划的正确性,并且能够对错误进行有效和快速的追溯;此外,当转子件寿命评估的每个流程的"适航六要素"得到保障之后,就可以保障最终寿命预测的正确性。

表 5.4　工程计划四个基本步骤的输出分析

基 本 步 骤	对　　象	备　注
限寿件的确定	限寿件	—
部件寿命估计	部件寿命和包括有效的支持数据的可追溯性文档	—
批准寿命认证	部件的批准寿命; 清单,包括所有限寿件并标注其批准寿命	—
批准寿命维持	限制生产规划和维护规划活动的限制性文档	—

表 5.5　转子件寿命评估中的输出分析

核心设计活动	对　　象	备　注
飞行剖面的选取	发动机飞行剖面	—
性能分析	性能参数	—
空气系统分析	空气系统参数	—
热分析	瞬态温度场	—
应力、振动分析	应力-应变分布	—
寿命预测	安全寿命	—

5.2.2　限寿件寿命评估的流程控制及判定准则

1. 流程控制的具体内容与形式分析

总体上,设计活动的流程控制是指在设计活动中所采用的分析、试验方法,其应当在设计审查体系的指导下实现流程化、标准化,确保分析、试验方法的可复现性,以及分析、试验步骤的可追溯性。其中,要设置输入评价、工具评价、数据库评价、准则评价、输出评价、闭环评价等若干控制点,表明过程的可控性、可追溯性和置信空间。

1) 设计活动的流程控制分析

对于具体的各项设计活动,流程控制的要求和内涵可概括如下。

(1) 飞行剖面。流程控制:确定飞行剖面的基本流程是首先准确确定营运人的预期用途;然后确定据航空器申请时对每一个飞行阶段的功率需求;最后将飞行剖面转化为航空器随时间变化的功率需求。

(2) 性能分析。流程控制:必须首先确认性能分析所需的数据库来源的准确性,其次必须通过专门的性能试验确定性能程序的准确性。

(3) 空气系统分析。流程控制:必须首先确认空气系统分析所需的数据库来源的准确性,其次必须通过专门的瞬态空气系统试验校验空气系统程序的准确性。

（4）传热分析。流程控制:制定每一个限寿件热分析计算流程(稳态、过渡态),严格按流程进行热部件温度计算。

（5）应力分析。流程控制:制定每一个限寿件应力分析计算流程,确定限寿件的应力集中区域及危险区域。以机械、气动载荷、温度梯度、材料模型和数据为边界条件,采用有限元模型进行应力分析计算,获得瞬态应力-应变历程和偏差。

（6）寿命预测。流程控制:针对限寿件的危险区域,进行疲劳计算,通过疲劳破坏准则给出预测寿命,并采用概率失效风险评估的方法(包括计算程序流程与具体要求)确定其失效概率。

2) 流程控制的流程化概括

对于"六要素"的流程控制部分,表5.6给出了工程计划四个基本步骤的分析对象及备注事项,其中每一个前置流程的输出都将作为下一步流程的输入条件;表5.7给出了转子件寿命评估各阶段的分析对象及备注事项,其各设计活动的输出也将作为下一步"六要素"输出部分的输入条件。

表5.6　工程计划四个基本步骤的流程控制

基 本 步 骤	对　　　象	备　　注
限寿件的确定	分析流程	分析过程需合理的被流程化
部件寿命估计	定寿流程	过程需合理的被流程化
批准寿命认证	认证流程	认证过程需合理的被流程化
批准寿命维持	实际反馈和定期审查	需合理的流程化

表5.7　转子件寿命评估中的流程控制

核心设计活动	对　　　象	备　　注
飞行剖面的选取	转换流程	转换过程需合理的被流程化
性能分析	性能程序流程	计算需合理的被流程化
空气系统分析	空气系统程序流程	计算需合理的被流程化
热分析	热分析计算流程	计算需合理的被流程化
应力、振动分析	应力、振动分析计算流程	计算需合理的被流程化
寿命预测	寿命预测及概率失效风险评估计算流程	计算需合理的被流程化

2. 判定准则的具体内容与形式分析

总体上,对于设计活动中的判定准则,应在所采用的设计方法、设计工具发生变化时,需要对判定准则重新进行确认或修正,并要经过分析、试验或采用其他替代性方法进行验证。

1）设计活动的判定准则分析

对于具体的各项设计活动，判定准则的要求和内涵可概括如下。

（1）飞行剖面。判定准则：必须以保守预期作为确定飞行剖面的依据，也就是说，所确定飞行剖面的严酷程度必须大于实际飞行剖面。

（2）性能分析。判定准则：发动机制造容差、控制容差、装配容差，以及发动机性能衰变对限寿件的工作边界会产生组合影响。发动机性能参数的调整需考虑以上各种影响因素的最劣化组合。

（3）空气系统分析。判定准则：空气系统分析程序也必须通过发动机台架试验来校准，从而保证二次空气系统软件的精确性。

（4）传热分析。判定准则：提供计算中不同限寿件的边界条件所需的准则关系式数据库（和二次空气系统之间存在相互耦合）。

（5）应力分析。判定准则：强度破坏准则，弹塑性应力-应变关系等。

（6）寿命预测。判定准则：疲劳破坏准则。

（7）概率失效风险分析。判定准则：根据 DTR 判定设计符合性。

2）判定准则的流程化概括

对于"六要素"的数据库部分，表 5.8 给出了工程计划四个基本步骤的分析对象及备注事项，其中每一个前置流程的输出都将作为下一步流程的输入条件；表 5.9 给出了转子件寿命评估各阶段的分析对象及备注事项，其各设计活动的输出也将作为下一步"六要素"流程控制部分的输入条件。

表 5.8　工程计划四个基本步骤的判定准则

基 本 步 骤	对　　　象	备　　　注
限寿件的确定	能否引起"七个顶事件"的发生	—
部件寿命估计	部件经受的载荷和部件低循环疲劳能力	—
批准寿命认证	寿命安全因子	—
批准寿命维持	实际使用情况与工程规划所作假设的符合性	—

表 5.9　转子件寿命评估中的判定准则

核心设计活动	对　　　象	备　　　注
飞行剖面的选取	确定的随时间变化的高度、马赫数和功率需求，作为性能分析的输入或边界条件合理	应当采用保守的、建立在实际使用的全额定功率基础上的剖面
性能分析	限寿件热、结构分析所需的边界条件合理	—
空气系统分析	限寿件热、结构分析所需的边界条件合理	—
热分析	温度水平不超过材料许用条件	—
应力、振动分析	应力水平不超过材料许用条件	—
寿命预测	预期寿命期内的概率失效风险满足 DTR 要求	—

5.3   限寿件寿命评估的工具及数据库

限寿件寿命评估体系中各设计活动所采用的工具,以及支撑数据库是设计安全性实现的基本保障,也是满足条款要求的必要条件;而寿命评估体系各设计活动的输入、输出实质上也是所采用的设计工具的输入和输出(如性能分析程序、空气系统分析程序、热分析及应力分析程序),流程控制、判定准则也是建立在设计工具准确性以及数据库完备性基础上的。因此,在本节中,专门将设计工具和数据库这两个"要素"单独拿出来进行分析阐述。

(1) 设计工具的分类。对于限寿件寿命评估各设计活动中的设计工具按照通用性可以分为一般类设计工具和特殊类设计工具。

一般类设计工具是指该工具对于航空发动机的设计活动是普遍采用的,如热分析和应力分析软件或程序等,其不仅仅适用于限寿件的分析过程,也适用于非限寿件的分析过程;同时,这类工具往往在工业界(包括但不局限于航空工业)是普遍采用的并得到了多年的发展,如 ANSYS、ABAQUS 等,其精度和核心算法等已经得到了大量的工业设计活动的证实。尽管一般类设计工具是普遍使用的,但其有效性仍必须向局方表明其有效性并得到确认。

特殊类设计工具是指该工具是航空发动机限寿件寿命评估的专用工具,如概率失效风险评估程序 DARWIN[14],其仅仅适用于限寿件的寿命评估,对于其他非限寿件其适用性未得到证明;同时,这类设计工具是由灾难性事故揭示出的限寿件的特殊特性而产生的,并且仍处于不断地完善和发展之中,并没有形成普遍适用的软件代码,因此必须向局方表明申请人所采用的特殊类设计工具的合理性和准确性,即必须得到局方的认可。

(2) 数据库的分类。尽管在限寿件寿命评估的六个核心设计活动中(图5.3),只有第六项"寿命预估"中明确指出了材料和试验数据库要求,但实际上对于其他的五项设计活动也均有着对应的数据库需求,并是设计安全性实现的基础。同时,对于数据库,也可以根据通用性分为一般类数据库和特殊类数据库。

其中,一般类数据库是指限寿件寿命评估所开展设计活动中普遍采用的、通用的数据,如历史飞行剖面数据、元件特性数据、基础材料数据等;同时,这类数据库在工业界(包括但不局限于航空工业)得到了多年的发展和累积,如基础材料数据等,在数据库建设和数据累积上并没有较大的难度。

而特殊类数据库是指限寿件寿命评估中特殊的数据需求累积,最为典型的就是第六项核心设计活动"寿命评估"中概率失效风险评估所需的材料缺陷库(含材料检查数据,即 POD 数据)。这类数据库在整个航空发动机设计以及适航规章要求中,只针对限寿件建立和使用,因此较为特殊,并在数据库建设和数据累积机制上存在较大的难度。

因此,本小节正是从上述分类出发,结合寿命评估体系的六个核心设计活动,对限寿件寿命评估工具和数据的一般需求(一般类工具/数据库)加以概括;然后,针对特殊类工具/数据库的技术方法和累积机制加以详细的分析。

5.3.1 限寿件寿命评估工具的一般需求概括

概括而言,设计活动的一般分析工具应该是在实际的设计工作中所采用的通用技术,其都应当通过试验或者其他可接受的方法加以验证,以表明其适用性和置信空间。

对于工程设计,需表明经验或准则关系式针对工程问题的适用性,并且必须有针对经验参数的校准试验。

对于数值仿真,需表明软件平台对工程问题的适用性,一般通过理论分析和试验验证结合的办法综合表明。首先要用理论分析方法证明其具备适用性基础,然后通过校准试验证明其置信空间。

对于试验验证,需表明试验方案的合理性、试验台的校准的置信空间和过程的可追溯性,以及试验台精度对工程问题的满足度。

1. 设计活动分析工具的分析

对于具体的各项设计活动,分析工具的要求和内涵可概括如下,但需要指出的是,任何分析工具必须得到局方的认可,或向局方表明该分析工具的精度满足安全性设计活动的需要。

(1)飞行剖面。工具:飞行剖面选取的目的是将航空器营运人的实际用途转化为随时间变化的发动机功率需求。

(2)性能分析。工具:条款33.70性能分析的目的是获得发动机在所有飞行包线范围内的准确内部气路参数,因此,不能仅通过试验测量的总体性能参数(推力、耗油率等)来判断性能分析程序的准确性,而必须通过足够的发动机内部气路参数的试验结果来判断和校验性能分析程序的准确性。同时,性能分析程序需考虑发动机的部件特性容差、部件热容、内部的瞬态换热等影响,并需要制定相应的试验计划提供数据库或进行校验。

(3)空气系统分析。工具:空气系统分析的主要目的是提供可作为热分析边界条件的机匣和盘腔内气体温度、压力和气体流量,包括盘腔环流、燃气入侵以及泄漏等。为了在热分析过程中获得准确的瞬态温度分布,空气系统分析程序必须具备瞬态分析能力,必须考虑空气系统元件几何特征的动态变化。

(4)传热分析。工具:传热分析的主要目的是计算限寿件上的温度分布,并作为后续应力分析及寿命预测分析的输入边界条件。传热分析应满足稳态及瞬态工况点条件下的计算需求,可以采用理论分析、数值仿真等工具,如商用热分析软件 CFX、FLUENT 等,以及申请人自行开发的程序代码等。

(5)应力分析。工具:应力分析的主要目的是计算限寿件上的应力分布,并作为后续寿命预测分析的输入边界条件。应力分析应满足稳态及瞬态工况点条件下的计算需求,包括热应力分析,其可以采用理论分析、数值仿真等工具,如商用热分析软件 ANSYS、ABAQUS 等,以及申请人自行开发的程序代码等。

(6)寿命预测。工具:寿命预测的目的包含两个方面,首先是限寿件的初始寿命确定,其次是确定设计目标寿命下的概率失效风险。因此,寿命预测所需的工具包括初始寿命分析软件或程序,以及概率失效风险评估软件或程序。在此需要指出的是,对于开展概率失效风险评估的要求,是在 33.14 及 33.70 条款对申请人规定的强制执行的新要求,目前国外已经形成较为成熟的概率失效风险评估流程和成熟的软件代码,如 DARWIN[14],但是对于我国则尚属于初始研究阶段。因此,概率失效风险评估是限寿件寿命评估的核心,也是目前我国适航取证工作亟待突破的技术。

2. 分析工具的流程化概括

对于"六要素"的设计工具部分,表 5.10 给出了工程计划四个基本步骤的分析对象及备注事项,其中每一个前置流程的输出都将作为下一步流程的输入条件;表5.11 给出了转子件寿命评估各阶段的分析对象及备注事项,其各设计活动的输出也将作为下一步"六要素"数据库部分的输入条件。

表 5.10　工程计划 4 个基本步骤的分析工具

基 本 步 骤	对　　象	备　　注
限寿件的确定	FTA、FMEA 等安全性分析方法	经过以往型号认证或台架试验校准
部件寿命估计	理论方法、分析程序	经过以往型号认证或台架试验校准
批准寿命认证	—	—
批准寿命维持	—	—

表 5.11　转子件寿命评估中的分析工具

核心设计活动	对　　象	备　　注
飞行剖面的选取	动力需求获取	经过以往型号认证或台架试验校准
性能分析	性能仿真程序	经过以往型号认证或台架试验校准
空气系统分析	空气系统仿真程序	经过以往型号认证或台架试验校准
热分析	热分析程序	经过以往型号认证或台架试验校准
应力、振动分析	应力分析程序	经过以往型号认证或台架试验校准
寿命预测	定寿方法	试验校准

5.3.2　限寿件寿命评估的特殊工具——概率失效风险评估技术

在 5.1.3 小节中,已经指出由极小概率出现的材料缺陷导致的灾难性事故,促使美国 FAA 对适航规章寿命限寿件条款进行了修订,修订的核心是在工程计划寿命评估体系中的第 6 项核心设计活动"寿命预估"中加入概率失效风险分析,并要求申请人必须向局方表明限寿件在预期寿命期内的失效风险满足 DTR 要求。同时,FAA 要求美国西南研究院联合 GE、普惠、罗罗等 4 家航空发动机制造商开发了概率失效风险评估分析工具(DARWIN),以满足规章修订的新需要[14]。但是,概率失效风险评估技术的基本思想是确定的,而实现的具体工具方法并没有强制的要求。概率失效风险评估技术的专用性特点,使其成为典型的限寿件寿命评估的特殊工具。

本小节将从概率失效风险评估的机理及核心技术两个方面,对该特殊工具进行详细论述[10,11]。

1. 概率失效风险评估

概率失效风险评估通常由有限元分析、概率断裂力学模型和无损探伤检查模型组成。一个典型的限寿件概率风险评估流程如图 5.10 所示[15]。根据咨询通告 33.14 – 1 中试验分析指南部分介绍[3],分析流程可以分为以下几个基本步骤:应

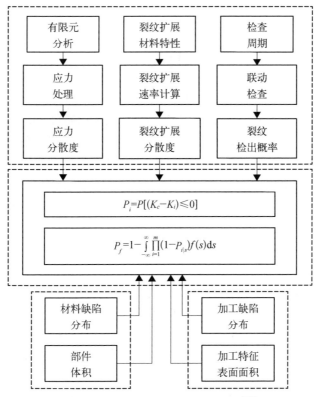

图 5.10　概率风险评估的基本流程[15]

力分析,区域划分并计算体积,裂纹生长模型定义,裂纹生长计算,区域和整个零部件的断裂概率计算。其中,应力分析要求零部件模型的网格细化等级应逐步进行以确保与采用更细化的网格相比,最终结果不会有明显变化;区域划分要求在给定初始裂纹条件下,将具有大致相同的寿命的单元划分为同一区域:初始阶段一般建议单元间应力差异为34.5 MPa,之后分析收敛再做进一步区域细化;裂纹生长计算要求各区域裂纹生长寿命由区域内最低寿命位置确定,对决定零部件断裂概率的部位应持续分解成多个区域,直到风险计算收敛;断裂概率要求零部件断裂概率计算需加入各区域的统计断裂概率,可通过积分概率法和蒙特卡罗法来计算各区域的断裂概率。断裂概率计算,其主要思想基于广义应力-强度干涉理论,以应力强度因子为表征量,通过计算材料断裂韧性与应力强度因子的插值获得极限状态函数,即

$$g = K_c - K \leq 0 \qquad (5.1)$$

式中,K_c 为材料断裂韧性;K 为部件断裂的应力强度因子;g 为极限状态函数,当 $g \leq 0$ 时即认为部件失效,其中 K_c 和 K 都是裂纹相关随机变量 X_i 和检查相关随机变量 Y_i 的函数。

$$P_f = P[(K_c - K_i) \leq 0]$$
$$P_f = 1 - \int_{-\infty}^{\infty} \prod_{i=1}^{m} (1 - P_{ils}) f(s) \, \mathrm{d}s$$

极限状态函数 g 的具体计算方法如下。

(1) 对于裂纹相关随机变量 X_i,首先应当按照咨询通告 33.70 - 1[2] 中提供的流程将发动机整机的运行参数转化为部件经受的载荷,采用有限元分析获得部件的应力、应变以及温度的分布,通过雨流计数、残余应力分析等方法获得部件的应力分散度信息——应力中值的大小和分布的变异系数;其次通过断裂力学分析,采用 Paris 等裂纹扩展公式确定循环数 n、裂纹尺寸 a 和裂纹应力强度因子 K 之间的关系,并且将部件材料缺陷分布和加工缺陷分布作为基础数据库支持,获得裂纹扩展分散度信息——缺陷尺寸、裂纹扩展寿命的分布等;最后通过综合上述两个分散度信息确定裂纹相关随机变量 X_i。

(2) 对于检查相关随机变量 Y_i,应当根据预期或者实际的发动机检查间隔确定检查间隔分散度信息——检查间隔的均值和标准差;之后根据选用的无损探伤方法,将其缺陷检出概率(probability of detection, POD)分布作为基础数据库支持,确定缺陷检出分散度信息;最后通过综合上述两个分散度信息确定检查相关随机变量 Y_i。

(3) 根据裂纹相关随机变量 X_i 和检查相关随机变量 Y_i 计算与循环数 n 相关

的极限状态函数 $g(X_i, Y_i, n) = K_c(X_i, Y_i, n) - K(X_i, Y_i, n)$，之后，在整个部件区域上通过对 $g \leqslant 0$ 的概率分布密度进行积分即可获得部件的失效概率。

在此可以看出的是，著名的 DARWIN 软件就是按照上述部件概率风险评估的思想和流程建立的：通过对高能转子失效的研究，Leverant 等[16]以应力分散度、裂纹扩展寿命分散度、材料缺陷分布和检查周期等参数为随机变量，结合有限元分析和历史数据库，针对钛合金压气机盘硬 α 夹杂缺陷所引起的疲劳裂纹扩展问题，提出了 DARWIN(design assessment of reliability with inspection)的部件分区风险评估流程方法。

此后，McClung 等[17,18]、Enright 等[15,19,20]、Momin 等[21]和 Wu 等[22]分别从概率断裂力学模型的建立、随机变量的分布以及与无损探伤检查相结合等方面进行研究，进一步完善了 DARWIN 方法。Millwater 等[23]、Wu 等[22]就 DARWIN 具体流程及数据可用性进行研究，表明采用 DARWIN 及正确的数据库对部件进行概率风险评估符合适航规章[1]对限寿件提出的相关要求。McClung 等[17,18]还指出了概率风险评估方法满足适航规章要求时所需要的基础试验数据支持。

因此，概率风险评估与传统的安全寿命方法不同，其采用断裂力学分析描述部件的失效，主要针对参数随机性——缺陷分布、无损探伤检出概率分布、材料以及载荷等变量的随机性——对部件安全性的影响，通过定量的失效概率分析提高部件以及整机的安全性。

2. 概率失效风险评估的核心技术

由限寿件概率风险评估方法相关研究的分析可以看出，概率风险评估方法的典型流程所需要的核心技术主要有：

（1）随机变量的概率分布及分区分析模型；

（2）断裂力学模型；

（3）与无损探伤的结合；

（4）基础数据库的构建；

（5）提高概率风险评估计算效率的方法。

其中（1）～（3）点反映的是极限状态函数的构造过程，其正确性直接影响概率风险评估的适航符合性；（4）点则确定了概率风险评估计算结果的适用性；（5）点主要解决了概率风险评估的效率问题。针对上述 5 个方面，需要的具体分析如下。

1）随机变量的概率分布及分区分析模型

输入参数的随机性对概率风险评估的结果影响很大，因此采用分布函数对输入参数随机性的描述就变得尤为重要。但是，大量的研究显示概率风险评估对描述输入参数随机性的分布函数没有严格的规定，允许采用任何可能的分布函数，这意味着应当根据输入参数的特性和足够的试验数据选用尽可能恰当的分布形式，并精确地确定分布的参数[24]，其中，用于确定随机变量分布的试验数据应当按照适航规章要求制定的部件或整机试验获得。Weibull 分布和对数正态分布具有较强的适用性和易用性[25,26],是概率风险评估中应用最广泛的分布函数。下面对作为输入参数的缺陷的随机性处理进行概述。

概率风险评估的流程中,模型建立的难点主要在于对缺陷随机性和无损探伤检查间隔随机性的处理方面,其中最关键的是对缺陷随机性的处理。缺陷的随机性体现在两个方面:一是包含缺陷尺寸的随机性;二是包含缺陷位置的随机性。由于限寿件载荷分布并不均匀,随机缺陷分布出现的位置对其是否能够扩展直至失效的影响很大,在分析中对整个部件直接建立失效风险的数学模型以反映缺陷的随机性对最终失效风险的影响十分困难。因此,随机变量的概率分布对整个失效风险数学模型的影响采用分区分析的方法表示,将限寿件模型划分为 n 个区域,任意区域 i 的应力分布与温度分布基本相同,若区域 i 包含随机性的缺陷分布,那么缺陷出现在区域内的任何位置都以相同的概率发展成为能够导致断裂失效的裂纹。设事件 F_i 发生表示区域 i 发生失效,那么涡轮盘腔的失效风险 P_f 就等于其任意区域发生失效的概率,以式(5.2)表示:

$$P_f = P[F_1 \cup F_2 \cup K \cup F_n] \tag{5.2}$$

引入假设:① 涡轮盘腔所含的缺陷彼此独立;② 材料随机缺陷的发生概率较小。则失效风险 P_f 可以表示为所有区域失效概率之和:

$$P_f = \sum_{i=1}^{n} P_i \tag{5.3}$$

式中,P_i 表示区域 i 发生断裂失效的概率。对于计算失效风险所引入的假设,关于轮盘所含缺陷彼此独立的假设容易理解,而材料缺陷发生概率较低的假设在已有的研究成果中已得到了充分的证明[27,28]。同时,咨询通告也表明采用这种假设可以表明对适航条款要求的符合性[2,3]。

任一区域 i 的失效概率 P_i 可以由条件失效概率 P_{ild} 和区域 i 包含随机缺陷分布的概率 λ_i 的乘积来计算:

$$P_i = \lambda_i P_{ild} \tag{5.4}$$

$$\lambda_i = \lambda_c V_i \tag{5.5}$$

式中,λ_c 为限寿件单位体积材料包含随机缺陷的概率;V_i 为区域 i 的体积。

由以上分析可知,在已知缺陷发生频率以及其尺寸分布的条件下,涡轮盘腔运行寿命期内的失效风险可以表示为

$$P_f = \sum_{i=1}^{n} \lambda_c V_i P_{ild} \tag{5.6}$$

式(5.6)的物理含义是指整个涡轮盘腔的失效风险等于其包含的所有区域中任一区域发生失效的概率之和,而任一区域 i 的失效概率等于该区域出现缺陷的概率与含缺陷条件下区域发生失效的概率的乘积。这种处理方法将针对整个涡轮盘腔进行失效风险分析转化为对多个独立的含缺陷区域失效概率的计算以及对材料包含随机缺陷分布频率的研究。

由已有的材料缺陷发生频率与随机分布的研究结果可知[29,30],缺陷发生概率与缺陷尺寸的对应关系可以采用超越曲线来表示,即表示为初始缺陷尺寸的累积分布函数 $F(a_{in})$,由式(5.7)定义:

$$F(a_{in}) = \frac{N(a_{min}) - N(a_{in})}{N(a_{min}) - N(a_{max})} \tag{5.7}$$

式中,a_{in} 为初始缺陷尺寸;a_{min} 和 a_{max} 分别表示定义的最小缺陷尺寸和最大缺陷尺寸;$N(a)$ 表示等于或超过尺寸为 a 的缺陷数量。典型材料缺陷的超越曲线如图5.11 所示,横坐标表示缺陷尺寸,纵坐标表示每百万磅(1 lb = 453.59 g)材料中出现超过对应横坐标给定尺寸的缺陷的概率。

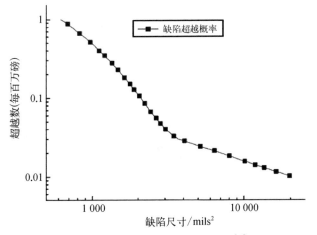

图 5.11 缺陷尺寸超越分布曲线[3]

由 $F(a_{in})$ 的定义和随机缺陷超越曲线分布可知,通过定义涡轮盘腔单位体积材料包含缺陷的频率,缺陷的随机性可由初始缺陷尺寸分布唯一地定义。由于缺陷尺寸的分布对区域 i 在含缺陷时的条件失效概率有很大的影响,因此 a_{in} 成为失效风险分析最重要的一个随机变量。文献[30]对缺陷发生频率和分布进行了详细的论述,指出理论模型分析、数值模拟、试验研究以及外场的使用经验相结合是获取 a_{in} 随机分布的重要途径。咨询通告[3]则提供了多种材料随机缺陷发生频率与尺寸分布的数据。但是,以超越曲线的形式描述 a_{in} 的累积分布并不符合概率统计中对概率分布函数的定义,不能直接将其作为概率分布函数进行抽样这个问题将在后面的提高概率风险评估计算效率的方法一节中进行进一步讨论。

2)断裂力学模型

早期的概率断裂力学模型多基于 Paris 裂纹扩展模型,采用分布函数的形式对 Paris 公式中的指数 n 和常数 C 进行描述,其弊端在于无法显式地反映部件缺陷分布的影响,不能适应适航规章 FAR 33.70 的要求。因此,必须发展新的、适用于概率风险评估的断裂力学模型。

概率风险评估中的断裂力学模型采用确定性的裂纹扩展模型与随机的输入参数相结合的方法来完成部件的断裂失效分析,不是对传统的 Paris 公式中的指数 n 和常数 C 进行随机化的处理,而是在部件裂纹应力强度因子的计算中引入初始缺陷分布、无损探伤的检出概率等参数的随机性,从而实现了在极限状态函数中反映缺陷分布、检查间隔散度对部件失效概率的影响。需要说明的是,在断裂力学分析中采用权函数法和近似方法计算应力强度因子无须在有限元计算中建立裂纹模型[31],避免了因缺陷分布而导致的大量随机有限元分析,极大地降低了概率断裂力学的计算工作量,这也是概率风险评估能够得到工程应用的重要原因。本节以下部分简要介绍线弹性断裂力学与疲劳裂纹扩展的处理。

线弹性断裂力学中,按裂纹面开裂形式的不同,将裂纹问题分为三种基本类型,分别称为Ⅰ型:张开型;Ⅱ型:滑开型和Ⅲ型:撕开型[32],如图 5.12 所示。

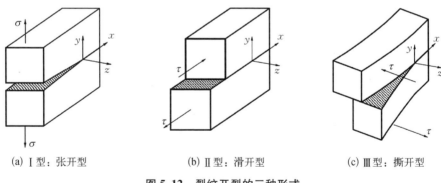

(a) Ⅰ型:张开型 (b) Ⅱ型:滑开型 (c) Ⅲ型:撕开型

图 5.12　裂纹开裂的三种形式

其中Ⅰ型裂纹是工程中最常见的裂纹类型,航空发动机轮盘所承受的主应力是周向正应力,主要引起Ⅰ型裂纹的开裂行为,因此后面只考虑Ⅰ型裂纹的影响。

根据含裂纹体的弹性力学分析可知,含裂纹体的应力应变场存在奇异性,在这种情况下,不能采用应力分析和强度理论进行失效的判别。根据文献[30]介绍,含裂纹体裂纹尖端附近的应力场分布主要由坐标参数 r、θ 和复合参数 $\sigma\sqrt{\pi a}$ 确定,其中 σ 为远场均布载荷,a 为椭圆裂纹半长,将复合参数定义为应力强度因子

K，则裂纹尖端附近的应力解可以表示为

$$\sigma_{ij} = K \frac{1}{\sqrt{2\pi r}} f_{ij}(\theta) \tag{5.8}$$

在裂纹尖端的应力场存在奇异性，即 $r \to 0$ 时，$\sigma \to \infty$，因此不能用应力本身来表征裂纹尖端应力场的大小，而 K 则取决于含裂纹体的外边界条件和裂纹的构型。应力解的数学表达中，K 确定的是含裂纹体裂纹局部的弹性场强度，其他参数只与含裂纹体的空间坐标有关，确定弹性场的分布。在含裂纹体承受外载的条件下，只要载荷、构件几何以及裂纹构型确定，K 就唯一地确定，与弹性场的空间坐标无关。因此，对于包含裂纹体的失效问题，应当采用 K 而不是采用应力分布作为判断构件是否破坏的驱动力。

式(5.8)是由中心穿透裂纹无限弹性体的解所获得的。对于真实的有限尺寸的构件，断裂力学研究表明，应力强度因子 K 可以采用一般形式表示：

$$K = \sigma \sqrt{\pi a} f(a, W, L, \cdots) \tag{5.9}$$

式中，σ 为含裂纹体的外载荷或假设不含裂纹时原裂纹区域的应力分布；$f(a, W, L, \cdots)$ 为几何修正系数，与含裂纹的有限尺寸构件的几何形状以及裂纹本身的几何形状有关。因此，若构件几何形状确定，那么 K 只是载荷和裂纹尺寸的函数。

当裂纹体的应力场强度超过材料所能容许的极限时，裂纹就会失稳扩展，从而导致断裂失效。这一极限，在线弹性断裂力学中定义为断裂韧性，也称为临界应力强度因子。在线弹性断裂力学的范畴内，应力强度因子 K 和断裂韧性 K_c 天然地成为表征含缺陷区域是否失效的判别参数，将其引入广义应力强度分布干涉模型，其极限状态函数可由式(5.1)表示。

因此，任一区域的失效概率 $p_{il\,d}$ 可以表示为

$$p_{il\,d} = P(g \leqslant 0) = P(K_c - K \leqslant 0) = \int_{-\infty}^{K_{\max}} \left[\int_{-\infty}^{K} g(K_c)\,\mathrm{d}K_c \right] f(K)\,\mathrm{d}K \tag{5.10}$$

式(5.10)所建立模型针对静态加载的构件失效风险分析，失效风险不随时间而变。然而，在实际航空发动机的使用中，零部件会承受由起动-停车等所引起的低循环疲劳问题。而式(5.10)不能处理低循环疲劳问题，这涉及含裂纹体的疲劳扩展规律，后面将就含裂纹体疲劳裂纹扩展问题进行讨论。

疲劳问题是由循环加载引起的，断裂力学在处理疲劳问题时认为，尽管循环加载过程中应力强度因子最大值 $K_{\max}$ 小于 K_c 而不会导致裂纹发生失稳扩展，但在经受循环载荷时，裂纹会出现稳定的扩展现象。因此，以断裂力学观点研究循环疲劳的问题，实质上是研究含裂纹体在循环载荷作用下裂纹尺寸的扩展规律，即研究裂

纹长度 a 随循环次数 N 的变化率,将其定义为疲劳裂纹扩展速率 $\mathrm{d}a/\mathrm{d}N$。采用改进的 Paris 公式来处理疲劳裂纹扩展问题。

航空发动机运行所经受的起动-停车循环中所经受的最小应力强度因子 $K_{\min} = 0$,所以应力强度因子变程为

$$\Delta K = K_{\max} - K_{\min} = K_{\max} \tag{5.11}$$

因此,裂纹扩展的驱动力就是最大循环应力作用下的应力强度因子。将式(5.9)代入 Paris 公式,可得

$$\frac{\mathrm{d}a}{\mathrm{d}N} = C(K_{\max})^n = C(G\sigma_{\max}\sqrt{\pi a})^n \tag{5.12}$$

式中, $G = f(a, W, L, \cdots)$ 代表了构件以及裂纹的几何构型参数; $\sigma_{\max}$ 表示循环中所经受的最大应力。

式(5.9)、式(5.10)和式(5.12)就构成了包含低循环疲劳影响的区域失效断裂力学模型。模型以 K 和 K_c 的概率密度函数为基础,在简单的条件和假设下,可以通过对数学模型的直接积分获得失效概率的解析解。因此,在实际的分析中,一些问题的存在使得对失效概率断裂力学模型进行解析求解是难以完成的。然而,如何获得实际设计中的失效概率值是一个研究重点,这涉及概率风险评估的数值求解以及提高数值求解效率问题。

3) 与无损探伤的结合

通常而言,在无损探伤的帮助下,结合因故退役的方法可通过将失效概率超过适航规章要求的 10^{-8} 次/飞行小时的部件进行更换,以提高整个发动机寿命期的安全性。发动机检查缺陷的 POD 数据和检查间隔是无损探伤的两个重要的特性。采用涡流无损探伤检查的典型缺陷 POD 分布数据如图 5.13 所示,而检查对降低部件失效概率的影响如图 5.14 所示。

为了能够在概率风险评估中反映检查间隔和 POD 对部件安全性的影响,可以采用 Leverant 等[16]、Millwater 等[23]的研究结论,即将检查间隔和 POD 数据等信息作为极限状态函数中影响应力强度因子的另一个随机变量,引入概率风险评估方法中,在探伤方法确定的情况下,将裂纹检出概率定义为

$$P_d(a) = \int_0^{\infty} P_{\mathrm{pod}}(a) \cdot f(a)\mathrm{d}a \tag{5.13}$$

式中, $P_{\mathrm{pod}}(a)$ 表示裂纹尺寸大于 a 时检出裂纹的概率,由无损探伤方法决定; $f(a)$ 表示裂纹尺寸的概率密度分布函数,可由断裂力学模型的分析获得。

在概率风险评估中计入部件无损探伤的影响不仅能够提供对因故退役方法应用的帮助,更重要的是能够在设计阶段就预设针对部件的检查周期以满足持续适

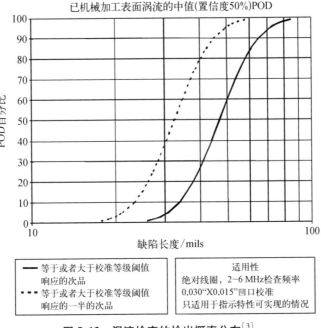

图 5.13　涡流检查的检出概率分布[3]

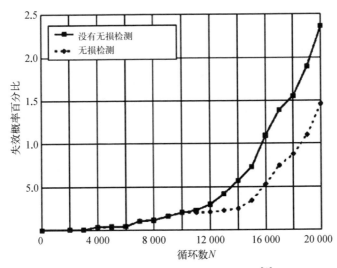

图 5.14　检查对部件失效概率的影响[3]

航的要求。

采用解析方法求解无损探伤检测(non-destructive inspection，NDI)对失效风险的影响在实际分析中存在困难，这个困难来自 NDI 所具有的双重随机性质：一是检查间隔的随机性，即对同一型号或同一批发动机的所有限寿件，检查通常不会发生在同一运行循环数下；二是 NDI 检查的检出概率(POD)具有随机性。在这两个随机性质的影响下,难以给出第 N 次循环时缺陷尺寸的概率密度分布的直接数学表达。但通过蒙特卡罗(Monte Carlo,MC)方法,可从抽样统计的角度分析包含无损探伤检查间隔影响的涡轮盘腔失效风险,其具体计算方法为:① 对任一抽样所得概率失效风险分析样本按照线弹性断裂力学进行疲劳裂纹扩展计算;② 根据检查间隔的设置与分散度对检查循环数进行抽样,获得检查循环数的样本,并对 NDI 的 POD 数据进行抽样,获得最小可检出缺陷尺寸的样本;③ 在抽样所得的检查循环数处对疲劳裂纹扩展计算结果进行一次判断,若缺陷尺寸超过最小可检出缺陷尺寸,则定义为检出缺陷,并中止样本计算;否则继续进行疲劳裂纹扩展计算;④ 重复步骤①～③步;⑤ 统计 $g \leqslant 0$ 的频数,以此作为 NDI 影响下的涡轮盘腔失效风险。

由此可知,预期运行寿命期内的 NDI 检查并不能降低同批次限寿件真实的物理失效率。与因故退役等方法结合,可以将检出包含可能导致失效的缺陷的限寿件进行修理或更换,从而降低同批次发动机表观的失效风险。另外,由于分析中 NDI 检查间隔的设置以及具体探伤方法的选择自由度较高,若初始失效风险不能满足设计目标风险(design target risk,DTR)要求,可以通过优化计算,确定最佳的 NDI 检查间隔,来确保限寿件在整个运行寿命期内满足 DTR 要求。

4)基础数据库的构建

完成部件概率风险评估所需要的具体数据如表 5.12 所示[27,28,33],这些数据可以分为 4 类,分别为边界相关数据、基本材料数据、缺陷数据和检查数据。

表 5.12　概率风险评估所需的具体数据

具 体 数 据	数 据 分 类	数 据 来 源
主流参数 空气系统参数 转速等	边界相关数据	设计 分析计算 试验
密度 弹性模量 裂纹扩展参数 热导率等	基本材料数据	模型试验 使用经验 与 PRA 公用
材料缺陷分布 加工缺陷分布	缺陷数据	模型试验 理论数值模拟 使用经验修正
检查间隔 裂纹检出概率	检查数据	模型试验 使用经验修正

表 5.12 中,发动机主流参数、空气系统参数和转速等是概率风险评估的输入边界条件,属于受发动机实际运行条件限制的设计变量,影响应力和裂纹扩展的分散度,需要结合设计、分析计算和试验进行确定;基本材料数据包括部件选用材料

的密度、弹性模量、裂纹扩展的参数等,可与传统设计公用数据库,采用模型试验的方法获得。

缺陷数据和检查数据是概率风险评估的特殊参数,通常通过符合适航规章要求的基础试验结合理论数值分析获得,它们对概率风险评估的结果影响很大,因此,构建缺陷数据库和检查数据库是发展概率风险评估方法的重要研究内容。具体设计中,数据库数据采用超越概率分布曲线表示,即将其表示为超过给定尺寸的缺陷的发生概率(或检出概率)。这些数据与基本材料数据和边界相关数据不同,缺陷分布和检查分布受发动机实际的运行条件影响较小,主要由加工和检查时所采用的具体方法和材料本身的特性决定。因此,采用相同的材料和方法进行加工的部件,应当具有相同的缺陷分布数据;而采用相同无损探伤方法进行检查的部件,应当具有相同的 POD 分布数据[3]。

5) 概率风险评估的高效计算方法

因为部件失效概率是在整个部件区域内对极限状态函数的概率密度分布进行积分获得的,所以在简单的几何和载荷条件下,通过该方法尚可获得部件失效概率的精确解,但是对于实际部件,其极限状态函数通常较为复杂,难以获得直接的积分解,而采用数值计算又需要花费成倍的时间。因此,提高概率分析的计算效率也是部件风险评估研究的一个重要方面,目前主要有两个途径。

(1) 区域离散的概率风险评估。针对钛合金硬 α 夹杂缺陷引起的断裂失效问题,Leverant 等[34]采用部件区域离散风险评估的方法提高部件失效概率分析计算效率。该方法将有限元分析的网格按照失效概率的影响度进行重新划分,新的分区具有一致的载荷、材料特性和几何特征,对每个分析区域进行失效概率计算,并采用式(5.14)获得轮盘整体的失效概率:

$$P_f = \sum_{i=1}^{m} \frac{V_i}{V} \lambda_V P_{ild} \tag{5.14}$$

式中,V 为部件总体积;V_i 表示第 i 区域的体积;λ_V 表示在给定体积时缺陷的出现概率;P_{ild} 为在缺陷存在时某循环数下第 i 区域的失效概率,通过极限状态函数获得。通过分区域求解积分方程,在很大程度上提高了概率风险评估的计算效率。这种方法的简要概述可以参考 5.3.2 节的分区分析模型。

由于区域的离散方法对风险评估的结果影响较大,Millwater 等[35]研究了能够增加概率风险评估收敛速度的离散优化方法,提出了在任意初始分区情况下,基于区域离散的概率风险评估取得收敛解的三个最重要的因素是离散准则、优化离散的高效生成方法和区域更新后概率风险的快速计算。针对概率风险评估中人工指定离散区域和确定离散准则消耗大量时间的问题,Moody 等[36,37]采用适应性的三角测量回归方法,用计算机代替人工进行部件区域离散的选择与划分,实现了全自动化的风险评估,同时结合并行计算方法提高计算效率。

（2）MC 方法。在概率风险评估中常采用 MC 方法来计算失效概率的数值解,在样本空间足够大时,可以取得相当精确的解,但该方法需要消耗大量的计算时间[38,40]。因此,MC 方法需要结合其他数学方法以提高效率,例如,Wu 等[22] 分别采用经典 MC 方法和重要抽样方法完成了概率分析,结果表明对于轮盘失效风险此类极小可能的概率量级,采用重要抽样方法可以极大地提高概率风险评估的计算效率;Enright 等在概率数值计算的基础上,分别采用了基于样本条件失效概率的联合概率密度分布计算[41]、改进样本的 MC 模拟[42] 和重要抽样[43,44] 方法提高概率风险评估的计算效率,与常规的 MC 模拟相比,经过改进的方法能够更加迅速地获得足够的精度。

a）常规 MC 方法。MC 方法的基本思想是,首先为待求解的数学或工程技术等方面的问题建立一个概率模型或随机过程,使模型的参数等于问题的解;然后通过对模型或过程的随机抽样试验来计算所求参数的统计特征,最后给出所求解的近似值,解的精确度则可用估计值的标准差来表示。

以 MC 方法来解决概率分析问题的原理可表述如下: ① 将极限状态函数 $g \leqslant 0$ 定义为一个发生概率为 p 的随机事件 A;② 考虑一个随机变量 ξ,若在一次抽样试验中 A 出现,则 ξ 取值为 1,若事件 A 未出现,则 ξ 取值为 0;③ 令 $q = 1 - p$,则随机变量 ξ 的数学期望就是一次试验中事件 A 出现的概率,也就表示区域 i 在含缺陷条件下发生失效的概率。

$$E(\xi) = 1 \cdot p + 0 \cdot q = p \tag{5.15}$$

因此,这里建立了一个针对极限状态函数 $g \leqslant 0$ 的概率模型,将随机事件 $g \leqslant 0$ 的概率转化成随机变量 ξ 的数学期望。此时,假设在 N 次试验中事件 A 发生 v 次,那么频数 v 也是一个随机变量,其数学期望 $E(v) = N_p$,那么 $\bar{p} = v/N$ 表示观测频率,那么根据伯努利大数定理,对任意 $\varepsilon > 0$,有

$$\lim_{n \to \infty} P\{|\bar{p} - p| < \varepsilon\} = 1 \tag{5.16}$$

式(5.16)表明,当试验次数 N 充分大时,观测频率 $\bar{p}$ 以概率 1 收敛于概率模型中随机事件 A 出现的概率 p,从而确定了区域 i 在含缺陷条件下的失效风险。

采用 MC 方法进行计算的收敛不同于一般的数值求解方法的收敛,其收敛是概率意义上的收敛,根据中心极限定理,有

$$|\bar{p} - p| < \frac{\lambda_\alpha \sigma}{\sqrt{N}} \tag{5.17}$$

近似地以概率 $1 - \alpha$ 成立,其中,σ 表示随机变量的标准差,$1 - \alpha$ 是计算时选用的置

信度,λ_α 是对应置信度下的单侧置信限。对于给定 α 值,失效概率 p 以 $1-\alpha$ 的概率落入区间 $[\bar{p} - \lambda_\alpha \sigma / \sqrt{N}, \ \bar{p} + \lambda_\alpha \sigma / \sqrt{N}]$。如果 $\sigma \neq 0$,那么采取 MC 方法计算失效概率的误差就为

$$\varepsilon = \frac{\lambda_\alpha \sigma}{\sqrt{N}} \tag{5.18}$$

由此可见,对于任意给定的置信度,统计误差以速率 $N^{-1/2}$ 收敛于 0。因此,多次抽样收敛所得的样本均值就可以用于估计所建立的数学模型的期望值。但是,采用 MC 方法进行数值分析时误差收敛速率较一般的数值方法慢,但是可以根据实际需要引入重要性抽样方法来提高 MC 方法的计算效率[45]。

b) 基于重要性抽样的 MC 法。重要性抽样方法的基本原理[44]是在保持原有样本期望值不变的情况下,改变随机变量的抽样重心,改变了现有样本空间的概率分布,使其方差减小,这样,使对最后结果贡献大的抽样出现的概率增加,抽取的样本点有更多的机会落在感兴趣的区域,使抽样点更有效,以达到减小运算时间的目的。其基本思想是以重要抽样密度函数 $h_X(x)$ 代替随机变量的原概率密度函数,模拟抽样时从重要性概率密度函数中抽出,其特点在于,这种抽样方法上的改变,使对模拟结果具有"重要性"作用的稀有失效事件更多地出现,从而提高抽样效率,减少了花费在对模拟结果无关紧要的事件上的计算时间。最后对这些事件进行了适当的加权,因此可以得到结构失效概率的无偏估计量。在相同的精确度情况下,重要性抽样较之简单抽样方法能够显著减少模拟试验次数。

采用重要性抽样的 MC 方法计算失效概率时,失效概率的求解积分式可经过以下变换[45,46]:

$$P_f = \int L \int_{R^n} I_F(x) f_X(x)\, \mathrm{d}x = \int L \int_{R^n} I_F(x) \frac{f_X(x)}{h_X(x)} h_X(x)\, \mathrm{d}x = E\left[I_F(x) \frac{f_X(x)}{h_X(x)} \right] \tag{5.19}$$

式中,R^n 为 n 维变量空间;$f_X(x_1, x_2, \cdots, x_m)$ 为基本随机变量的联合概率密度函数;$h_X(x)$ 为重要抽样密度函数。

由重要抽样密度函数 $h_X(x)$ 抽取 N 个样本点 $x_i(i = 1, 2, \cdots, N)$,则式(5.19)用数学期望形式表达的失效概率可由式(5.20)的样本均值来估计:

$$\hat{P}_f = \frac{1}{N} \sum_{i=1}^{N} I_F[x_i] \frac{f_X(x_i)}{h_X(x_i)} \tag{5.20}$$

式中,$I_F[x_i]$ 为示性函数;$I_F[x_i] = \begin{cases} 1, & g(x_i) \leqslant 0 \\ 0, & g(x_i) > 0 \end{cases}$。

以重要性抽样引入 MC 模拟来进行涡轮盘腔失效风险分析计算的具体步骤如下：① 根据各随机变量的分布，依照重要性抽样方法变换失效概率的原始求解积分式，之后在生成的各随机变量的重要抽样密度函数中产生一个随机数，并以此形成 MC 计算样本空间的一个样本；② 将样本按照线弹性断裂力学模型和疲劳裂纹扩展速率进行计算，并对极限状态函数进行判断，若 $g \leqslant 0$，则失效频数 $\bar{p} = \bar{p} + 1$；③ 根据计算精度确定计算重复次数，重复步骤①和步骤②若干次；④ 统计极限状态函数的频数，代入式(5.20)，将其发生频率作为失效风险的近似值。

其中，采用 MC 方法进行失效风险分析的关键在于随机变量的重要性抽样以及步骤②中对于线弹性断裂力学计算和疲劳裂纹扩展速率计算。

需要注意的是，步骤①中产生随机数的方法一般可以分为物理方法和数学方法两种类型[40]。利用物理方法产生随机数是完全随机的，但随机过程不能复现且费用昂贵，因此逐渐被数学方法替代。数学方法产生随机数是通过一个给定的迭代过程产生一系列数的方法，每一个数都由它之前的数所决定，因此这些结果并不是随机的。但是，对这些由数学迭代所产生的一系列数字，只要它们能通过一系列的局部随机性检验，如均匀性检验、独立性检验等，那么就可以把这一系列数作为随机数来使用，这种随机数通常也称为伪随机数。用数学方法产生伪随机数借助于数学迭代，易于与计算机结合，速度快，费用低廉，并且可重复产生。常用的数学生成伪随机数的方法包括平方取中法、移位指令加法、线性同余法等[47]。

综上所述，航空发动机限寿件的寿命设计是一个多次迭代的过程，其中的任何一步都可能对最终的失效概率产生较大影响，若概率风险评估所需的计算时间和计算成本过于高昂，就会限制其在设计过程中的应用，因此，通过提高概率风险评估的计算效率，可以增加概率风险评估的实用性，实现在多个设计阶段执行概率风险评估，有效地降低发动机的设计周期与风险。

5.3.3　限寿件寿命评估的数据库一般需求

总体上而言，对于设计活动的一般数据库要求，应当考察设计工作中所采用的数据库是否充分、完备、适用。数据库一般分为基础数据库和动态数据库。基础数据库主要是先验数据的积累和动态数据库的转化，动态数据库主要是现行型号的研制过程数据库，主要包括材料数据库、容差数据库、模型数据库等。例如：

对于工程设计，需要对基础数据库的准则关系式和工程模型的偏差性进行分析，需要对材料数据的完备性和置信空间进行分析，需要对采用的发动机部件特性的来源和置信空间进行分析。

对于数值仿真，需要对湍流模型、本构模型、验证模型等的适用性和可信度进行分析。

对于试验验证，需要对先验的试验回归关系进行置信度分析。

1. 设计活动的数据库分析

对于具体的各项设计活动,设计活动中数据库的要求可概括如下。

(1)飞行剖面。数据库:对营运人预期用途的预测精度直接依赖于实际运营数据。若能获得重要的实际运营数据,申请人可采用更加精细的发动机飞行剖面,并可以进行更加准确的寿命和风险评估。因此,在飞行循环选取的过程中,应该积累尽可能多的发动机运营数据库。其中包括但不限于起动、慢车、滑行、起飞、爬升、巡航、进场、着陆、反推、停车等飞行阶段的发动机运营数据。

(2)性能分析。数据库:性能分析所需的基本数据库为发动机部件特性,但对于限寿件的寿命估算,仅有部件特性数据库是不完备的。由于制造容差、控制容差、装配尺寸容差,以及发动机性能衰变均会劣化发动机限寿件的工作边界条件,必须在设计、试制、生产阶段为性能分析程序建立和积累相应的容差数据库,以及发动机性能衰变对发动机部件及整机性能影响的数据库。

(3)空气系统分析。数据库:空气系统分析所需的基本数据库为空气系统元件特性,空气系统的工作参数受制造容差、装配尺寸容差以及瞬态过程中各元件几何间隙动态变化的影响尤其显著。因此,在设计、试制、生产阶段也同样需要为空气系统分析程序建立和积累相应的容差数据库,以及发动机性能衰变对发动机部件及整机性能影响的数据库。

(4)传热分析。数据库:传热分析程序计算中需考虑的相关参数(物性参数等随温度变化关系)、边界条件经验关系式数据库等。

(5)应力分析。数据库:材料基本性能数据库、本构模型数据库(反映非弹性特性)、缺口模型数据库(Neuber/Glinka)。

(6)寿命预测。数据库:限寿件的材料特性参数、基本 $S-N$ 曲线、定寿模型等。

(7)概率失效风险分析。数据库:常用物性参数等基础数据库,以及工业数据、试验获得专用数据库(材料、缺陷等)。

2. 数据库的流程化概括

对于"六要素"的数据库部分,表 5.13 给出了工程规划四个基本步骤的分析对象及备注事项,其中每一个前置流程的输出都将作为下一步流程的输入条件;表5.14 给出了转子件寿命评估各阶段的分析对象及备注事项,其各设计活动的输出也将作为下一步"六要素"判定准则部分的输入条件。

表 5.13　工程计划 4 个基本步骤的数据库分析

基本步骤	分析对象	备注
限寿件的确定	发动机的旋转部件和静止结构件	—
部件寿命估计	特性数据	—

续 表

基 本 步 骤	分 析 对 象	备 注
批准寿命认证	—	—
批准寿命维持	实际使用情况记录	—

表 5.14   转子件寿命评估中的数据库

核心设计活动	分 析 对 象	备 注
飞行剖面的选取	历史飞行剖面数据	—
性能分析	特性数据	—
空气系统分析	元件特性数据	—
热分析	物性数据	—
应力、振动分析	物性数据	—
寿命预测	物性数据、定寿模型	—

5.3.4   限寿件寿命评估的特殊材料数据获取(累积)途径

材料缺陷数据,是指原材料在生产及冶炼过程中造成异常的材料不连续性和不均匀性,典型的材料缺陷包括:钛合金中的硬 α 体、氧化物/碳化物(矿渣)、镍合金中的纤维状夹杂物以及粉末金属材料在粉末加工过程中不希望产生的污染的陶瓷颗粒等杂质,这类材料缺陷随着航空工业工艺水平的进步,通常出现的概率极小,但是一旦发生极易引起限寿件的失效,并导致灾难性事故(5.1.3 小节)的发生。因此,在 33.70 条款工程计划寿命评估体系增加的限寿件寿命期内概率失效风险评估工作中,要求材料缺陷数据作为重要的输入条件。

一般地,限寿件的概率失效风险评估中,输入的是材料缺陷的发生尺寸和发生率,此类信息实质上是统计数据,可用指定数量的材料中超出某一特定尺寸的内含物的数量的图示方式表示。目前,美国在其"钛合金委员会"的基础上,建立了完备的材料缺陷数据累积机制和标准,并在 AC 33.15 条款和 AC 33.70 条款中给出了推荐的累积方法;而现阶段国内并没有相关的数据积累,也没有数据累积的标准和机制,其严重影响着限寿件的寿命评估,尤其是影响概率失效风险评估的可信度,因此制约着航空产品的适航取证过程。由于材料缺陷数据的积累,以及累积机制、标准是需要与本国航空工业、材料加工水平密切联系和相关的,必须建立与本国技术水平相适应的累积机制。

因此,本小节首先详细分析美国缺陷数据累积机制和流程,概括技术难点;同时在此基础上,结合我国现阶段的工业水平和条件,提出一种材料缺陷数据的累积流程和方法,并对适航要求的满足和等效表明方法加以说明,从而支撑我国建立满足适航要求的材料数据累积机制,补充、完善材料数据库。

1. 缺陷数据在风险评估中的必要性

据美国统计,1962~1990 年间钛合金冶金缺陷共引发 25 起飞行事故,其中 19 起由钛合金中硬 α 夹杂缺陷导致[48]。一般而言,钛材中的硬 α 夹杂由 N、O 等与 Ti 的化合物构成,脆性和硬度都非常大,基本没有塑性变形能力,所以硬 α 夹杂区域极易在加工变形过程中被压裂,形成裂纹、空洞等缺陷,进而引起部件失效,严重威胁飞行安全。目前,对于钛及钛合金的铸坯、锻坯和成品,主要采用超声波探伤检查产品有无缺陷,但超声波探伤在检测硬 α 夹杂方面有很大的局限性。因为钛合金中存在 α 相的弹性各向异性和 β 相的高阻尼特性[49],另外硬 α 缺陷的密度和钛基体相差不大,晶体与钛基体共格,导致硬 α 夹杂不易被检出,即绝大部分的硬 α 缺陷并没有被检测出来。虽然目前发动机转子用钛合金中硬 α 缺陷出现的概率已低于 $1/10^5 \mathrm{kg}$[50],但是一旦发动机转子部件中含有硬 α 缺陷,将造成无法预测的后果。因此,在限寿件的概率风险评估中,通过有限的检查数据,采用数学和统计学的方法获得的钛合金材料内部缺陷的概率分布规律,才能得到全寿命期内失效概率的基础和必要条件。

2. 国外缺陷分布数据的累积方法及国内累积难点

1) 国外缺陷分布数据的累积方法

作为 FAA 要求的概率风险评估工作的一部分,美工业方成立了航空航天工业协会转子完整性委员会(以下简称"工业委员会"),联合各发动机制造商,开展了钛合金部件硬 α 缺陷分布(即缺陷尺寸及其出现频率)建立方法研究并形成被 FAA 认可的方法:由于部件中硬缺陷数据匮乏无法直接建立缺陷分布,工业委员会采用一套理论分析流程,即基于材料加工特性,以理论模型模拟钛合金部件的加工过程,利用加工过程中被检出缺陷的尺寸、无损检测能力以及缺陷检出相关数据,获得部件缺陷分布基线,并根据发动机商业运营经验进行校准得到最终硬 α 缺陷分布。

(1) 积累缺陷和检出数据。为了获得成品部件中缺陷尺寸及出现频率,钛合金质量委员会(Jet Engine Titanium Quality Committee, JETQC)记录了 1990~1992 年间真空电弧熔炼钛合金转子缺陷相关数据[29,30]。

① 钛合金材料缺陷数据,包括接受检测的材料的总质量、坯料(billet)/棒料(bar)中无损检测检出的缺陷数量和缺陷三维尺寸(来自金相切片),如图 5.15 所示;② 加工过程中的坯料/棒料 POD 数据;③ 毛坯盘无损检测检出缺陷的数量;④ 钛合金转子检出的缺陷数据。

(2) 变形模型的提出。通过汇总以上数据,可以得到图 5.16 所示的缺陷变形量与坯料/棒料伸长量的关系。

在此基础上,工业委员会发现并提出了变形模型并最终分析得到变形模型的

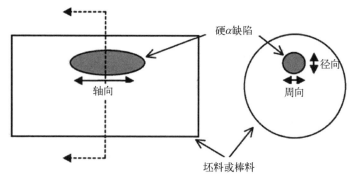

图 5.15　缺陷三维尺寸

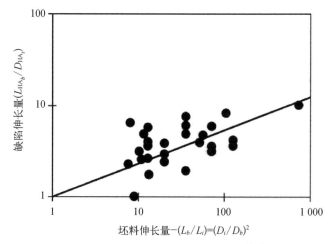

图 5.16　硬 α 缺陷变形模型示意图[18]

理论公式：[29,30]

$$L_{HA_b} = D_{HA_i} \times \left(\frac{D_i^2}{D_b^2} \right)^{0.364} \tag{5.21}$$

式中，L_{HA_b} 为坯料/棒料中缺陷的长度；D_{HA_i} 为铸锭中缺陷的直径；D_i 为铸锭的直径；D_b 为坯料/棒料的直径。

（3）建立基于轮盘加工过程的理论分析流程。变形模型的建立，为利用轮盘加工过程模型推导分析后续部件缺陷分布奠定基础。工业委员会提出的理论分析流程的核心思想是，针对轮盘的整个加工过程：铸锭→坯料/棒料→锻件（毛坯盘）→成品盘，引入假设：① 所有加工工序均不会引入新的缺陷或者破坏原有缺陷，即缺陷数量在加工过程中保持不变；② 缺陷形状会随着材料宏观变形而发生改变，参见上述方程（5.21）变形模型。

基于以上两个假设,如果已知铸锭中缺陷分布,就可以按照加工流程顺序推导,最终得到成品盘的缺陷分布。

如图 5.17 所示,钛合金轮盘加工过程起始于铸锭,分别指向坯料/棒料;利用变形模型可以由铸锭缺陷分布推导得到框架②与框架③的缺陷分布;在框架④与框架⑤中,无损检出缺陷将被移除,利用合适的 POD 曲线对坯料/棒料缺陷分布进行筛选,得到无损检测后坯料/棒料缺陷分布;框架⑥为锻件(毛坯盘),假设锻造过程对缺陷形状影响很小,经框架④、⑤检测后坯料/棒料缺陷分布即为锻件缺陷分布;最后,对锻件同样执行无损探伤检测,获得成品盘的缺陷分布。

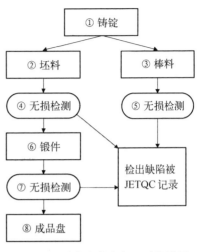

图 5.17　钛合金轮盘加工过程模型

按照上述加工过程模型制定图 5.18 所示的缺陷分布曲线建立过程,具体分为以下四个步骤:① 由坯料/棒料缺陷数据及 POD 曲线,反推出铸锭中缺陷分布基线,如图 5.19 所示上界。② 利用变形模型,得到坯料/棒料中的缺陷分布。根据核心假设,在材料加工过程中,内部所含缺陷的数量不会发生变化。铸锭加工到坯料/棒料的过程中缺陷尺寸的变化可由方程(5.21)获得,从而得到坯料/棒料中的

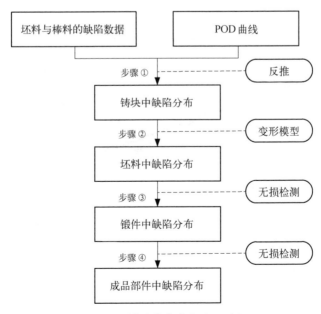

图 5.18　缺陷分布曲线建立过程

缺陷分布。变化过程相当于在缺陷分布图上对缺陷分布曲线进行平移。③ 坯料/棒料中的缺陷分布除去无损检测检出的缺陷,得到毛坯盘的缺陷分布数据。步骤③得到了坯料/棒料的缺陷分布,结合坯料/棒料的 POD 曲线,可以推算得到坯料/棒料经过无损检测后被检出缺陷和未检出缺陷。根据假设,锻造过程不影响缺陷形状及尺寸,坯料/棒料中未检出缺陷分布即为毛坯盘中缺陷分布。上述过程相当于用 POD 曲线对检查前的缺陷分布进行筛选,得到检查后的缺陷分布,如图 5.20所示。④ 利用毛坯盘的 POD 曲线,从毛坯盘的初始缺陷分布中除去检出缺陷,可以得到成品盘的初始缺陷分布以及缺陷出现概率。该步骤与步骤③类似。利用无损检测毛坯盘的 POD 曲线对毛坯盘缺陷分布进行筛选,毛坯盘中未检出缺陷分布即为成品盘缺陷分布。

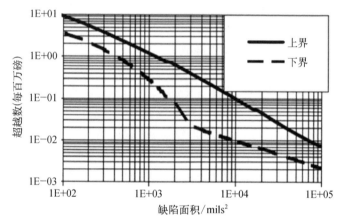

图 5.19　缺陷分布上下界限[29,30]

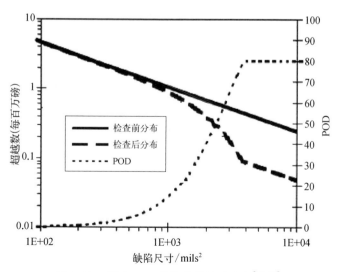

图 5.20　利用 POD 曲线筛选缺陷分布[29,30]

上述步骤完成后，由于推导过程中所用 POD 曲线的不确定性，无法得到满足条件的单一分布。工业委员会建议工业方各成员依据各自钛合金转子生产运营经验数据选择缺陷分布的最终形状，并按照不断积累的 JETQC 数据中缺陷出现频率对缺陷分布进行修正，即曲线的校正和微调，如图 5.19 所示的缺陷分布曲线的下界。

2）国内缺陷分布数据累积难点[51]

从国外统计缺陷数据流程可以看出，其数据累积过程伴随着轮盘的整个加工过程，需要各材料供应厂商统一加工工艺和无损检测方法，在较长的周期内有针对性地积累生产中的缺陷数据。然而，经调研发现，当前国内各钛合金材料供应厂商生产设备和技术水平不尽相同，无损检测方法流程相差较大，缺乏统一规范的缺陷数据累积方法。特别是国内对硬 α 夹杂数据的积累更属空白。上述难点中，如何建立我国工业水平下并满足适航要求的科学合理的缺陷分布数据累积方法是关键。

3. 国内缺陷分布数据累积方法的提出及示例

由于缺陷轮盘加工过程中分步无损检测（图 5.18 所示步骤③和④）的数据且无法通过试验模拟，所以本小节研究对图 5.18 所示轮盘加工过程抽象简化为"铸锭→坯料/棒料"，只要求获取铸锭中硬 α 夹杂分布基线。采用铸锭缺陷分布基线作为输入进行概率失效风险评估，将得到保守的结果以充分保证安全性。

针对轮盘前期加工过程：铸锭→坯料/棒料，可利用坯料/棒料中检出的缺陷分布（尺寸和数量）和相同无损检测条件下的 POD 曲线，经变形模型反推得到铸锭中硬 α 夹杂的缺陷分布基线（图 5.18 所示步骤①）。由于天然硬 α 缺陷出现概率极小，当前可供研究的天然硬 α 缺陷数据点数量不足以支撑缺陷分布曲线。对此，推荐采用在 TC4 铸锭熔炼过程中加入人工硬 α 夹杂再经锻造得到的圆柱形试件进行两个试验：超声检测 POD 曲线的测定试验和检出缺陷分布试验。为节约成本，两个试验共用同一组试件，首先进行 POD 曲线的测定，然后对其中含有人工硬 α 夹杂的试件进行金相切片以获得坯料/棒料的检出缺陷数据，即确定硬 α 夹杂经模拟轮盘加工过程（已简化为铸锭→坯料/棒料）后的三维尺寸。

由于本小节试验均采用人工植入缺陷的试件模拟，因此分析结果并不代表实际生产中真实存在的缺陷数据。但是，其意义在于给出一种满足适航要求的材料缺陷（硬 α 夹杂）分布的试验方法和数据累积机制，为在生产中积累缺陷数据提供经验并支撑国产发动机的适航取证工作。

1）试件规格的确定

试件基体材料为典型钛合金 TC4，夹杂材料采用 TiN。在铸锭熔炼过程中，将 TiN 切割或研磨成确定尺寸和形状的颗粒放入液态的 TC4 中。TiN 熔点高于 TC4，夹杂边缘仅会有极少量融化，形成夹杂的核心区和扩散区。凝固后的试件中，TiN 夹杂的位置和深度随机，其尺寸和形状会有很小程度的变化。铸锭经过锻造得到

底面直径 φ120 mm 圆柱形试验件。

2）试件数量的确定

试件中的夹杂随机分布，为避免夹杂互相干扰，每个试件仅含有一个夹杂，含有夹杂的试件数量等于试验点数量（即在合理置信水平及给定比例下的数据点数量）。当以 $(1-\alpha)$ 作为置信水平，同时子样所包含母体的比例为 P_0 时（P_0 依据工作安全性背景而定，工程上 P_0 取 0.90），子样容量 n 可如方程（5.22）所示[51]：

$$n = 1 + \frac{\log \dfrac{\alpha}{n-(n-1)P_0}}{\log P_0} \qquad (5.22)$$

如表 5.15 所示，考虑到实际需求和经济性，置信水平拟取值 90%，P_0 取值 90%，共需要 37 个试验点，即需要 37 个含有缺陷的试件。为确保无损检测的独立与客观，试件总数一半左右应不含缺陷[52]，所以再制作 37 个不含缺陷的试件。所有 74 个试验件在外观上应保持一致，试件制备完成后对所有试验件编号。

表 5.15   试件数量计算结果

1 − a	P_0				
	0.80	0.85	0.90	0.95	0.99
90%	17	24	37	76	387
95%	21	29	45	93	472

3）缺陷的尺寸分布和最小检测次数的确定

（1）缺陷尺寸范围极值。缺陷尺寸的两个极值与测定 POD 曲线所要覆盖的范围相关。考虑到无损检测的分散性，要求至少覆盖 90% 的 POD 曲线范围[53]，将缺陷尺寸的两个极值定义为 a_{10} 和 a_{90}，其中 a_q 的角标 q 表示缺陷尺寸 a 对应的检出概率。POD 曲线可用 Weibull 分布描述[52−54]：

$$P_D(a) = 1 - \exp\left[-\left(\frac{a}{\beta}\right)^\alpha\right] \qquad (5.23)$$

即可得到两个缺陷尺寸的极值表达式：

$$a_{10} = \beta(\ln 0.9)^{1/\alpha}, \quad a_{90} = \beta(\ln 0.1)^{1/\alpha} \qquad (5.24)$$

以上表达式中存在未知参数 α 和 β，需要通过对两组含有的试样进行无损检测进而点估计得到[52]。选取缺陷尺寸 α_1 和 a_2，根据经验其检出概率点估计设计在 0.4~0.6 和 0.8~0.95，分别对两个含缺陷的试样进行检测，次数依照经验确定，试验结果统计为 $\hat{P}_1$ 和 $\hat{P}_2$，其中 S_{ni} 为检出缺陷次数，n_i 为进行缺陷检测的次数：

$$\hat{P}_1 = \frac{S_{n1}}{n_1}, \quad \hat{P}_2 = \frac{S_{n2}}{n_2} \tag{5.25}$$

结合方程(5.23),得到点估计值 $\hat{\alpha}$ 和 $\hat{\beta}_1$:

$$\hat{\alpha} = \frac{A_1}{\ln a_1 - \ln \beta}$$

$$\hat{\beta} = \exp\left(\ln a_1 - \frac{A_1}{A_2 - A_1}\ln \frac{a_2}{a_1}\right)$$

$$A_1 = \ln \ln \frac{1}{1 - \hat{P}_1}$$

$$A_2 = \ln \ln \frac{1}{1 - \hat{P}_2} \tag{5.26}$$

(2) 缺陷尺寸的分布规律和最小检测次数。为了能够得到比较合理的缺陷检出概率曲线,可以采用对数均匀分布作为缺陷尺寸布置方法[55]。因此,各缺陷尺寸及相应检出概率如方程(5.27)、方程(5.28)所示:

$$\ln a_i = \ln a_{10} + \frac{i-1}{n-1}(\ln a_{90} - \ln a_{10}), \quad a_i = a_{10} \cdot \left(\frac{a_{90}}{a_{10}}\right)^{\frac{i-1}{n-1}} \tag{5.27}$$

$$P_i = 1 - \exp\left[-\left(\frac{a_i}{\hat{\beta}}\right)^{\hat{\alpha}}\right] \tag{5.28}$$

为保证置信度[56],第 i 组试件最少检测次数 ω_{imin} 如方程(5.29)所示,式中 α 取自置信水平 $1 - \alpha$;$u_{\alpha/2}$ 查表可得;精度指标 δ 按照经验取 0.05;P_i 根据方程(5.28)得到。

$$\omega_{imin} = \left(\frac{u_{\frac{\alpha}{2}}}{\delta}\right) P_i(1 - P_i) \tag{5.29}$$

4) 缺陷形状和位置的确定

试件中 TiN 夹杂采用圆柱形,方向随机。为了使圆柱形夹杂的放置方向对超声检测缺陷截面积影响最小,将圆柱的底面直径与高设置为相等。夹杂在试件中位置随机,但需保证所有夹杂都不在试件边缘超声检测盲区内,否则试件无效需要重新制作。

5) 试件硬 α 缺陷(TiN)的含氮量的选择

硬 α 夹杂又称富氮型夹杂(nitrogen-rich inclusion),以 TiN 为主[57]。TiN 是非化学计量化学物,含氮量(质量分数,下同)可以在一定的范围内变化而不引起 TiN 结构的变化。钛合金中自然形成的 TiN 夹杂含氮量范围为 1.6%~6%[27]。

GE 公司通过试验对不同含氮量 TiN 的本构特性进行了研究[25],试验发现:随着 TiN 试件含氮量的增加,材料强度变大,塑性变差;低含氮量的 TiN 试件塑性强而不发生破裂,破裂只发生在含氮量大于 4% 的试件中;当含氮量大于 6% 时,TiN 试样几乎不表现出塑性,变得硬而脆;含氮量 12% 的 TiN 材料具有最大的残余应力[28]。此外,敏感性研究已证明材料含氮量的变化是影响裂纹扩展门槛曲线移动最重要的因素,如图 5.21 所示,相同的载荷下 TiN 夹杂的含氮量越高,其应力强度因子 ΔK 越大,越有利于裂纹的扩展,对钛合金基体材料寿命威胁越大。

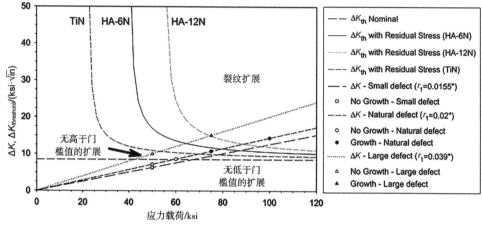

图 5.21　不同含氮量下硬 α 夹杂 ΔK 和 ΔK_{th} 随载荷变化敏感性[28]

　　因此,推荐试验 TiN 夹杂采用 12% 的含氮量,在研究中模拟一种最危险的情况,得到偏保守的结果,从而保障安全性。

　　6) 试件检测标准和检测等级的选择

　　为获得置信水平 90%,子样包含母体比例 90% 的 POD 曲线,对全部 74 个试件进行液浸超声检测。不少于 5 个检验员单独进行每次检测,不交流信息;同一检验员对同一试件的两次检测,在时间上至少要间隔两天;由专人记录每个试件的检测数、评定为缺陷的次数、缺陷的位置和投影面积[58]。此外,根据《航空结构件用钛合金棒材规范》(GJB 1538A—2008)要求[59],对本试验中 φ120 mm 圆柱形试件,要求采用我国超声检测业内现行标准《变形金属超声检验方法》(GJB 1580A—2004) AA 检测等级[60]。

　　7) 缺陷三维尺寸获取流程的确定

　　在熔炼和锻造过程中试件中的 TiN 夹杂三维尺寸会发生变化,而仅靠超声检测并不能准确获得夹杂的三维尺寸,因此需要将试件剖开对夹杂做金相切片以确定夹杂(含扩散区)的三维尺寸[61],步骤如下所示。

　　(1) 记录试件中的超声信号,包括信号的角度、夹杂在试件中的位置。

　　(2) 从试件中切出一个包含夹杂的约 40 mm×40 mm×40 mm 立方体样本,对每个面标记。

（3）对样本进行超声检测，对样本中的夹杂进行定位并重新标记。

（4）从样本中进一步切出一个包含夹杂的约 25 mm×25 mm×25 mm 立方体小样本。

（5）金相切片：① 垂直于最大信号响应的方向，切大约 2 mm 厚的切片；② 宏观检查有无偏析和晶粒的方向；③ 垂直于超声波进入试样的方向抛光 0.05～0.5 mm，显微观察；④ 如果切片中没有发现夹杂（或夹杂的扩散区），重复步骤①～③，如果在切片中发现夹杂（或夹杂的扩散区），观察缺陷特征和三维尺寸并记录；⑤ 在两个正交方向上拍摄缺陷最大尺寸的显微照片；⑥ 重复步骤①～⑤，连续进行金相切片，从夹杂的扩散区上界到核区直至切出夹杂扩散区下界。

8）数据处理方法分析

利用缺陷径向（radial）、轴向（axial）、周向（circumferential）三维尺寸（图 5.15）[29,30]，计算坯料中检出缺陷的截面积 A_{HA_e}：

$$A_{HA_e} = \frac{\pi}{4} \times \text{Axial} \times \sqrt{\frac{\text{Radial}^2 + \text{Circumferential}^2}{2}} \tag{5.30}$$

在试验得到的 POD 曲线上查出 A_{HA_e} 对应的检出概率 POD_{HA_e}，如图 5.22 所示，则无损检测前截面积为 A_{HA_e} 的缺陷（包括未检出的）的数量 #Anomalies$_{HA_e}$ 为

$$\#\text{Anomalies}_{HA_e} = \sqrt{\text{POD}_{HA_e}} \tag{5.31}$$

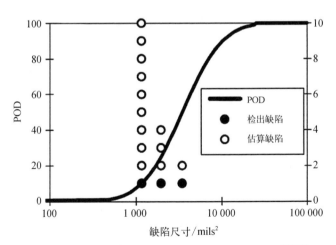

图 5.22　利用 POD 曲线反推无损检测前缺陷数量[29,30]

基于加工过程不会改变缺陷数量的假设，坯料或棒料中缺陷数量即为铸锭中缺陷数量。基于缺陷在变形过程中体积保持不变的假设，可以得到对应的铸锭中

缺陷的面积 A_{HA_i}：

$$A_{\mathrm{HA}_i} = \frac{\pi}{4} \times (\text{Axial} \times \text{Radial} \times \text{Circumferential})^{2/3} \tag{5.32}$$

　　至此得到了铸锭中缺陷截面积及其对应的数量。将得到的数据进行对数线性拟合为方程（5.33），其中 ExceedanceCount 为面积 A_{HA_i} 的缺陷的超越统计数，intercept 和 slope 分别为对数线性曲线的常数和斜率，并得到铸锭缺陷分布基线如图 5.23 所示。

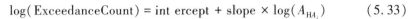

$$\log(\text{ExceedanceCount}) = \text{int ercept} + \text{slope} \times \log(A_{\mathrm{HA}_i}) \tag{5.33}$$

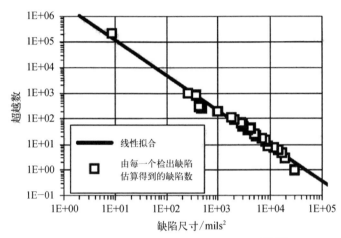

图 5.23　铸锭缺陷分布的对数线性拟合[29,30]

4. 材料表明缺陷的处理

　　对于表面加工引起的缺陷，其分布数据的获得方法与材料缺陷基本一致。除此之外，国外几个主要的发动机制造商还采用等效初始缺陷尺寸（equivalent initial flaw size，EIFS）的方法对部件的加工缺陷分布进行模拟[62]。但是，由于加工缺陷与待加工的部件设计特征、加工方法以及加工中所采用的监控系统等相关性较大，更加难以获得准确的分布，所以目前对于加工诱发表面缺陷的可用数据较少[4]。

　　对此，AC 33.70-1 中明确[2]，对于加工缺陷，可以采用暂定的基于确定性安全寿命方法的处理方式来表明安全性；另外，在潘城空难事故调查的基础上，AC 33.70-2 给出了一种圆孔特征的表面缺陷损伤容限处理方法，但是仍明确该方法只适用于这一种类型缺陷，而对其他的加工和使用诱发的缺陷将在未来分阶段介绍。

　　因此，对于材料表面缺陷，采用确定性安全寿命的方法处理是合适的。

5.3.5 我国基础材料数据的适航性累积机制

对于基础材料数据,其属于一般类数据要求,国内针对限寿件的金属基材料已经积累了大量的材料试验数据,包括材料的基本性能数据、疲劳性能数据、疲劳裂纹扩展数据、平面应变断裂韧度数据等,并基本形成了材料数据库和累积机制,如国标和航标下的材料手册等。但是,我国在基础材料数据的累积上存在着已开展试验项目数据不够全面,仍尚未开展试验的数据类型等问题;此外,由于民用航空产品极高的安全性要求,在适航审定时存在难以向局方表明所累积的材料数据本身满足适航符合性要求的困难。

对于上述存在的问题,其严重影响着限寿件的寿命评估,尤其是影响概率失效风险评估的可靠性,因此制约着航空产品的适航取证过程。因此,本节将以我国典型材料基础材料数据为对象,阐述材料补充试验项目的数据累积方法和适航要求的等效表明方法。

1. 典型基础材料数据的补充试验项目

材料的裂纹扩展数据是限寿件概率失效风险评估过程中最为典型的基础材料数据输入之一,必须保证该数据的有效性和准确性。一般地,有关材料裂纹扩展数据的获得主要是通过试样裂纹扩展试验获得的。但是,对于材料内部缺陷导致的裂纹扩展是在高真空环境下发生的,因此,是否这种裂纹扩展与空气环境下具有相同的扩展速率和特性,是一个值得关注的问题,也直接影响着概率失效风险评估的准确性。

对此,国外航空发动机制造商开展了真空条件下的裂纹扩展试验,并与空气环境下的裂纹扩展试验进行对比,以保证输入数据的精确性[63,64]。目前我国对空气环境下的裂纹扩展数据有着较为丰富的积累,但是没有系统地开展真空环境下的裂纹扩展试验,缺乏数据累积。

因此,本小节以国外开展的真空环境下钛合金裂纹扩展试验为对象,详细阐述试验内容,并对试验结果进行分析,从而对我国未来补充开展这类基础材料试验提供一定借鉴。

1)真空条件下基于试样的裂纹扩展试验

(1)真空环境的必要性。钛合金材料的轮盘类部件,其失效主要是由制备过程中不可避免的轮盘内部硬 α 缺陷产生的裂纹扩展引起的。但是,材料内部的硬 α 缺陷导致的裂纹扩展环境属于高真空环境,而大量的研究已表明真空环境下与空气环境下的裂纹扩展速率等存在一定的差异性,所以尽管钛合金材料在空气环境下的裂纹扩展也已有大量试验数据,仍必须补充真空环境下的裂纹扩展试验以保证之后的概率失效风险评估中数据的可靠性。

(2)开展过程。对此,美国西南研究院委托 GE 公司、P&W 公司、AlliedSignal 公司,对常用的三种轮盘类材料:Ti-6-4、Ti-6-4-6-2、Ti-17,开展真空条件下的裂纹扩展试验[27,28]。其中,所有的 Ti - 6 - 4 和 Ti - 17 材料裂纹扩展试验由 GE 公司完成,所有的 Ti - 6 - 4 - 6 - 2 裂纹扩展试验由 AlliedSignal 公司完成。上述所有试验均使用试样来进行裂纹扩展试验。

① GE 公司。GE 公司的试验在 NASA 的真空腔实验室完成,如图 5.24 所示,其所使用的试验件样式如图 5.25 所示。其中,该 Kb Bar 试验件类型属于表面开裂试样(surface crack tension, SCT)试样。

图 5.24　NASA 的真空腔实验室[27]

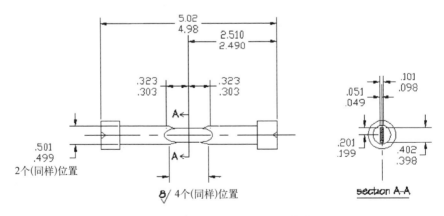

图 5.25　GE 公司裂纹扩展试验的试验件[27](单位: in)

② AlliedSignal 公司。AlliedSignal 公司的试验在其自己的真空腔实验室完成,如图 5.26 所示,其所使用的试验件样式如图 5.27 所示。其中,该试验件类型属于标准的 SCT 试样。

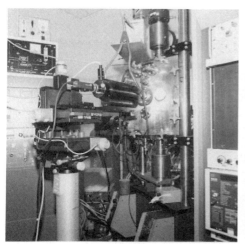

图 5.26　AlliedSignal 的真空腔实验室[27]

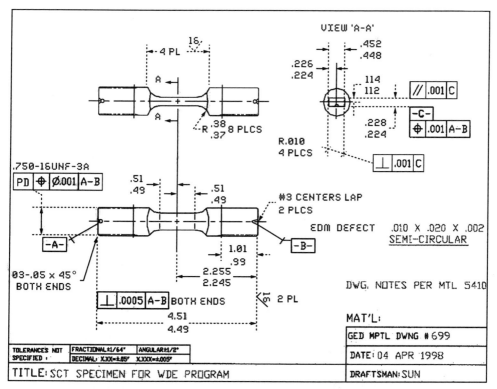

图 5.27　AlliedSignal 公司裂纹扩展试验的试验件[27]

（3）试验结果的对比分析。GE 公司和 AlliedSignal 公司对真空环境下的裂纹扩展数据与空气条件下的裂纹扩展数据进行了对比分析。但在此需要说明的是,由于 GE 公司和 AlliedSignal 公司对其空气环境下的裂纹扩展数据保密,所以在 DARWIN 软件的分析报告中将真空环境下的数据与可公开可以查询的 *Damage Tolerant Design Handbook* 中的空气环境下裂纹扩展数据加以对比。此外,需要特别注意的是,该手册中的数据由各大航空发动机制造企业公开的部分报告中材料试验数据汇编而成的。

① GE 公司数据对比。因此,对于 GE 公司的真空环境下裂纹扩展数据与 *Damage Tolerance Design Handbook* 中编号为 GE007,由 GE 公司之前的 Ti-6-4 材料在空气环境下的试验数据进行了对比[63]。其中,对比的工况条件如图 5.28 所示,对比结果如图 5.29 所示。

Condition/HT: 1775°F 1 HR WQ 1675°F 1 HR WQ 1000°F–1200°F 2-8 HR AC

Form: 0.94–1.15-in. Disk   Yield Strength: 145–150 ksi

Specimen Type: Kb Bar   Ult. Strength:

Orientation: C-R   Specimen Thk: 0.251–0.253 in.

Frequency: 0.3 Hz   Specimen Width: 0.995–1.002 in

Environment: LAB AIR   Ref: GE007

Temperature: RT, 300°F, 600°F

Stress Ratios: 0.03, 0.25, 0.54

图 5.28　GE 公司裂纹扩展试验的对比工况[63]

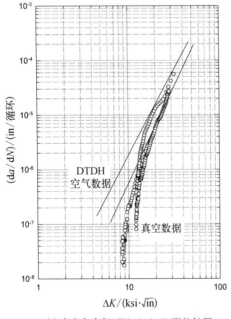
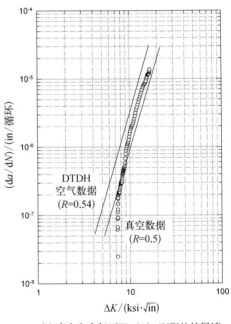

(a) 真空和空气下Ti-6Al-4V裂纹扩展
速率数据对比示意图(75°F, R=0)

(b) 真空和空气下Ti-6Al-4V裂纹扩展速
率数据对比示意图(75°F, R=0.5、0.54)

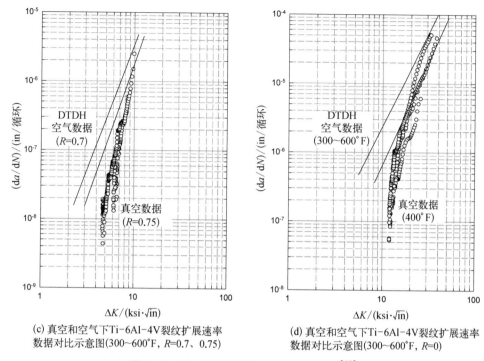

(c) 真空和空气下Ti-6Al-4V裂纹扩展速率
数据对比示意图(300~600℉, R=0.7、0.75)

(d) 真空和空气下Ti-6Al-4V裂纹扩展速率
数据对比示意图(300~600℉, R=0)

图 5.29 GE 公司裂纹扩展试验的试验件[27]

② AlliedSignal 公司数据对比。对于 AlliedSignal 公司的真空环境下裂纹扩展
数据与 Damage Tolerance Design Handbook 中编号为 PW002,由 P&W 公司之前的
Ti-6-2-4-2 材料在空气环境下的试验数据进行了对比[63]。其中,对比的工况
条件如图 5.30 所示,对比的结果如图 5.31 所示。

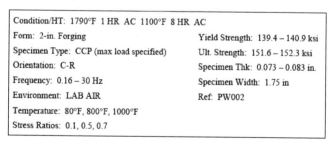

Condition/HT: 1790°F 1 HR AC 1100°F 8 HR AC	
Form: 2-in. Forging	Yield Strength: 139.4 – 140.9 ksi
Specimen Type: CCP (max load specified)	Ult. Strength: 151.6 – 152.3 ksi
Orientation: C-R	Specimen Thk: 0.073 – 0.083 in.
Frequency: 0.16 – 30 Hz	Specimen Width: 1.75 in
Environment: LAB AIR	Ref: PW002
Temperature: 80°F, 800°F, 1000°F	
Stress Ratios: 0.1, 0.5, 0.7	

图 5.30 AlliedSignal 公司裂纹扩展试验的对比工况[63]

由图 5.29 和图 5.31 的对比结果可以看到,真空环境下的裂纹扩展速率要小
于空气环境下的裂纹扩展速率,且阈值更低,所以,如果使用数据积累更多的空气
环境下的裂纹扩展速率计算轮盘的概率失效风险寿命将获得偏保守的失效风险。
因此,在 DARWIN 软件中,裂纹扩展数据采用的是空气环境下的数据。

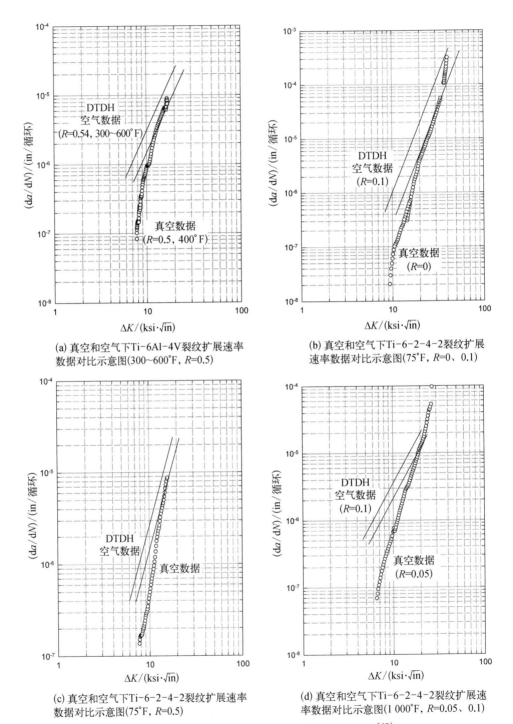

(a) 真空和空气下Ti-6Al-4V裂纹扩展速率
数据对比示意图(300~600°F, R=0.5)

(b) 真空和空气下Ti-6-2-4-2裂纹扩展
速率数据对比示意图(75°F, R=0、0.1)

(c) 真空和空气下Ti-6-2-4-2裂纹扩展速率
数据对比示意图(75°F, R=0.5)

(d) 真空和空气下Ti-6-2-4-2裂纹扩展速
率数据对比示意图(1 000°F, R=0.05、0.1)

图 5.31　AlliedSignal 公司裂纹扩展试验的试验件[27]

2）试验件类型分析

在使用上述结论进行后续的概率失效风险评估之前,需注意一个重要的问题,即 GE 公司和 AlliedSignal 公司所使用的真空环境裂纹扩展试验件虽有所差异,但均属于 Surface Crack Tension(SCT)试样类型[27];而空气环境下的裂纹扩展数据试样[27],与 GE 公司对比的 GE007 报告中为 SCT 试样,与 AlliedSignal 公司对比的 PW002 报告为中心开裂试样(center crack propagation,CCP)试样,如表 5.16 所示。

表 5.16　AlliedSignal 公司裂纹扩展试验的试验件

材　　料	试　验　单　位	试　验　件	试　验　条　件
Ti-6-4	GEAE	SCT	真空
Ti-6-4	GEAE	SCT	空气
Ti-6-2-4-2	AE	SCT	真空
Ti-6-2-4-2	PW	CCP	空气

因此,引申出的疑问如下所示。

(1)对于 GE 公司,如果在之后的概率失效风险评估中采用空气环境下的 SCT 裂纹扩展数据,则从 *Damage Tolerant Design Handbook* 来看,其数据量是远远不够的,在该手册中,大量的裂纹扩展试验是使用应用更为广泛的 CT 试件获得的。

(2)对于 AlliedSignal 公司,其对比的真空环境下疲劳裂纹扩展试验试样(SCT 试样),不同于空气环境下疲劳裂纹扩展试验试样(CCP 试样);且 SCT 试样属于表面裂纹扩展试样,而 CCP 试样属于中心裂纹扩展试样;同时,结果来源于两个公司的数据。因此,这是否意味着,在相同的试验条件与裂纹类型条件下,采用不同形式的试验件所得结果是一致的,即 SCT 试样结果与 CCP 试样结果吻合所引申出的结果是什么。

对于上述问题,就需要深入分析材料裂纹扩展试验件的关联性关系来加以解释和说明。

(1)疲劳裂纹扩展的试验件类型。在 DARWIN 软件涉及的疲劳试样中,主要包括以下几类。

① SCT 试样。该试样为 GE 公司和 AlliedSignal 公司在真空环境下裂纹扩展试验所用,其属于表面裂纹拉伸试样,如图 5.32 所示[27,65]。

② CCP 试样及 CCT 试样。其中,CCP 试样为 P&W 公司空气

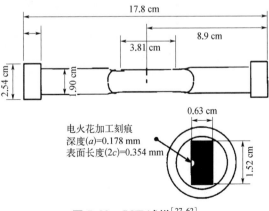

图 5.32　SCT 试样[27,62]

环境下裂纹扩展试验所用[27];此外,CCP 试样是一种中心开裂试样,而 P&W 公司报告 *Titanium Damage Tolerant Design Date for Propulsion Systems*, *AFML* – *TR* – *77* – *101* 中明确指出 CCT 试样与之等效,如图 5.33 所示[66]。

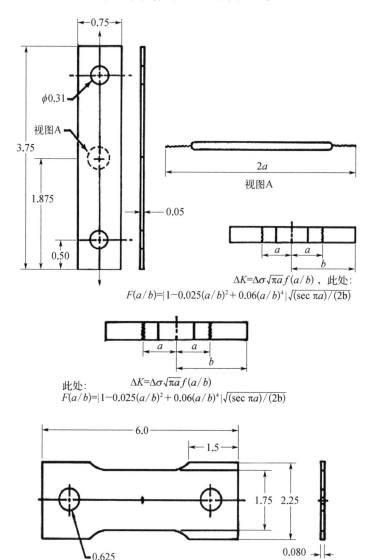

$$\Delta K=\Delta\sigma\sqrt{\pi a}\,f(a/b)\,,\ \text{此处:}$$
$$F(a/b)=|1-0.025(a/b)^2+0.06(a/b)^4|\sqrt{(\sec\pi a)/(2b)}$$

此处:
$$\Delta K=\Delta\sigma\sqrt{\pi a}\,f(a/b)$$
$$F(a/b)=|1-0.025(a/b)^2+0.06(a/b)^4|\sqrt{(\sec\pi a)/(2b)}$$

图 5.33　CCP 试样及 CCT 试样[67](单位: in)

③ CT 试样及 WOL 试样。其中,CT 试样(图 5.34)是应用最为广泛的试样[65,67],也是 Damage Tolerant Design Handbook、ASTM 标准、国标等一系列标准中,裂纹扩展试样的最为常用的试样,绝大多数裂纹扩展数据是在该试样下获得的。而 WOL 试样,则是一种在 CT 试样的基础上,加以拉长的试样(图 5.35),ASTM 数

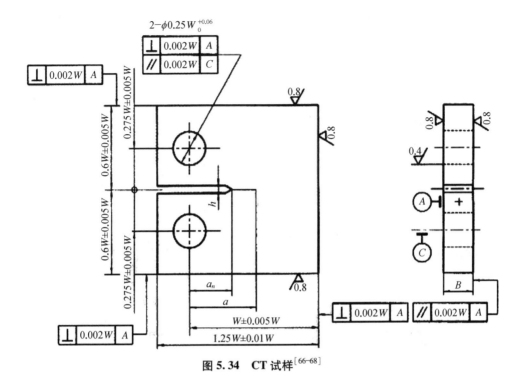

图 5.34　CT 试样[66-68]

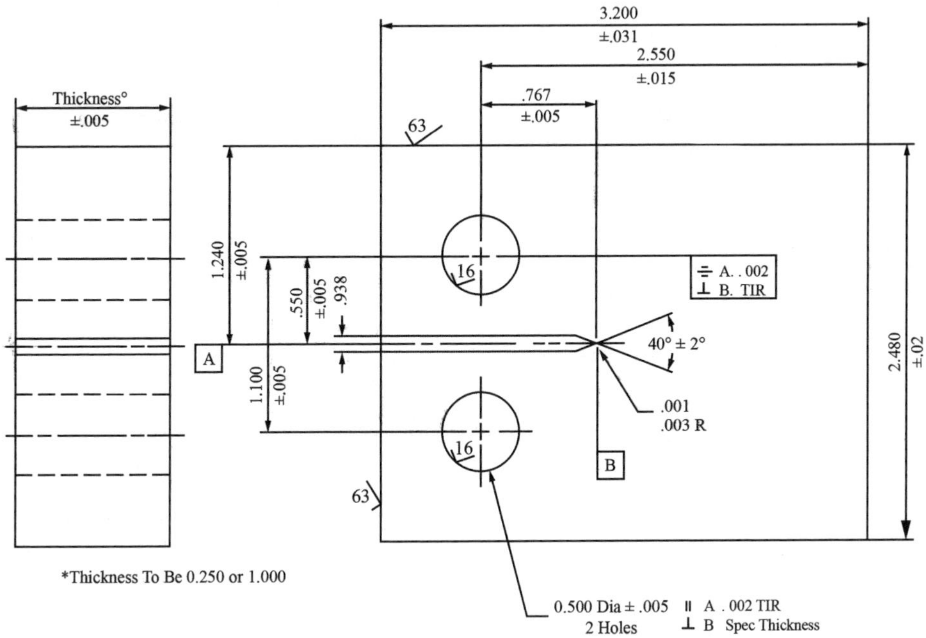

图 5.35　WOL 试样[66-68]

据库推荐的文献 *Variability in Fatigue Crack Growth Rate Testing* 明确指出：WOL 试样的目的是在裂纹扩展试验中,随裂纹长度改变的 K_I 变化率与较短的 CT 试样相比更慢,从而可以在一次试验中收集更多的数据[67]。

（2）不同类型疲劳裂纹扩展试验件的效果对比。对于前面所给出的各类疲劳裂纹扩展试样,P&W 公司报告 *Development of Standard Methods of Testing and Analyzing Fatigue Crack Growth Rate Date*, *AFML - TR - 78 - 40* 中对 CT 试样、CCT 试样及 WOL 试样的试验结果进行了对比分析,如图 5.36 所示[68]。其对比结果可概括为：① "Data from these two specimen types（CT and）are in excellent agreement over a wide range of growth rates and loading conditions." 即 CT 试样与 CCT 试样所得结果在一个广泛的裂纹扩展速率和载荷范围内吻合很好；② "Results from CT specimen are shown to agree with previous data from an ASTM cooperative inter-laboratory test program in which data were obtained on CCT and WOL（wedge-opening-loaded）specimens." 即 CT 试样结果与 ASTM 中 CCT 和 WOL 试样结果吻合。

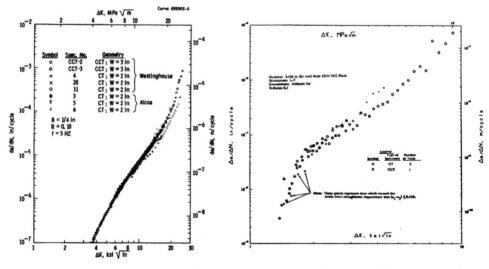

图 5.36　CT 试样、CCT 试样及 WOL 试样的结果对比[68]

（3）结果分析。在 P&W 公司报告 *Development of Standard Methods of Testing and Analyzing Fatigue Crack Growth Rate Date*, *AFML - TR - 78 - 40* 中明确指出了疲劳裂纹扩展试验的试样选取建议[68]：① "Ideally, these results show that specimens of any configuration may be employed to generate fatigue crack growth rate data." 即理想情况下,任何形式的试验件均可用于产生疲劳裂纹扩展数据；② "Compact specimens and center cracked-tension（CCT）specimens are the most widely used specimen geometries based on the test method survey conducted as part of this program."

即项目中关于试验方法的调查结果表明,CT 试样与 CCT 试样的使用最为广泛。

因此,结合本小节前段指出的 CCP 试样与 CCT 试样等效的结果,以及获得的 CT 试样与 CCT 试样及 WOL 试样结果相吻合的结果,可以得到下述结论: ① 对于 AlliedSignal 公司,其真空环境下采用 SCT 试样获得的疲劳裂纹扩展试验结果,与 P&W 公司 PW002 报告中采用 CCP 试样在空气环境下获得的疲劳裂纹试验结果较好地吻合说明,其对比可以认为是 SCT 试样与 CT 试样的结果对比,且 SCT 试样的结果与 CT 试样的结果可认为同样吻合;② 对于 GE 公司,其真空环境下的 SCT 试样获得的疲劳裂纹扩展试验结果,尽管所比较的数据来源于空气环境下的 SCT 试样疲劳裂纹扩展试验结果(GE007 报告),但由 AlliedSignal 公司的结果对比来看,GE 公司 SCT 试样的结果与 CT 试样的结果也应具有对比性,且应吻合。

3) 真空环境下裂纹扩展试验结论

通过上述分析,在本项目的裂纹扩展试验中应参考的结论可概括如下:

(1) 通过文献分析表明,在相同试验条件下,同种材料选用不同形式试验件所得试验结果吻合较好,试验件形式对裂纹扩展速率试验并没有决定性影响,而只与裂纹的开裂形式,即裂纹类型相关;

(2) 考虑到 CT 试样应用广泛,前期研究数据积累丰富,并且国标中针对 CT 试样试验流程、方法等均有详尽明确的说明,便于工程应用,所以在轮盘的概率失效风险评估中,疲劳裂纹扩展试验可以选用标准 CT 试样来获得数据积累;

(3) 由于我国目前并不具备完备的真空环境下裂纹扩展试验条件,而钛合金材料空气环境下的裂纹扩展速率大于真空环境,所以采用空气环境下的裂纹扩展数据开展轮盘的概率失效风险评估工作将获得偏保守的结果,且是可以接受的。

2. 典型基础材料数据的适航性等效表明方法

目前,尽管我国在基础材料数据方面已经有了大量的累积,但是在民用航空产品适航取证时,向局方表明所积累的材料数据本身的适航符合性,存在一定的困难。这主要是我国的民用航空发动机适航规章 CCAR – 33 部 R2 版直接来源于美国 FAR – 33 部,没有经历与工业界的融合发展,因此客观存在着规章本身要求和实现方法与我国工业发展水平和技术特点不相符的问题,也就造成了取证符合性表明的困难。当然,有关材料数据的适航符合性,实质上是属于 FAR 33.15 条款的范畴[5],但是建立与我国工业水平相适应的材料适航要求和对应的标准和准则,并不是一件一蹴而就的工作。

在这种情况下,对于民机型号面临的迫切取证需求,本书给出了一种材料数据的适航性等效表明方法,即通过从材料数据累积的源头出发,分析对比国内外标准的技术渊源和特点,表明我国材料数据的适航符合性。

因此,本小节以典型的钛合金材料疲劳寿命试验($S - N$ 曲线)中的试验件数量的选取原则为例,说明上述方法的实现过程。

1) GE 公司疲劳寿命试验($S-N$)试样数量的选取原则

针对钛合金材料(Ti-64、Ti-6264、Ti-17)的疲劳寿命试验,GE 公司主要依据的试验标准是美国军用手册 *Military Handbook: Metallic Materials and Elements for Aerospace Vehicle Structures*, *Mil-HDBK-5H*。其中,对于试样数量的选取,美国军用手册在第 9.3.4 小节"Fatigue Data Analysis"的第 5 部分"Fatigue Test Planning and Data Development"中[68]指出:

"This translates into two to four specimens at each stress or strain level. If the data displays minor variability, two specimens per level may be sufficient. If the data are highly variable, even four specimens per level may still not clearly define a statistically significant mean fatigue curve.

Adding the number of specimens recommended for curve shape definition and the number recommended for replication, the normal minimum number of fatigue tests per curve ranges from 8 to 16. Therefore, the development of fatigue curves for three stress or strain ratios for a fatigue data display in MIL-HDBK-5 might be based on 24 to 48 specimens. If additional stress or strain ratios are to be considered, the number of recommended tests would expand further, although fewer tests may be employed at these R-ratios.

More fatigue specimens are recommended for test in developing a fatigue data display for use in MIL-HDBK-5 than are actually required by current minimum data standards. This discrepancy exists primarily because the satisfaction of current minimum data standards does not ensure a statistically significant set of fatigue curves. The chance of producing a significant set of fatigue curves is much greater if the recommended fatigue test planning procedure is used and the designed test matrix is carefully completed."

即对于每一个应力水平下,应有 2~4 个试样。其中,如果数据的分散性很小,则 2 个试样就可以满足;如果数据的分散性大到每个应力水平下,4 个试样仍不足以获得清晰统计学意义上的平均疲劳曲线,则需要增加推荐的试样数量。

一般地,定义每条疲劳曲线的最少疲劳测试次数为 8~16 个。因此,如果按照美国军用手册中一个疲劳数据所需的 3 个应力、应变比的要求,则一条疲劳曲线应需要 24~48 个试样。

2) 我国疲劳寿命试验($S-N$)试样数量的选取原则

对于疲劳寿命试验($S-N$)试验,我国一般采用的标准为国军标《金属材料力学性能数据处理与表达》(GJB/Z 18A—2005)[69]。

(1) 技术渊源。需要注意的是,国军标 GJB/Z 18A—2005 的编制过程,就是参考前面所述的美国军用手册 Mil‑HDBK‑5H 形成的,因此其本身就具有天然的一致性[70]。

(2)技术要求。对于试样的数量,在国军标 GJB/Z 18A—2005 中有明确说明[70]:① 若在高应力段、中等寿命区用成组法试验,低应力段、长寿命区用升降法试验,然后用三参数幂函数法进行数据处理,一般一条中值 $S‑N$ 曲线需试样 30 根左右;② 采用散点法试验时,一条中值 $S‑N$ 曲线一般试样数为 15 根。

因此,该国军标的技术要求均与美国军用手册 Mil‑HDBK‑5H 的推荐值相符。

3. 等效表明方法结论

按照国军标 GJB/Z 18A—2005 中的要求,我国的疲劳寿命试验中试样的选取原则和标准,与美军标 Mil‑HDBK‑5H 等效。需要指出的是,美国 GE 公司采用美军标 Mil‑HDBK‑5H 开展的材料试验过程,已经得到了美国 FAA 的认可,并且也在大量航空发动机中应用并适航取证。因此,可以认为我国有关疲劳寿命试验中试样数量的选取原则,可以满足适航要求。

上述结论可以推广到其他材料数据累积和试验过程,即通过从材料数据累积的源头出发,分析对比国内外标准的技术渊源和特点,表明我国材料数据的适航符合性。

参考文献

[1] Federal Aviation Administration. Airworthiness standards:Aircraft engines: 33. 70 engine life‑limited parts. e‑CFR 14 part 33. Washington D. C. , 2007.

[2] Federal Aviation Administration. Advisory circular 33. 70‑1:Guidance material for aircraft engine life‑limited parts requirements. 2009.

[3] Federal Aviation Administration. Advisory circular 33. 14‑1:Damage tolerance for high energy turbine engine rotors — including change 1. 2001.

[4] Federal Aviation Administration. Advisory circular 33. 70‑2:Damage tolerance of hole features in high‑energy turbine. 2009.

[5] Federal Aviation Administration. Airworthiness standards:Aircraft engines: 33. 15 materials. e‑CFR 14 part 33. Washington D. C. , 1984.

[6] 骆广琦,桑增产,王如根,等. 航空燃气涡轮发动机数值仿真. 北京:国防工业出版社,2007.

[7] 丁水汀,邱天. 航空发动机寿命限制件工作边界系统级分析模型. 航空动力学报,2013,28(7):1666‑1674.

[8] Design and airworthiness requirements for service aircraft‑part 11:Engines. DEFSTAN 00‑970/2. UK, 2011.

[9] 张弓. 航空发动机涡轮盘腔多场耦合危险机理研究. 北京:北京航空航天大学,2013.

[10] 丁水汀,张弓,蔚夺魁,等. 航空发动机适航概率风险评估方法研究综述. 航空动力学报,2011,26(7):1441‑1451.

［11］ 张弓,周燕佩,丁水汀. 面向适航要求的涡轮发动机限寿件概率失效风险评估方法. 航空动力学报,2015,30(10):2338-2345.

［12］ National Transportation Safety Board. Aircraft accident peport — United airlines flight 232 McDonnell Douglas DC-10-10 Sioux Gateway Airport. Sioux City, Iowa, 1989.

［13］ National Transportation Safety Board. Aircraft accident report — Uncontained engine failure, Delta airlines flight 1288, McDonnell Douglas MD-88, N927DA. Pensacola, Florida, 1996.

［14］ McClung R C. Fracture mechanics analysis in DARWIN. FAA/USAF workshop, 1999.

［15］ Enright M P, McClung R C, Huyse L. A probabilistic framework for risk prediction of gas turbine engine components with inherent or induced material anomalies. ASME, 2005.

［16］ Leverant G R, Littlefield D L, McClung R C, et al. Probabilistic approach to aircraft turbine rotor material design. ASME, 1997.

［17］ McClung R C. Fracture mechanics analysis in DARWIN. FAA/USAF workshop, 1999.

［18］ McClung R C, Lee Y D, Enright M P. A new computational frame work for fatigue crack growth analysis of components. International Conference on Fracture, 2009.

［19］ Enright M P, Huyse L, McClung R C. Fracture mechanics-based probabilistic life prediction of components with large numbers of inherent material anomalies. ICOSSAR, 2005.

［20］ Enright M P, Huyse L. Methodology for probabilistic life prediction of multiple-anomaly materials. AIAA Journal, 2006, 44(4):787-793.

［21］ Momin F N, Millwater H R, Osborn R W, et al. A non-intrusive method to add finite element-based random variables to a probabilistic design code. Finite Elements in Analysis and Design, 2010, 46(3):280-287.

［22］ Wu Y T, Enright M P, Millwater H R. Probabilistic methods for design assessment of reliability with inspection. AIAA Journal, 2002, 40(5):936-946.

［23］ Millwater H R, Enright M P, Fitch S H K. A convergent probabilistic technique for risk assessment of gas turbine disks subject to metallurgical defects. AIAA, 2002.

［24］ Kappas J. Review of risk and reliability methods for aircraft gas turbine engines. DSTO Aeronautical and Maritime Research Laboratory, 2002.

［25］ Cole G K. Practical issues relating to statistical failure analysis of aero gas turbines. Proceedings of the Institution of Mechanical Engineers, Part G: Journal of Aerospace Enineering, 1998, 212(3):167-176.

［26］ Duffy S F, Powers L M, Starlinger A. Reliability analysis of structural ceramic components using a three-parameter Weibull distribution. Journal of Engineering for Gas Turbines and Power, 1993, 115:109.

［27］ Leverant G R, McClung R C, Wu Y T, et al. Turbine rotor material design. Federal Aviation Administration, 2000.

［28］ McClung R C, Leverant G R, Enright M P, et al. Turbine rotor material design-phase II. Federal Aviation Administration, 2008.

［29］ Sub-team to the Aerospace Industries Association Rotor Integrity Sub-Committee. The Development of anomaly distributions for aircraft engine titanium disk alloys. AIAA, 1997.

［30］ Corran R, Gorelik M, Lehmann D, et al. The development of anomaly distributions for machined holes in aircraft engine rotors. ASME Conference Proceedings, 2006, 206(42401):

941－950.

[31] Aliabadi M H, Rooke D P. Numerical fracture mechanics. Dordrecht：Springer，1991.

[32] 李庆芬. 断裂力学及其工程应用. 哈尔滨：哈尔滨工程大学出版社，2004.

[33] McClung R C, Leverant G R, Wu Y T, et al. Development of a probabilistic design system for gas turbine rotor integrity. The Seventh International Fatigue Conference，1999.

[34] Leverant G R, Millwater H R, McClung R C, et al. A new tool for design and certification of aircraft turbine rotors. Journal of Engineering for Gas Turbines and Power, 2004, 126：155.

[35] Millwater H R, Enright M P, Fitch S H K. Convergent zone-refinement method for risk assessment of gas turbine disks subject to low-frequency metallurgical defects. Journal of Engineering for Gas Turbines and Power, 2007, 129：827.

[36] Moody J P, Millwater H R, Enright M P. Automatic risk assessment methodology for gas turbine engines employing adaptive recursive triangulation. ASME, 2007.

[37] Moody J P, Millwater H R, Enright M P. Adaptive risk refinement methodology for gas turbine engine rotor disks. AIAA, 2008.

[38] Robert C P, Casella G. Monte Carlo statistical methods. New York：Springer Verlag, 2004.

[39] Dubi A. 蒙特卡洛方法在系统工程中的应用. 卫军胡，译. 西安：西安交通大学出版社，2007.

[40] 徐钟济. 蒙特卡罗方法丛书. 上海：上海科学技术出版社，1985.

[41] Enright M P, Millwater H R, Moody J P. Efficient integration of sampling－based spatial conditional failure joint probability densities. AIAA, 2007.

[42] Enright M P, Millwater H R, Huyse L. Adaptive optimal sampling methodology for reliability prediction of series systems. AIAA Journal. 2006, 44(3)：523－528.

[43] Enright M P, Millwater H R. Optimal sampling techniques for zone－based probabilistic fatigue life prediction. Denvor, Colorado,：AIAA, 2002.

[44] Huyse L, Enright M P. Efficient statistical analysis of failure risk in engine rotor disks using importance sampling techniques. Norfolk, Virginia：AIAA, 2003.

[45] 赵磊. 重要性抽样 Monte－Carlo 法在概率断裂力学分析中的应用研究. 杭州：浙江工业大学，2013.

[46] 吕震宙，宋述芳，李洪双，等. 结构机构可靠性及可靠性灵敏度分析. 北京：科学出版社，2009.

[47] Knuth D E. The art of computer programming. California：Addison－Wesley, 2006.

[48] Department of Defense. Handbook：Metallic materials and elements for aerospace vehicle structures. MIL－HDBK－5H. USA, 1998.

[49] 国防科学技术工业委员会. 金属材料力学性能数据处理与表达. GJB/Z 18A－2005. 北京，2005.

[50] Clark K R, Dillard A B, Hendrix B C, et al. The role of melt related defects in fatigue failures of Ti－6Al－4V. Titanium, 92 Science and Technology, USA. The Minerals, Metals & Materials Society, 1993：2867－2874.

[51] 丁水汀，潘博超，李果，等. 寿命限制件概率风险评估材料缺陷数据模型研究. 航空动力学报，2018,(33)5：1270－1280.

[52] 蔡建明，马济民，郝孟，钛合金中的硬 α 夹杂及其等离子冷床炉熔炼控制技术. 失效分析

与预防,2007,2(2):51-57.

[53] Mitchell A. The electron beam melting and refining of titanium alloys. Materials Science & Engineering, 1999, A263:217-223.

[54] 冯振宇,李振兴. 基于可靠性的裂纹检出概率曲线测定方法. 无损检测,2010,4:249-259.

[55] Song X, Sarkar P, Veronesi W. Virtual inspection:Optimum sample size for POD experiment. Quality Engineering, 2002,14(4):623-644.

[56] Heller R A, Stevens G H. Bayesian estimation of crack initiation time from service. Journal of Aircraft, 1978, 15(11):794-798.

[57] Safizadeh M S, Forsyth D S, Fahr A. The effect of flaw size distribution on the estimation of POD. Insight, 2004, 46(6):355-359.

[58] 中国航空科学技术研究院. 飞机结构可靠性分析与设计指南. 西安:西北工业大学出版社,1995.

[59] 沈海军. 钛及钛合金中硬 α 夹杂及其去除方法. 金属,2012,32(2):38-41.

[60] 林富甲,黄玉珊. 裂纹检测概率曲线的统计测定. 空学报,1982,3(4):21-27.

[61] Advisory Circular 33.15-1:Manufacturing process of premium quality titanium alloy rotating engine components. Federal Aviation Administration, 1998.

[62] 国防科学技术工业委员会. 航空结构件用钛合金棒材规范. GJB 1538A—2008. 北京,2008.

[63] Skinn D A, Gallagher J P, Berens A P, et al. Damage tolerant design handbook. University of Dayton Research Institute, 1994.

[64] Damage tolerance assessment handbook. Research and Special Programs Administration John A. Volpe National Transportation Systems Center Cambridge, 1993.

[65] 国家质量技术监督局. 金属材料疲劳裂纹扩展速率试验方法. GB/T 6398—2000. 北京,2000.

[66] Beyer J R, Sims D L, Wallace R M. Titanium damage tolerant design data for propulsion systems. United Technologies Corporation, Pratt & Whitney Aircraft Group, Government Products Division, 1977.

[67] 中国航空工业总公司. 金属材料高温疲劳裂纹扩展速率试验方法. HB 7680—2000. 北京,2000.

[68] Clark W G, Hudak S J. Variability in fatigue crack growth rate testing. ASTM International, 1974.

[69] Bain K R, Miller D S. Fatigue crack growth threshold stress intensity determination via surface flaw (Kb Bar) specimen geometry. Fatigue and Fracture Mechanics, 2000, 31:445-456.

[70] Hudak S J, Saxena A, Bucci R J, et al. Development of standard methods of testing and analyzing fatigue crack growth rate data. Westinghouse Electric Corporation, Westinghouses R&D Center, 1977.

第6章
典型限寿件寿命评估分析实例

在第 5 章有关限寿件寿命评估流程和方法的基础上,本章给出一个典型限寿件寿命评估的分析实例,以便于读者加深理解。

6.1 问题描述

本节以某型涡轴航空发动机压气机轮盘为对象,按照 5.1.2 小节所述的寿命评估体系的典型流程和六个核心设计活动(图 5.3),对轮盘预期寿命开展评估工作。图 6.1 给出了该型压气机叶轮简化模型示意图,以及拟开展寿命评估的轮盘结构和其子午截面网格示意图。其中,轮盘在实际发动机中的连接关系简化为图中所示的轴向约束条件。

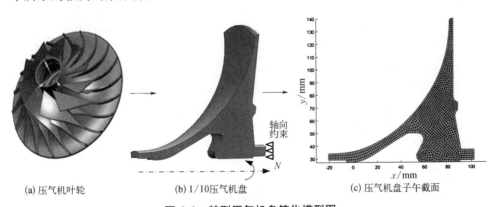

(a) 压气机叶轮　　　　　(b) 1/10压气机盘　　　　　(c) 压气机盘子午截面

图 6.1　某型压气机盘简化模型图

6.2 具体分析过程

6.2.1 飞行剖面的制定
在寿命评估体系中,飞行剖面的确定是第一项核心设计活动。对此,适航咨询通告 AC 33.70‐1 明确建议申请人需要确定合适的飞行剖面(flight profile),即申请人应当根据营运人的预定用途预测飞行剖面及相应的飞行阶段,过程中航空器制造人应与可能的营运人相互配合。由于实际剖面不同于最初的预测剖面,这将造成安全寿命的改变或降低,因此应当采用保守的、建立在实际使用的全额定功率基础上的剖面。

但是,在实际寿命评估中,对于确定的限寿件基于全额定功率飞行剖面,与通常基于高度、速度与飞行阶段构成的飞行剖面表现形式不同,必须通过必要的工具进行计算、分析、转化获得。对于这种实现工具,本示例采用了 4.3.2 小节所给出的一体化模型完成,即将高度、速度与飞行阶段的飞行剖面转化为功率与飞行阶段的关系,或各飞行阶段中随时间变化的功率需求。

对于本章所给出的压气机轮盘来源于某型涡轴航空发动机,根据上述流程,本示例所对应的飞行剖面如图 6.2 所示。

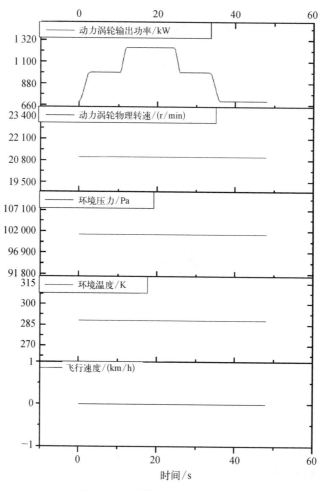

图 6.2　典型的飞行剖面示意图

6.2.2　性能及空气系统分析

根据该型发动机飞行剖面,作为第 2 项及第 3 项核心设计活动性能分析和空气系统分析的输入条件,以获得该压气机轮盘热分析及应力分析的工作边界条件(本示例中不考虑制造容差、控制容差、冷热启动的影响)。

在本示例中,该型发动机的预期装机机型采用 2 台发动机,所选取的工况条件为单发失效后,另一台发动机负荷上升的过渡过程,即计算选取了模拟发动机由稳态设计点至最大额定状态[1]的过渡过程,发动机首先经历加速阶段,达到稳态设计点转速之后进一步加速,经一段时间过渡到最大额定状态,即最大转速状态,最后经历减速阶段回到初始状态,从而构成一次飞行循环。对于这一过渡过程的选择,原因在于对涡轴发动机而言,其工作特性决定了最大额定状态是发动机的重要工作状态,在轮盘初始设计阶段必须予以充分考虑;由于过渡过程中轮盘转速高于稳态设计点,其应力水平偏高,将对轮盘安全性产生重要影响。对于限寿件的寿命评估过程,需要考虑过渡过程的影响,而由稳态设计点至最大额定的过渡过程是涡轴发动机的关键工作过程,因此选取该过渡过程获得轮盘应力演变历程,并进一步分析轮盘预期寿命期内的失效风险。

具体而言,在该过程中:盘腔进口气流温度保持定值,$T_{in} = 288.15$ K;其他边界条件均随时间变化,如图 6.3 所示,各边界条件随时间变化趋势相似,加速阶段

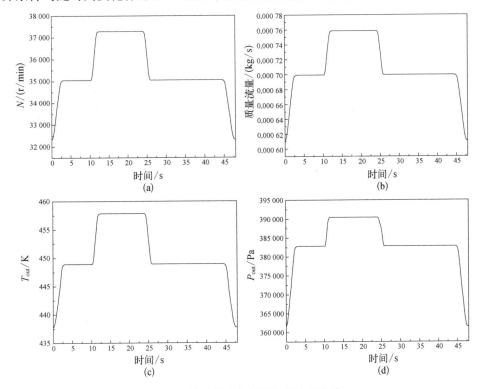

图 6.3　随时间变化的压气机边界条件

边界随时间迅速增大,约 3 s 时达到设计点数值,稳定运行至 10 s 后进一步加速,经历约 2 s 达到最大转速状态,最后在 24~26 s 间隔内减速至稳态设计点状态,稳定运行一段时间后经历约 2 s 的减速阶段完成一次循环。

在此需要说明的是,对于压气机轮盘,考虑到温度水平和温度梯度较低,由此产生的热应力对全盘应力水平影响较小(6.4.2 小节),因此本示例中对所考虑的循环时间历程进行了缩短和简化,轮盘所承受的载荷主要是由随时间变化的转速决定的,其应力变化趋势仍能反映真实边界的演化规律,故满足本小节的研究需求。在此,如果读者期望获得与实际过程更为贴近的分析结果,可以在图 6.3 所给出边界条件的基础上,对飞行循环中最大转速与稳态设计点状态的持续时间根据计算需求进行延长,以获得稳定的温度场下的分析结果。

6.2.3　瞬态温度及应力分析

瞬态温度及应力分析,是限寿件寿命评估体系中的第 3 项和第 4 项核心设计活动,即由确定的压气机叶轮盘腔工作条件,完成对轮盘的瞬态温度及应力场分析。

1. 温度及应力分析方法概述

对于离心式压气机的温度及应力分析,理论上属于耦合计算的范畴,但是由于压气机轮盘在计算范围内由叶片本身产生的形变以及由温度引起的形变较小(即由流动换热及离心载荷引起的轮盘变形相对较小,对流体流动的影响不大),耦合程度较低,不属于强耦合问题,因此对于本部分分析涉及的转静系旋转盘腔,可忽略轮盘变形对流体流动与换热的影响,采用单向 One-way FSI 方法分析过渡过程中旋转轮盘的温度及应力。分析流程如图 6.4 所示,盘腔流固耦合分析采用基于有限体积法的商用软件 ANSYS CFX 17.0 完成,轮盘热固耦合分析采用基于有限元法的商用软件 ANSYS Mechanical APDL 17.0 完成。

2. 物性条件

轮盘材料为钛合金 TC4。由于计算域内,材料物性随温度变化不大,在本节计算的温度范围内,材料物性参数可近似为常物性,其数值如表 6.1 所示[2]。

表 6.1　压气机轮盘及冷气的物性参数

	物 性 参 数	数　　值
轮盘(固体域)	$\rho/(kg/m^3)$	4 620
	$\lambda/[W/(m \cdot K)]$	7.955
	E/MPa	110 000
	υ	0.30
	$\alpha/(10^{-6}/℃)$	8.6

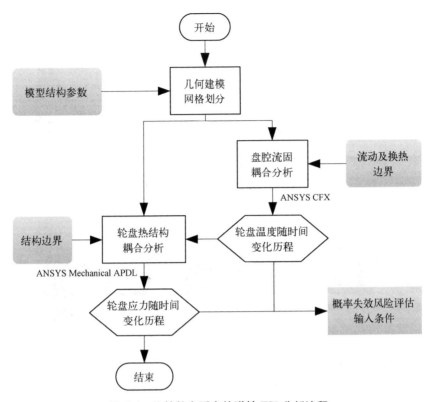

图 6.4　旋转轮盘瞬态热弹性 FSI 分析流程

3. 温度及应力结果分析

参照图 6.3 所示的边界条件演变历程,选取以下几个时刻分析轮盘温度与应力随时间的变化:① 0 s,即过渡过程的初始状态;② 2 s,即第一次加速阶段某一时刻;③ 11 s,即第二次加速阶段某一时刻;④ 24 s,即最大额定状态,此时轮盘转速达到峰值;⑤ 25 s,即第一次减速阶段某一时刻;⑥ 40 s,即稳定运行阶段,对应设计点转速。本小节首先分析以上六个时刻下轮盘的温度及周向应力分布,这些数据将作为压气机盘概率失效风险评估的输入条件;之后针对轮盘的核心区域,重点分析其应力随时间的演变规律。

1）温度分布

不同时刻下轮盘温度分布如图 6.5 所示。可以看出,轮盘温度数值随时间发生变化,但温度分布形式基本保持不变,轮盘外缘温度较高,内缘温度较低,温度自内缘向外缘呈现递增趋势。究其原因,由于压气机对气体做功,压气机盘腔出口处气体温度较之入口处升高,气体对压气机盘传热,导致轮盘外缘温度升高。压气机的工作特性决定了热载荷并非其核心载荷,其温度梯度不大,温度分布形式随时间变化较小,对轮盘工作应力的影响较小(在此也佐证了本示例对分析过程的简化是合理的)。

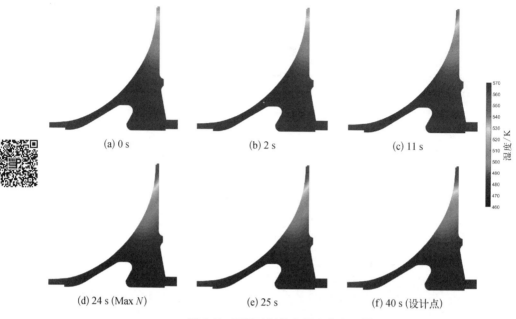

图 6.5　不同时刻轮盘温度分布云图

2）轮盘形变及周向应力分布

不同时刻下轮盘形变及周向应力分布如图 6.6 所示。与温度分布类似,周向应力分布的数值随时间发生变化,但其分布形式保持稳定,轮盘最大应力位于盘心

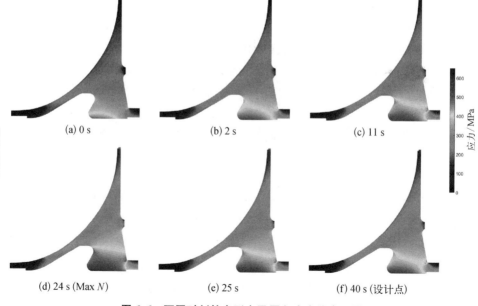

图 6.6　不同时刻轮盘形变及周向应力分布云图

区域,应力数值整体上沿半径增大而减小。轮盘应力是离心力与热应力的叠加,前面某型涡轮盘的计算结果表明,离心力占主导地位,这对压气机盘同样适用。

3)盘心应力历程

为了更直观地分析过渡过程中的瞬态应力,以轮盘关键部位盘心为例,分析其周向应力随时间的变化规律。如图 6.7 所示,飞行循环内盘心应力的变化趋势与转速变化同步,原因在于,压气机盘应力分布主要取决于离心载荷,而离心应力作为场力,其分布仅取决于当前时刻的转速数值。由于实际飞行中飞行器不可避免经历机动飞行阶段,如本示例中模拟的最大额定状态,轮盘转速存在超出稳态设计点转速的峰值转速。盘心在飞行循环内峰值应力为 572 MPa,而稳态设计点下应力数值为 503 MPa,峰值应力较设计点应力高出约 13%。因此,压气机轮盘同样经历瞬态应力超出稳态设计点应力的危险状态,在失效风险评估中必须加以考虑。

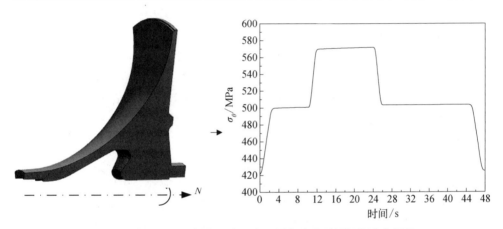

图 6.7 过渡过程中轮盘形变及盘心周向应力随时间的变化历程

6.2.4 寿命分析(预期寿命的确定)

寿命分析是限寿件寿命评估体系的第 6 项核心设计活动,其包含了两部分的工作内容,即预期寿命的确定,以及预期寿命的概率失效风险评估(6.2.5 小节专门论述)。

对于该压气机轮盘,应该结合材料数据,确定限寿件的低周疲劳寿命,即限寿件的预测寿命。由于限寿件多为高转速复杂载荷作用下的零部件,确定寿命的主要依据为限寿件的裂纹萌生寿命。需要采用应力-应变、温度历程与合适的材料及循环疲劳测试数据相结合的程序,来制定最差特性零部件的低周疲劳裂纹萌生寿命。另外,还需要考虑塑性和蠕变带来的影响。在适航设计中,考虑到必然存在的数据分散度,应当采用合适的统计方法来减少使用的试验数据,试验数据应当用可接受的零部件风险等级来表示。

在 5.1.3 小节中,已经详细给出了常用的几种定寿方法。由于定寿方法的差异性会对预期寿命产生影响,且这种影响也是复杂的并导致目前确定限寿件的疲劳寿命分散性仍较大;同时,疲劳定寿并不是本章示例的分析和讨论重点,因此,本书不特别给出具体的预期寿命确定的分析过程。对于之后的分析,假定该压气机轮盘采用安全性寿命方法确定的预期寿命为 $N_p = 20\,000$ 循环。

6.2.5 概率失效风险评估

对于寿命评估,根据适航规章 33.70 条款要求,必须开展寿命期内的概率失效风险评估工作,从而判断预期寿命期内($N_p = 20\,000$ 循环)的失效风险是否满足 DTR 要求。对此,根据 5.3.2 小节中对限寿件概率失效风险评估技术的详细分析,以及确定的寿命评估的基本流程(图 5.10),完成该压气机轮盘的寿命评估工作。

1. 分析工具的开发

按照 5.3.2 小节中加以详细论述的概率失效风险评估方法机理和核心技术,并基于图 5.10 所示的逻辑架构,确定失效风险计算程序的流程(图 6.8),编写对应的分析代码(有关本示例分析工具所包含的概率失效风险评估核心代码请见本书附录),形成对应的软件工具,如图 6.9 所示[1]。对于本章之后的分析,均是在此工具平台下自动完成的。

2. 输入参数的确定

概率失效风险评估的输入条件包含两大部分: ① 失效外因输入,即飞行循环中轮盘温度与应力历程。对于本示例中的压气机轮盘,考虑最大额定过渡过程,通过空气系统分析获得轮盘边界条件,并计算获得轮盘温度与应力分布,详见 5.4.2 小节和 5.4.2 小节,在此不再赘述。② 失效内因输入,包括轮盘材料的相关数据(基本材料数据、断裂力学相关数据)、缺陷数据及检查数据等。对于上述两类输入条件,在 5.3 节给出了概率失效风险评估所需各项数据的获取途径,以及基础数据的累积机制与数据库架构形式。然而,现阶段我国尚无完备的概率失效风险评估输入数据,因此,在本示例中主要采用国外材料的基础及缺陷数据开展评估工作。同时,为了实现计算并节约计算成本,并考虑相关条件的限制,在不影响本小节研究目的的实现及研究结论的通用性的前提下,对相关数据采取了假设和简化处理,具体介绍如下。

1) 缺陷类型及裂纹萌生的忽略

在本示例中,所考虑的缺陷类型为硬 α 夹杂缺陷,该类型缺陷的性质随含氮量的增加塑性下降,并体现出类似于"陶瓷"的硬、脆性质,因此其一旦存在于钛合金轮盘中,极易导致轮盘的灾难性破坏。有关硬 α 夹杂缺陷的详细介绍以及累积机制,已在 5.3.4 小节中给出,不再赘述。但需要强调的是:

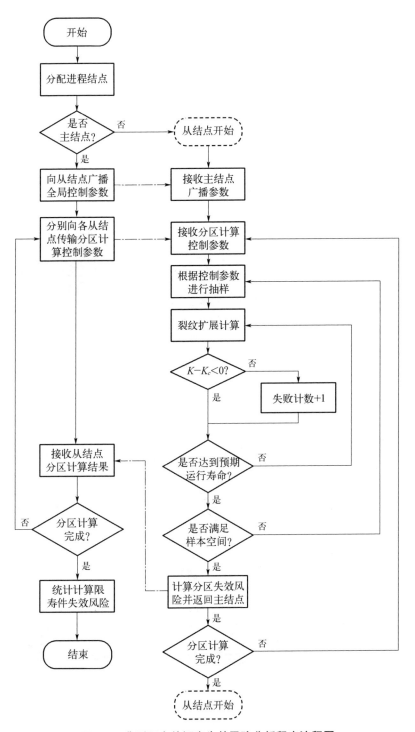

图 6.8 典型限寿件概率失效风险分析程序流程图

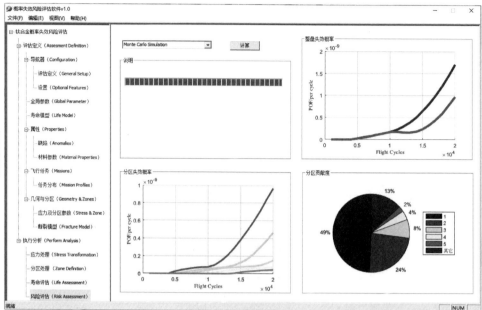

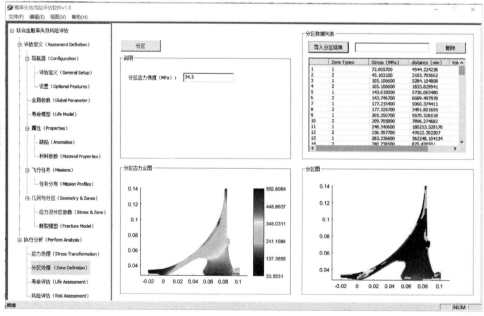

图 6.9　典型限寿件概率失效风险分析软件界面

（1）正是由于硬 α 夹杂缺陷又硬又脆的性质，美国西南研究院的研究结果以及一些工业经验表明[3,4]，对于硬 α 缺陷引起的疲劳裂纹，在寿命的起始阶段已经开始扩展，对于较大尺寸缺陷或者较大应力区域的缺陷，裂纹形成可能更快，（美国西南研究院报告原文：“There is some industry experience suggesting that some rotor fatigue cracks nucleated at hard alpha defects did, in fact, begin growing in the matrix at the very beginning of life. ”）即裂纹萌生的寿命极短或并可以忽略；

（2）同时，AC 33. 70 - 1 中明确说明[5]："Anomalies should be treated as sharp propagating cracks from the first stress cycle" 即"缺陷均应当被看作从首次应力循环开始扩展的尖锐裂纹"。

因此，对于概率失效风险评估，并不需要考虑裂纹萌生寿命问题，有关裂纹萌生是安全寿命确定时包含的内容，也正因为如此，我们说概率失效风险评估是作为安全寿命评估方法的补充，并非替代。

2）缺陷尺寸描述方法

另外，对于硬 α 夹杂缺陷所对应的初始裂纹长度的确定，也是一个需要特别关注的问题。图 6.10 给出了典型的硬 α 夹杂缺陷形貌照片，其中缺陷包含了核心区和扩散区两部分，而由于缺陷本身与基体材料（TC4）的界面并不光滑、规律，所以美国西南研究院建议可以采用包含缺陷核区和扩散区的内切椭圆或外接椭圆的形式，描述缺陷。上述两种缺陷描述方式所对应的疲劳寿命分析结果必然不同，并直接决定了概率失效风险的高低。因此，有关缺陷尺寸的确定方法，是一个需要局方和航空工业界共同协商的结果，并形成共同遵守的准则。

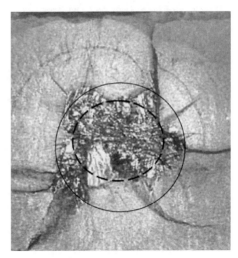

图 6.10　缺陷尺寸的确定方法

实线-外接缺陷（核区及扩散区）的椭圆；
虚线-内切缺陷（核区及扩散区）的椭圆[3,4]

对于美国[3,4]，西南研究院在通过试验详细分析了不同的缺陷尺寸描述方法对疲劳寿命计算的影响后，最终是由美国局方和美国航空工业界［包括各大航空公司、材料及供应商（OEM）等］经过联合协商、妥协谈判，最终敲定一种"缺陷尺寸确定方法"，即初始裂纹的尺寸与缺陷核心区及扩散区面积之和相等（原文：Until additional testing and analysis are performed, it seems appropriate to continue to use the current conservative industry assumption：assume a growing fatigue crack in the matrix on the first fatigue cycle with initial size equal to the size of the defect core plus the diffusion zone.），并以圆形或椭圆形加以描述。

上述方法，其本质上是美国航空工业对当时水平的反映。即在各方同意的"缺陷尺寸确定方法"基础上，各 OEM 的后续工作将均遵从该依据来开展，包括缺陷分布获取中缺陷尺寸的确定、整盘疲劳裂纹试验中缺陷尺寸的确定等。事实上，适航条款 33.70 咨询通告（AC）中提供的缺陷分布曲线，也是在 OEM 已经确定了共同遵守的"缺陷尺寸确定方法"条件下产生的。同时，采用包含核心区和扩散区这种较大的缺陷描述方法，该假设是基于航空工业经验的保守假设，用于疲劳寿命及失效分析是合理的。

3）概率失效风险评估中的缺陷参数

轮盘概率失效风险评估所需的缺陷参数包括缺陷在分区的位置、缺陷形状及初始缺陷的尺寸分布。此外，有关缺陷与裂纹扩展之间的关联处理，请参阅 5.3.2 小节对概率失效风险评估采用的"断裂力学模型"介绍。

（1）缺陷在分区的位置：概率失效风险评估的分区判据保证了分区内区域的均匀性，即分区内各单元（质点）的应力与温度相似，从而使分区失效概率与缺陷出现在分区中的位置无关。因此，对于内含裂纹（embeded crack，EC）、表面裂纹（surface crack，SC）和角裂纹（corner crack，CC），其缺陷位置分别设定为：EC 位于分区的中央位置，SC 位于分区的中央表面位置，而 CC 则位于分区的角点位置，如图 6.11 所示。缺陷均位于最大主应力法向平面内，并假设裂纹扩展过程中不会出现跨越分区的情况（裂纹尺寸较之分区几何尺寸为小量）。分区应力及温度按照分区所含单元应力及温度的最大值选取，以与此对应的应力强度因子、断裂韧性以及裂纹扩展速率开展计算，保证失效风险评估结果偏于保守和安全。

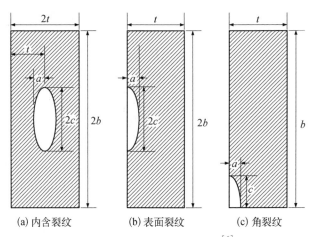

(a) 内含裂纹　　　　(b) 表面裂纹　　　　(c) 角裂纹

图 6.11　工程常见裂纹形式[6]

（2）缺陷形状：尽管实际缺陷一般为不规则形状，但概率失效风险评估中多将其等效模化为椭圆裂纹的等分形式，其中：EC 为椭圆裂纹，SC 为 1/2 椭圆裂纹，CC 为 1/4 椭圆裂纹。本小节计算中进一步采用圆形裂纹假设，即椭圆长轴与短轴相等：

$$a = c \tag{6.1}$$

该假设满足适航符合性方法的要求[7]。

（3）缺陷开裂形式：前面已经论述，缺陷本身的尺寸认为是初始裂纹长度，而对于该裂纹下的开裂形式及扩展，在线弹性断裂力学中，按裂纹面开裂形式的不同，将裂纹问题分为三种基本类型，分别称为Ⅰ张开型、Ⅱ滑开型和Ⅲ撕开型，如图 5.12 所示。

航空发动机轮盘所承受的主应力是周向正应力，主要引起Ⅰ型裂纹的开裂行为，因此后文只考虑Ⅰ型裂纹的影响。有关其他裂纹形式在概率失效风险评估中的计算方法，本示例不一一描述。

（4）初始缺陷尺寸分布：采用工业方累积的缺陷尺寸超越分布数据，缺陷分布曲线如图 6.12 所示，源自适航规章 AC 33.14 - 1。

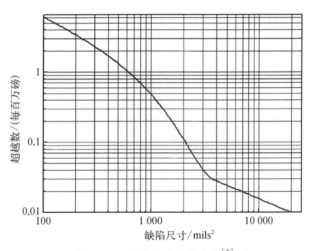

图 6.12　缺陷尺寸分布曲线[5]

4）断裂力学参数

概率失效风险评估中的断裂力学参数包括线弹性断裂力学涉及的疲劳裂纹扩展速率以及断裂韧性。一般而言，这些参数均与当地温度水平相关。然而，由 6.2.2 节轮盘在飞行循环中的温度历程可知，轮盘温度范围较小，在此范围内轮盘各项材料参数所对应温度的变化均可近似忽略。因此，本小节计算断裂力学参数取值为常数，包括：Paris 模型中 $C = 9.25E-13$, $n = 3.87$（对应应力单位为 MPa，长度单位为 m）；断裂韧性 $K_c = 64.5 \ \mathrm{MPa}\sqrt{\mathrm{m}}$。

5）检查参数

本小节的研究暂不考虑检查影响，即概率失效风险评估中仅考虑初始缺陷尺寸这一单一随机变量。基于该简化处理，可采用 5.3.2 小节介绍的数值算法计算分区条件失效概率，如 MC 法，该计算方法计算成本较高，但计算鲁棒性好。而对于其他随机变量，如应力分散性、寿命分散性等，分析的逻辑方法类似，本书不特别给出详细计算流程。

3. 区域离散分区

根据 5.3.2 小节中已经介绍的概率失效风险评估核心技术内涵，由于轮盘温度及应力不均匀，缺陷出现在轮盘的不同位置时，对轮盘的安全性影响程度不尽相同。因此，轮盘概率失效风险评估应建立在分区分析模型的基础上，即以一定的准则将轮盘划分为若干个子区，每个子区内温度与应力可近似为均匀分布，且子区内任一点可以使用相同的断裂力学分析模型，从而缺陷出现在分区内任意位置将以相同的概率引起轮盘失效。

然而，对于概率失效风险评估的上级输入为考虑过渡过程的应力分布（包含热应力和离心应力等的叠加），必须考虑整个飞行循环中应力历程的影响。由于过渡过程中轮盘的应力分布随时间变化，则分区形式也应发生变化。然而，分区包含参数较多，所有参数均随时间变化将导致分区难以实现。因此，有关分区所采用的应力状态，可以取轮盘在整个过渡过程中最危险的状态确定（后面均称为"稳态"）。但是，使用轮盘上最危险的状态计算获得的失效风险在真实风险评估中可能过于保守，因此实际真实航空发动机限寿件也可以采用基于"等损伤原则"经转化的等效应力分布进行分区工作，由于本小节强调论述的是寿命评估流程，故对等效应力分布的具体过程不做展开论述，有兴趣的读者可以参阅本书作者的相关公开论文。

下面将详细介绍这一流程的具体实现步骤[8]。

1）分区思路

本小节采用基于有限元应力结果的轮盘分区模型。对于稳态下轮盘概率失效风险评估，其应力分区模型方法已经较为成熟。其基本思路是，利用有限元计算中得到的单元及节点应力信息，按照一定的准则，将有限元单元进行分组，同一组内的单元即构成一个分区。从概率失效风险评估的建模需求以及从国内外相关研究成果可以总结发现，一个分区主要包括如下参数。

（1）分区的体积：轮盘失效概率是各个分区失效概率按体积加权之和，因此分区体积是分区的必要参数。对应于有限元结果，分区体积即分区内包含所有单元的体积之和。

（2）分区的几何位置：可采用子午截面上以分区几何中心点坐标表示，表征分区在轮盘的位置,用于后续线弹性断裂力学与疲劳裂纹扩展的相关处理。由于有限元结果中包含各个节点的坐标信息,分区几何中心点坐标可据此推导获得。

（3）分区的应力：以分区内寿命限制点的应力作为分区的特征应力,一般是分区内应力最高值,符合保守评估的设计思想。应力体现分区失效的外因,即分区内存在缺陷的条件下裂纹扩展至发生断裂的驱动力。

（4）分区的温度：以分区内寿命限制点的温度作为分区的特征温度。一般而言,材料属性主要受温度的影响,在一次飞行循环中,其数值会随温度的演变而发生变化。作为分区失效的内因,材料属性体现分区失效的抗力,因此,温度是必要分区参数。尤其对于高温部件（如涡轮盘）,其在一次起落循环中温度变化范围较大,温度对材料参数的影响更为显著,从而对部件失效风险产生重要影响。

综上,轮盘分区的目标就是获得分区的上述参数,为后续失效概率的计算提供必要的输入条件。稳态条件下概率失效风险评估考虑稳态工况,以稳态应力分布作为概率失效风险评估的输入条件,则可以得到确定性的分区形式及参数,即每一个分区的体积、几何位置、应力与温度等均为确定值。

2）分区判据

为了实现轮盘分区,首要任务是确定分区判据。应力分区判据,即建立量化的分区准则,以指导轮盘分区。典型的应力分区判据包括应力相似→近表面分区→几何连续→裂纹不跨区,具体如下。

（1）应力相似：同一分区内有限元节点的应力数值接近,以满足后续概率失效风险评估中将分区作为均匀应力场的假设。张开型（Ⅰ型）裂纹是工程中最常见的裂纹类型,航空发动机轮盘所承受的主应力是周向正应力,主要引起Ⅰ型开裂行为。对于Ⅰ型裂纹,拉应力会加速裂纹扩展,而压应力可以认为是安全载荷,在划分分区时需要考虑应力符号的影响,同一分区内应力符号相同。

需设定分区应力梯度,作为分区阈值,将应力数值接近的有限元节点与单元划入同一分区。一般而言,分区阈值越小,获得的分区数量越多,但由此带来的后续计算成本也将增大,因此,应合理选择分区阈值,在计算精度需求与计算成本之间达到平衡。

（2）近表面分区：裂纹一般包含三种形式,即内含裂纹、表面裂纹与角裂纹。靠近轮盘表面需划分一个"薄层"分区,以考虑表面裂纹和角裂纹的影响。

（3）同一分区内单元几何连续：同一分区内有限元节点与单元需在几何上保持连续,即对于满足判据（1）但几何上不相邻的区域,应划分为不同的分区。

（4）裂纹不跨区：对于相邻的分区,不考虑裂纹跨越分区边界的情况（裂纹尺寸较之分区几何尺寸为小量）,即裂纹单独出现在一个分区内。

3）分区流程

由有限元分析获得轮盘应力演变历程中的最危险状态,按照上述分区判据实现轮盘分区,即按照某一时刻下应力分布对轮盘进行预分区,即依据上述应力分区判据(1)~(4)获得初始分区形式。

4) 压气机轮盘的分区

本小节选取 24 s(最大转速状态)时的应力分布进行分区,分区过程如图 6.13 所示。首先根据分区判据(1)"应力相似",基于图 6.13(a)所示的轮盘应力分布,将轮盘划分为若干个应力相似的区域,或称"应力带",如图 6.13(b)所示。应力相似的判定阈值,即分区应力梯度 $\Delta\sigma$ 是一个关键参数,同一分区内各有限元节点的应力数值相差不能超过 $\Delta\sigma$。显然,$\Delta\sigma$ 取值过大,会导致分区数量过小,当 $\Delta\sigma$ 取值足够大时,整个轮盘将划分为一个分区。前面提及,概率失效风险评估中选取分区内最大应力开展计算,若轮盘整体作为一个分区,则将选择轮盘内最大应力计算轮盘失效风险,由此评估的失效概率将极度偏高,因为轮盘中除最大应力点附近区域外的绝大部分区域,其应力值均低于最大应力值,其失效风险远低于以最大应力计算预测的数值。因此,以整盘作为一个分区是一种非常保守和安全的概率失效风险评估策略,由于其与真实情况相去甚远,不具有实用价值。考虑另外一种极限情况,当 $\Delta\sigma$ 取值足够小时,轮盘中的每一个单元均作为一个独立分区,据此开展概率失效风险评估将获得最接近真实情况的结果。然而,由于有限元结果包含单元数量较多,以每一个单元作为一个分区,必然造成计算量的大幅提升,不利于基础研究阶段反复执行失效风险评估的需求。综上,$\Delta\sigma$ 的取值是分区的关键,本小节选取 $\Delta\sigma$ = 32.5 MPa,即保证同一分区内任意两个节点之间的应力差值不超过 32.5 MPa。该应力梯度数值经验证合理,可满足轮盘概率失效风险评估的一般需求。

在图 6.13(b)所示的"应力带"的基础上,考虑轮盘中由内部缺陷可能引起的不同裂纹(内部裂纹、表面裂纹和角裂纹),需按照判据(2)划分近表面分区。首先将有限元单元划分为对应的类型,如图 6.13(c)所示,其中灰色单元用于划分内部裂纹对应分区,绿色单元用于划分表面裂纹对应分区,红色单元用于划分角裂纹对应分区。由此获得的分区形式如图 6.13(d)所示,相较于图 6.13(b)所示的应力带,该分区形式中包含了表面分区和角分区,用于考虑表面裂纹和角裂纹的影响。

然而,图 6.13(d)所示分区存在几何不连续的情况,即同一分区实际包含两个或两个以上在几何上分离的子区。出现这种漏洞,是因为判据(1)按照应力相似将单元分组,而实际轮盘中应力场并不均匀,几何上远离的两点可能具有足够相似的应力值,判据(1)错误地将几何上分离的两点划入了同一分区,这不符合概率失效风险评估的要求。因此,引入判据(3)"几何连续",对上述漏洞进行修复,将同一分区内几何上分离的子区真正分离出来,划分为独立的分区,得到最终分区形式如图 6.13(e)所示。

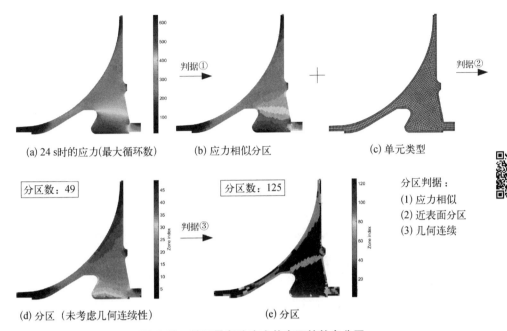

(a) 24 s时的应力(最大循环数)　　　(b) 应力相似分区　　　　　(c) 单元类型

分区数：49　　　　　　　　分区数：125　　　　　分区判据：
　　　　　　　　　　　　　　　　　　　　　　　　　(1) 应力相似
　　　　　　　　　　　　　　　　　　　　　　　　　(2) 近表面分区
　　　　　　　　　　　　　　　　　　　　　　　　　(3) 几何连续

(d) 分区（未考虑几何连续性）　　　　　(e) 分区

图 6.13　基于最危险应力状态下的轮盘分区

4. 蒙特卡罗算法的应用

1）方法概述

一般而言,对于分区失效概率分析问题,由于影响失效风险的因素较多,往往无法获得包含完整信息的概率密度函数解析表达,而且极限状态函数的形式也十分复杂,这使得直接数值积分式(5.10)获得失效概率难以实现。为此,一些数值方法得到了发展与应用,包括近似计算、数值模拟等,其中蒙特卡罗(MC)方法应用最为广泛。

以 MC 方法分析分区失效概率的一般步骤为:

(1) 按照随机变量的分布,产生各随机变量的一个随机数,以此形成计算样本空间的一个样本;

(2) 对样本进行疲劳裂纹扩展分析,获得极限状态函数并进行失效判断,若 $g \leqslant 0$, 则失效频数加 1;

(3) 根据计算精度要求,确定抽样次数,重复步骤①和步骤②的分析计算;

(4) 统计失效频数,将其发生频率作为失效概率的近似值。

其中,步骤②的分析过程基于5.3.2小节的理论模型展开,而步骤①的随机变量抽样介绍如下。

2）随机变量抽样

由于实际随机变量的分布不尽相同,甚至较为复杂,MC 方法需要各种特定分布形式的随机数。其中,(0, 1)均匀分布随机数是基础,通过对其进行适当的数学变换,可产生符合任意分布规律的随机数。

令 r 为 $(0, 1)$ 之间的均匀分布随机序列,考虑具有连续型分布函数的随机变量 x,建立如下等式:

$$\int_{-\infty}^{x} f(\xi)\,d\xi = F(x) = r \tag{6.2}$$

式中,$F(x)$ 为 x 的累积分布函数,求解式(6.2)可得到随机变量 x 的样本,从而完成以 $F(x)$ 为累积分布函数的随机变量的抽样过程。即对于具有连续型分布函数的随机变量,通过生成随机序列,计算累积分布函数的反函数完成抽样:

$$x = F^{-1}(r) \tag{6.3}$$

基于这一原理,一些常用的随机变量及产生方式汇总如表6.2所示。

表6.2　常用随机数及产生方法

类　　型	产　生　方　法
均匀分布$(0, 1)$	线性同余法
均匀分布(a, b)	设 x 为 $(0, 1)$ 区间均匀分布随机数,则 $u = a + (b - a)\cdot x$
标准正态分布 $N(0, 1)$	Box-müller 方法
正态分布 $N(\mu, \sigma)$	设 x 为符合标准正态分布的随机数,则 $y = \mu + \sigma \cdot x$
对数正态分布 LN(μ, σ)	设 x 为符合标准正态分布的随机数,则 $y = \exp(\mu + \sigma \cdot x)$
其他分布	拟合数据的累积分布函数,或将其表示为分段线性函数 F,对其反函数 F^{-1} 进行抽样

如前所述,生成均匀分布随机数是随机变量抽样的关键。一般可通过物理方法或数学方法产生,前者利用物理现象产生随机数,具有完全随机性,但由于其过程一般不能复现,且费用非常昂贵,并不适用于需要极大样本空间的随机变量抽样方法;后者通过迭代过程产生一系列随机数,即每一个随机数均由它先前的数所决定,这些数字并不是真实随机的,但是如果方法得当,所产生的数字序列能通过局部随机性检验,如均匀性检验、独立性检验等,也可作为随机数使用,这种随机数通常也称为伪随机数。数学方法产生伪随机数具有如下优点:数学迭代形式易于通过计算机实现,速度快,费用低,并且可重复产生。常用方法包括平方取中法、移位指令加法、线性同余法等,其中,线性同余法迭代格式简单,统计性质较好。因此,本小节采用线性同余法产生伪随机数。

3) 计算流程

图6.14为采用MC方法计算轮盘在不同循环数的失效风险的分析流程,其中涉及三个维度的离散[5]。

(1) 时间维度:令轮盘预定寿命(循环数)为 N。分析的最终目标是得到轮盘

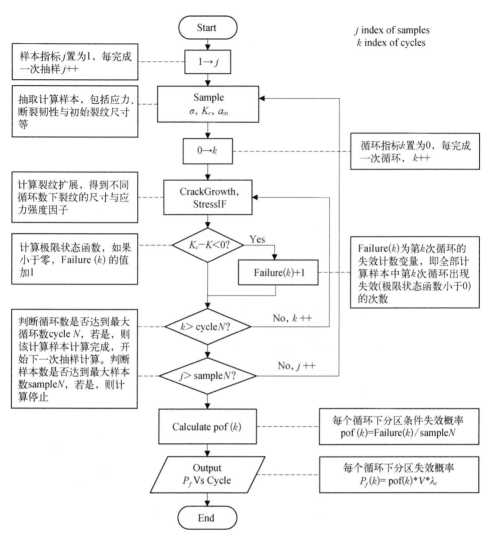

图 6.14 分区失效概率分析 Monte Carlo 方法流程图[8]

不同寿命循环下的失效概率, 即 $P_f = F(k)$, 其中 k 为循环数, $k = 1, 2, \cdots, N$。需计算一系列离散点下的失效概率。

（2）空间维度：基于分区失效风险分析模型, 已将轮盘分为 n 个子区, 每个分区都要计算失效风险 P_{fi}, $i = 1, 2, \cdots, n$。

（3）样本维度：每个分区、每个循环数下的失效风险计算需要 m 个样本。

基于以上离散, 失效概率的计算转化为样本的疲劳裂纹扩展分析与极限状态函数的计算和判断。

计算样本的分布如表 6.3 所示。其中 g_{ij}^k 为第 k 次循环, 分区 i 的第 j 个样本的极限状态函数值。定义函数：

$$v = \begin{cases} 1, & g \leq 0 \\ 0 & g > 0 \end{cases} \tag{6.4}$$

则第 k 次循环,分区 i 的条件失效概率为

$$P_{fi}^k = \frac{\sum\limits_{j=1}^{m} v_{ij}^k}{m} \tag{6.5}$$

分区 i 的失效风险为

$$P_i^k = \lambda_i P_{fi}^k = \frac{\lambda_c V_i \sum\limits_{j=1}^{m} v_{ij}^k}{m} \tag{6.6}$$

第 k 次循环限寿件的失效概率为

$$P^k = \sum\limits_{i=1}^{n} P_i^k = \sum\limits_{i=1}^{n} \lambda_i P_{fi}^k = \frac{\lambda_c}{m} \sum\limits_{i=1}^{n} \left(V_i \sum\limits_{j=1}^{m} v_{ij}^k \right) \tag{6.7}$$

计算的核心问题是极限状态函数,即

$$g_{ij}^k = K_{cij} - K_{ij}^k \tag{6.8}$$

表 6.3　分区失效概率计算蒙特卡罗样本列表

	样本 1	样本 2	样本 j	样本 m
分区 1	g_{11}^k	g_{12}^k	g_{1j}^k	g_{1m}^k
分区 2	g_{21}^k	g_{22}^k	g_{2j}^k	g_{2m}^k
分区 i	g_{i1}^k	g_{i2}^k	g_{ij}^k	g_{im}^k
分区 n	g_{n1}^k	g_{n2}^k	g_{nj}^k	g_{nm}^k

式中,K_c 为温度的函数,也作为随机变量处理。不同区域、不同样本的断裂韧性值是不同的,但对于一个确定区域的一个计算样本,断裂韧性的值不随循环过程发生变化,因此式(6.8)中 K_c 不含代表循环数的上标 k。

6.2.6　概率失效风险评估结果

在图 6.9 所给出的概率失效风险评估工具的基础上,基于分区数据开展概率失效风险评估,结果如下。

1. 轮盘预期寿命期内($N_p = 20\,000$ 循环)的失效概率

预期飞行寿命期内轮盘失效风险 P_f 随循环数的变化如图 6.15 所示。结果表

明,在整个预期飞行寿命期内,轮盘 P_f 随 N 逐渐增大。当飞行循环达到预期寿命
(N_p = 20 000),即 N = N_p 时,轮盘的失效概率为 P_f = 7.90×10^{-12},该值小于 AC 中推
荐的典型限寿件一般可接受的失效概率(10^{-9})。因此,根据该型轮盘的设计目标
风险(DTR),可以判断在整个飞行寿命期内的失效风险是否满足要求。

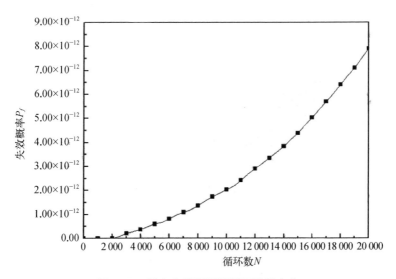

图 6.15　轮盘失效风险随循环数的变化

　　由轮盘失效风险的变化趋势还可看出,存在某一特定循环数 N_s,使得 $N < N_s$
时, P_f = 0。稳态分析中 N_s = 2 500,即 轮盘在开始投入运行的前 2 500 次飞行循环
中的失效概率为零,在理论上处于绝对安全期,但经历 2 500 次飞行循环以后,轮盘
就有可能发生失效。

　　2. 轮盘上各区域对失效的贡献度分析

　　预期飞行寿命时轮盘分区失效风险贡献度的分布如图 6.16 所示。由图 6.16
(a)可知,失效风险贡献度的分布形式与轮盘应力分布类似,盘心区域失效风险贡
献明显高于其他区域。由图 6.16(b)可知,失效风险贡献度最高的六个分区为 34、
25、23、32、29、27(图 6.16、图 6.17),部分分区的失效风险贡献较高数据参见表
6.4。结果表明,盘心区域的分区对轮盘失效风险有决定性作用。盘心六个分区占
据轮盘总体积的 11.09%,但贡献了 74.06% 的失效风险,每 1% 体积的失效风险贡
献度约合 6.68%,而这个数字对于六大分区以外的其他所有分区(对应盘心以外的
区域)仅为 0.29%。这些数据表明,盘心区域为高失效风险区域,对整盘失效风险
有重大影响,是轮盘的关键区域。

　　为了分析影响轮盘失效风险的关键因素,计算各个分区每 1% 体积对应的失效
风险贡献。分区 23 和分区 29 均为内部分区,应力前者低于后者,每 1% 体积对应

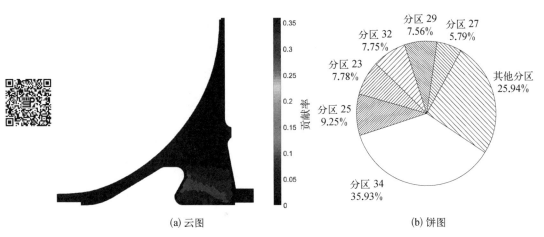

(a) 云图　　　　　　　　　　(b) 饼图

图 6.16　轮盘分区失效风险贡献度(基于稳态设计点)

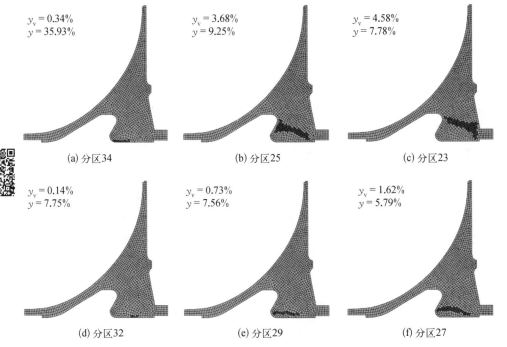

图 6.17　失效风险贡献度最高的六个分区示意图(基于稳态设计点)

表 6.4 分区失效风险贡献度(基于稳态设计点)明细(部分)

编　号	平均 x/mm	平均 y/mm	y_v/%	类　型	σ/MPa	y_f/%
34	62.4	27.9	0.34	SC	572.2	35.93
25	70.4	36.9	3.68	EC	449.3	9.25
23	78.3	39.6	4.58	EC	417.9	7.78
32	73.3	28	0.14	SC	544.6	7.75
29	64.4	30.8	0.72	EC	515	7.56
27	66.5	33	1.62	EC	482	5.79
31	61.8	29.5	0.29	EC	529.5	5.18
70	54.6	29.6	0.08	SC	546.7	4.65
21	75.6	46.8	4.42	EC	385.1	4.54
30	79.6	27.9	0.13	SC	513.8	2.70
33	67.6	29	0.06	EC	556.2	2.66
26	56.4	37.5	0.40	SC	447.1	1.17
69	74.2	28.8	0.06	EC	532.1	1.15
28	59.6	44.7	0.20	SC	455.3	0.63
67	90.1	38.1	0.12	SC	467.4	0.47
66	89.6	36.1	0.13	EC	454.6	0.34
63	88.9	44.5	0.20	SC	385.1	0.28
100	59.2	48	0.10	SC	427.9	0.25
22	85.5	63.4	0.25	SC	369.1	0.25
68	53.8	31.4	0.03	SC	485.9	0.20
86	89.5	40.1	0.09	SC	421	0.19
62	90	31.5	0.23	EC	379.6	0.19
65	86.3	27.7	0.06	SC	447.8	0.19
38	89.8	27.9	0.04	CC	434.2	0.18
87	60.3	43.9	0.06	EC	454.8	0.17
85	58.2	49.2	0.10	SC	381.2	0.13
88	83.6	27.8	0.03	SC	466.6	0.12
24	91.8	36.1	0.04	SC	417.6	0.09
61	87.1	54.2	0.60	SC	347.9	0.08
64	88.3	28.3	0.03	EC	434.2	0.07

的失效风险前者低于后者;分区 29 和分区 30 应力水平相似,前者为内部分区,后者为表面分区,每 1% 体积对应的失效风险前者低于后者。以上结果表明,缺陷所处位置的应力水平,或缺陷所处分区在轮盘的位置(内部或表面)是影响失效概率的关键因素,一般而言,相同类型的分区中,缺陷存在的危险程度随应力增大而升高;而相同应力水平的分区中,缺陷在处于表面分区中时比处于内部分区更危险。

3. 概率失效风险评估小结

根据上述完整的概率失效风险评估流程,该压气机轮盘在预期寿命期内的失效风险结果如下:

(1)预期飞行寿命期内($N_p = 20\,000$)轮盘的失效风险 $P_f = 7.90\mathrm{E}-012$;因此,根据该型轮盘的设计目标风险(DTR),可以判断在整个飞行寿命期内的失效风险是否满足要求;

(2)盘心区域为高失效风险区域,对整盘失效风险有重大影响,是轮盘的关键区域;

(3)缺陷所处位置的应力水平,或缺陷所处分区在轮盘的位置(内部或表面)是影响失效概率的关键因素,一般而言,相同类型的分区中,缺陷存在的危险程度随应力增大而升高;而相同应力水平的分区中,缺陷在处于表面分区中时比处于内部分区更危险。

6.2.7　结论

本示例给出了完整的限寿件寿命评估流程。但是,该压气机轮盘的寿命评估分析结果是建立大量简化和假设的基础上获得的。其中,除分析中所采用的边界条件进行的简化外,其余所采用的假设和简化主要存在于概率失效风险评估过程中。对于这些假设和简化,本示例均依据 FAA 适航咨询通告 AC 33.14[5]、AC 33.70-1[9]、AC 33.70-2[10] 以及美国西南研究院 DARWIN 软件相关研究报告[3,4]和文献资料确定,因此该示例所采用的分析流程和方法本身可以作为其他限寿件的典型案例(但不局限于该流程方法),但对于本示例中所采用的假设和简化条件是否适用于其他缺陷类型或限寿件,则需要进一步补充分析。在此,为便于读者更好地借鉴和使用该分析流程,汇总并强调本示例分析中所采用的假设和简化条件。

1. 缺陷类型及裂纹萌生的忽略

对于概率失效风险评估,硬 α 夹杂类缺陷的裂纹萌生寿命极短或并可以忽略,即缺陷均应当被看成从首次应力循环开始扩展的尖锐裂纹。

2. 缺陷尺寸描述方法

对于缺陷尺寸的描述方法,根据初始裂纹的尺寸与缺陷核心区及扩散区面积之和相等的原则,并以圆形或椭圆形加以描述。

3. 概率失效风险评估中的缺陷参数

(1) 缺陷在分区的位置:缺陷均位于最大主应力法向平面内,并假设裂纹扩展过程中不会出现跨越分区的情况(裂纹尺寸较之分区几何尺寸为小量)。分区应力及温度按照分区所含单元应力及温度的最大值选取,以与此对应的应力强度因子、断裂韧性以及裂纹扩展速率开展计算,保证失效风险评估结果偏于保守和安全。

(2) 缺陷形状:采用圆形裂纹假设,即椭圆长轴与短轴相等 $a = c$,该假设满足适航符合性方法的要求。

(3) 缺陷开裂形式:只考虑 I 型(张开型)裂纹的影响。

4. 断裂力学参数

由 6.2.2 节轮盘在飞行循环中的温度历程可知,轮盘温度范围较小,在此范围内轮盘各项材料参数所对应温度的变化均可近似忽略。

5. 区域离散分区

有关分区所采用的应力状态,取轮盘在整个过渡过程中最危险的状态确定,同时:

(1) 分区的体积:分区体积即分区内包含所有单元的体积之和。

(2) 分区的几何位置:可采用子午截面上以分区几何中心点坐标表示,表征分区在轮盘的位置,用于后续线弹性断裂力学与疲劳裂纹扩展的相关处理。

(3) 分区的应力:以分区内寿命限制点的应力作为分区的特征应力,一般是分区内应力最高值,符合保守评估的设计思想。

(4) 分区的温度:以分区内寿命限制点的温度作为分区的特征温度。

6. 分区判据

应力分区判据是量化的分区准则,其中包括以下方面。

(1) 应力相似:同一分区内有限元节点的应力数值接近,以满足概率失效风险评估中将分区作为均匀应力场的假设;对于 I 型裂纹,拉应力会加速裂纹扩展,而压应力可以认为是安全载荷,在划分分区时需要考虑应力符号的影响,同一分区内应力符号相同。此外,设定分区应力梯度,作为分区阈值,将应力数值接近的有限元节点与单元划入同一分区。

(2) 近表面分区:裂纹划分为三种形式,即内含裂纹、表面裂纹与角裂纹。

(3) 同一分区内单元几何连续:同一分区内有限元节点与单元需在几何上保持连续,即对于满足判据(1)但几何上不相邻的区域,应划分为不同的分区。

(4) 裂纹不跨区:对于相邻的分区,不考虑裂纹跨越分区边界的情况(裂纹尺寸较之分区几何尺寸为小量),即裂纹单独出现在一个分区内。

参考文献

[1]　Kappas J. Review of risk and reliability methods for aircraft gas turbine engines. Fishermans Bend, Victoria 3207 Australia：DSTO Aeronautical and Maritime Research Laboratory, 2002.

[2]　温秉权. 金属材料手册. 北京：电子工业出版社,2009.

[3]　Leverant G R, McClung R C, Wu Y T, et al. Turbine rotor material design. FAA, 2000.

[4]　Federal Aviation Administration. McClung R C, Leverant G R, Enright M P, et al. Turbine rotor material design — phase II. 2008.

[5]　Federal Aviation Administration. Advisory circular 33. 14 − 1：Damage tolerance for high energy turbine engine rotors — including change 1. 2001.

[6]　张弓. 航空发动机涡轮盘腔多场耦合危险机理研究. 北京：北京航空航天大学,2013.

[7]　National Transportation Safety Board. Aircraft accident report — United Airlines flight 232 McDonnell Douglas DC − 10 − 10 Sioux Gateway Airport. Sioux City, Iowa, 1989.

[8]　王子尧. 考虑过渡过程的航空发动机轮盘失效风险研究. 北京：北京航空航天大学,2018.

[9]　Federal Aviation Administration. Advisory circular 33. 70 − 1：Guidance material for aircraft engine life — limited parts requirements. 2009.

[10]　Federal Aviation Administration. Advisory circular 33. 70 − 2：Damage tolerance of hole features in high — energy turbine. 2009.

第7章

航空发动机安全性设计的前沿发展

7.1 安全性研究的架构及其一般方法

控制失效发生概率和控制失效影响严重性是航空发动机安全性研究的核心。近几十年来,航空发动机安全性研究领域划分如图 7.1 所示,主要领域包括失效机理研究和系统安全性研究,分别探索失效萌生规律和失效发展规律。

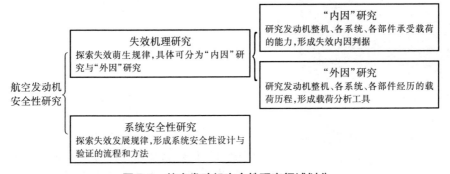

图 7.1 航空发动机安全性研究领域划分

失效机理研究一般又可分为"内因"研究和"外因"研究。其中,"内因"是指发动机整机、各系统、各部件承受载荷的能力,常面向局部失效,从材料、疲劳等方面揭示失效机理并提炼失效内因判据;"外因"是指发动机整机、各系统、各部件经历的载荷历程,常面向整机或系统,采用解耦的、稳态的、确定性的分析方法。

系统安全性研究尝试解决不同工业系统中的共性系统安全问题,其研究工作多集中于失效传播与发展规律、危险预防措施等方面,在发动机整个研制周期内(尤其是设计早期)以经验分析为主。

7.2 原发失效的外因及其核心科学问题

7.2.1 系统环境载荷演化及其复杂性

与民用发动机相比,先进战斗机发动机的系统环境载荷演化更为复杂,是该领域的研究前沿。受先进战斗机"高机动、超声速"需求的牵引,发动机涡轮前温度快速提高、其"过渡过程"特征快速凸显(表7.1),由此导致了大量过渡过程热端部件损伤,严重影响发动机的安全水平。

表 7.1　先进战斗机"高机动、超声速"需求

发动机	推重比	加速时间/s	加速过程涡轮前温升/K	涡轮前温度/K
二代	5	10	400	1 600
三代	8	6	600	1 800
四代	10	3	800	2 000
下一代	>12	<2	>1 000	>2 200

图 7.2　茶杯问题

过渡过程由于温度变化剧烈,会引起严重的结构损伤。以生活中的"茶杯问题"为例:向凉茶杯倒入热水时,由于茶杯内壁温度瞬间升高,茶杯内外壁温差瞬间增大,"热胀冷缩"导致茶杯"内胀外缩",茶杯受到较大的热应力,进而导致茶杯破裂(图7.2)。在发动机中,承受最极端载荷的零件是高压涡轮叶片,其载荷特点如表7.1所示。可见,涡轮叶片承受比"茶杯问题"更为严酷的热载荷,并且其载荷演化机理也更为复杂。

除了极端热载荷外,涡轮叶片在过渡过程中受多种载荷(主要包括离心、气动载荷等)作用,这些载荷的叠加方式直接影响其损伤和寿命。下面以铁匠打铁过程(简称"铁匠问题")来说明:铁匠首先将铁坯在火炉中煅烧,然后用铁锤敲打高温铁坯,直至铁坯变为所需的铁器形状。这一过程中,铁匠会优化选择加热(热载荷)、敲打(机械载荷)的叠加方式,来提高铁器的成型质量。本书将涡轮叶片热载荷与离心/气动等机械载荷叠加引起的寿命问题类比为"铁匠问题"。

在先进航空发动机设计中,空气系统承担着全包线范围内冷却、封严、轴向力控制等功能,是抑制涡轮叶片等关键零部件"茶杯问题"和"铁匠问题"影响的重要子系统。典型的空气系统结构如图7.3所示。空气系统流路沿程压力分布决定着气流的大小和流动方向。因此,在空气系统设计中,常通过调节空气系统沿程压力,使流动符合预期,以保证冷却、封严品质。

空气系统内部元件(盘腔、卸荷腔、管道等)多达数十个,在发动机过渡过程中,各元件对气体和热的瞬态"存储"和"释放"作用各不相同且相互耦合。因此,

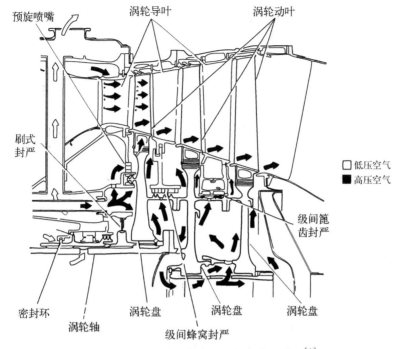

图 7.3 航空发动机多容腔空气系统(局部)[1]

在不同的瞬态边界下,空气系统不同区域气路参数将呈现出差异化的瞬态响应规律,从而导致瞬态过程中气流以非预期的形式流动,影响冷却、封严品质,造成安全隐患。

在先进战斗机对航空发动机机动性需求不断提高的大背景下,为应对上述问题,20世纪90年代以来,国外开展了大量多元件空气系统瞬态演化规律研究。例如,2009年,在英国Rolls-Royce公司的支持下,Cranfield大学开展了阶跃边界瞬态空气系统多元件耦合问题研究。分析了图 7.4 所示的三容腔系统动态响应规律,各容腔的瞬态压力演化规律如图 7.5 所示。由于管路气体惯性效应和容腔气体存储效应的共同作用,三容腔系统内形成了复杂的耦合震荡过程。在实际发动机出现突发失效的情况下,空气系统内部数十个容腔的耦合响应是一个极其复杂的系统问题。

图 7.4 三容腔组合结构示意图

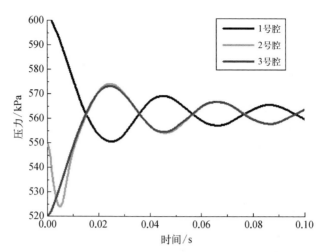

图 7.5 三容腔组合中管路气体惯性和容腔气体存储的耦合作用现象[2]

反观国内,我国自主研制发动机的空气系统设计还未能突破稳态假设,多元件空气系统的瞬态仿真和设计技术研究多处于起步阶段[3,4],多元件空气系统瞬态耦合机理不清,由此导致了相关仿真和设计技术发展受阻。而该技术决定发动机的机动性能,是各航空大国对我高度封锁的核心技术。多元件空气系统瞬态耦合机理不清已成为我国先进高机动发动机发展的制约瓶颈。

7.2.2 系统环境载荷演化的核心科学问题

发动机过渡过程中,空气系统瞬态流动非线性和时变特征突出,演化规律非常复杂。要掌握瞬态边界条件下,发动机多元件空气系统沿程压力分布和流动的非线性时变演化规律,必须回答以下三个问题。

(1) 单元件孤立时,瞬态边界下,各元件如何响应?

先进高机动航空燃气涡轮发动机具有高转速、强瞬变的特点,多元件空气系统是由大量静止元件和旋转元件构成的复杂系统。通常分别采用惯性坐标系和旋转坐标系研究静止元件和旋转元件的流动与换热状态。首先,无论是静止元件还是旋转元件,在瞬态过程中的任一时刻下,腔内流动与换热状态不仅与此时刻的瞬态压力边界、热边界和运动边界有关,还与此时刻前腔内的流动、换热状态有关,响应机理决定了腔内流动与换热状态的不断演化。若不能掌握腔内流动与换热状态对瞬态压力边界、热边界和运动边界的准确响应机理,则随着时间推移,腔内状态描述误差将逐渐累积,导致状态描述不断偏离实际物理过程。其次,引入旋转坐标系研究旋转元件时,无法回避浮升力、科里奥利力的耦合作用,以及由此导致的瞬态响应特性的偏移。因此,必须突破的核心科学问题是惯性/非惯性坐标系下容腔内流动与换热对组合瞬变边界的响应机理。

（2）多元件组合时，瞬态边界下，各元件响应之间如何相互作用？

随着作用在单位材料上的离心载荷、热载荷与气动载荷不断提高，先进高机动航空燃气涡轮发动机对空气系统提出的功能需求也越来越高，导致空气系统元件间的气路/热/机械连接高度交错，多元件网络拓扑结构更加复杂。在这种复杂网络拓扑结构下，网络意义上的相邻元件不仅互为输入，而且互为输出。要掌握各元件响应之间的相互作用规律，就必须解决两个方面的问题：一方面，先进多元件空气系统是由气路、热、机械等多方式连接构成的复杂网络，其行为由流动、传热、结构等多个耦合学科共同定义，如何在网络条件下准确描述多学科耦合规律？另一方面，多元件空气系统网络的拓扑结构非常复杂，在复杂网络条件下如何描述流体网络的质量、动量、能量？因此，必须突破的核心科学问题是复杂拓扑结构下非稳态多学科网络质量、动量、能量的交错输运机理。

（3）如何抑制空气系统导致的整机熵产和空气系统工作状态对零部件变形/位移的敏感性？

一方面，从航空发动机总体性能的角度看，空气系统会显著降低系统性能，这是因为空气系统引入了新的"熵产"，熵产的来源包括高低温掺混、有温差传热、高低压掺混等。但从系统安全的角度看，空气系统引入的"熵产"是必要的。因此，从基础科学的角度看，空气系统是一个用"熵产"换安全的重要系统。如何用最低的熵产换取航空发动机系统安全？另一方面，航空发动机在不同的工作状态和演化历程中，受到气动边界、热边界等边界条件及其演化的影响，航空发动机零部件有显著的变形和位移，而空气系统的工作状态对航空发动机零部件的变形和位移非常敏感，如何降低空气系统工作状态对零部件变形/位移的敏感性？上述两个问题是实现先进航空发动机安全性与性能平衡提升的关键问题。

因此，必须突破的核心科学问题是航空发动机整机环境下空气系统的熵产机理与空气系统与零部件变形/位移的交互机理。

综上，系统环境载荷演化的典型核心科学问题包括以下方面。

核心科学问题（一）：惯性/非惯性坐标系下容腔内流动与换热对组合瞬变边界的响应机理。

核心科学问题（二）：复杂拓扑结构下非稳态多学科网络质量、动量、能量的交错输运机理。

核心科学问题（三）：航空发动机整机环境下的空气系统的熵产机理与空气系统与零部件变形/位移的交互机理。

7.2.3　国内外发展现状及趋势

1. 国外发展现状及趋势

国外过渡过程涡轮叶片载荷演化机理的研究历程如图 7.6 所示。可以看出，国外在早期航空发动机研制中基于稳态工作点载荷确定部件的工作裕度。例如，20世纪50年代末美国开发的发动机参数循环研究程序SPEEDY，需要运用多种简化条件才能求得设计点的稳态参数[5]。这类方法以假定航空发动机为准静态的假设为前提，相对于早期的发动机性能水平，既使得问题简化，又获得了满足一定工程要求的结果，在早期发动机研制中对降低失效概率起到了积极的作用。

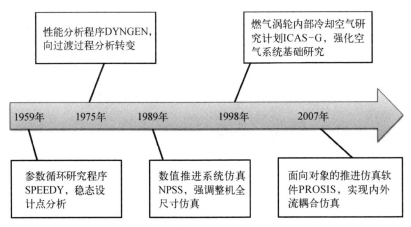

图7.6   国外过渡过程涡轮叶片载荷演化机理的研究历程

20世纪70年代中期，航空发动机的气动热力学性能大幅度提高。以美国第三代战斗机F15相配的F100发动机为代表，要求适应飞机高机动性、高过载飞行的要求，发动机的热力学参数都发生急剧的变化，从而导致主要部件承受多变的外部载荷，而且发动机的调节机构更加复杂。因此，由早期发动机研制经验总结出来的准静态假设显得不充分，难以适应这一代航空发动机的研制需要。导致的直接后果就是，在寿命期内由过渡过程热载荷造成的零部件应力损伤，引起了大量"预期外"故障。美国军方资料显示，在最初投入使用的5年内先后发生了47次涡轮工作叶片和导向叶片损坏事故，严重影响了飞行安全[6]。

为满足航空发动机设计对过渡过程分析的需求，20世纪70年代中期，美国NASA开发了全新的性能仿真程序DYNGEN[7]，完整模拟了涡轮叶片前温度的演化历程，如图7.7所示。此后，"过渡过程"分析成为发动机型号研制的必需过程。NASA在1972年开发了计算流体网络分析（CFNA）的稳态计算程序[8]，以此为基础逐步在空气系统的分析中系统考虑瞬态效应的影响，并在70年代末先进战斗机发动机计划（ATFE）中，建立了全飞行剖面下涡轮叶片热载荷的模拟方法[9]，建立了准确的分析方法（图7.7），对抑制F100发动机涡轮叶片断裂事故的发生，发挥了重要作用。20世纪80年代后期，NASA的Glenn研究中心通过使用先进的计算机仿真技术来提高设计的可信度，降低试验及与此相关的硬件设施的成本，提出了"推进系统数值仿真"（NPSS）[10]，旨在将推进技术与高性能的计算及信息传递技术结合起来,完成对航空发动机零部件所处系统环境的精确模拟。

1998 年 1 月至 2000 年 12 月,在欧盟支持下,10 个燃气轮机制造公司和四所大学承担了燃气涡轮机内部冷却空气研究计划(ICAS - GT)[11]。研究主要集中在五个独立但相关的空气系统领域,包括旋转腔流动与传热、涡轮预旋系统等。这些基础数据被用来验证空气系统稳态及瞬态模拟方法。近年来,欧盟开展了"通过一个虚拟的航空合作企业来提升价值计划"(VIVACE)。PROOSIS(面向对象的推进仿真软件)[12] 是 VIVACE 计划的成果之一,它是基于 EcosimPro 数学分析工具开发的航空发动机设计平

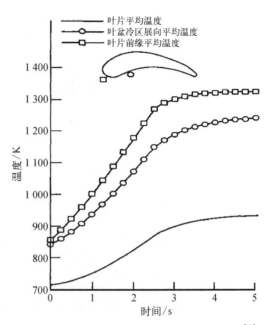

图 7.7　国外过渡过程涡轮叶片温度演化规律[9]

台,具备一次流系统、二次流系统的联合仿真能力,是进行航空发动机性能仿真、故障诊断、零部件载荷分析的得力工具,因此成为欧洲新型航空发动机设计的标准工具。

可以看出,过渡过程分析方法反映出零部件更加真实的载荷历程,避免了稳态分析方法中片面依赖增加裕度储备实现安全性所带来的性能下降,有利于实现性能与安全的综合平衡,也是高性能航空发动机成功研制的重要保障。而实现发动机主流道气路和二次空气系统的耦合仿真,是航空发动机高精度过渡过程载荷分析的必然前提,也是未来技术发展的必然趋势。

2. 国内发展现状及趋势

依据国内现有的设计流程,在航空发动机零部件载荷分析的过程中,首先是通过顺次求解发动机性能模型和空气系统模型,获得零部件热分析和应力分析所需的边界条件。但由于先进航空发动机的性能分析和空气系统分析技术均涉及发动机研制技术核心,处于严格保密的状态,国内无法获取当今航空先进国家的最新成果,只能以消化吸收国外 20 世纪 70~80 年代公布的性能和空气系统分析程序源代码为基础开发自己的仿真程序,图 7.8 是 DYNGEN 的部分代码,公布于 20 世纪 70 年代,也是众多国内相关研究的源代码基础。

在性能分析方面,目前国内研究机构仍然是以 20 世纪 70 年代中期国外公开的一系列发动机性能计算程序的源代码(如 SMOTE、GENENG II、DYNGEN)为蓝本开发发动机性能程序,并未取得实质性突破。20 世纪 80 年代我国科研机构和高等院校开发的发动机仿真程序,多是以 FORTRAN 编制的结构化程序[13,14]。20 世纪

```
1    CALL ZERO                                              118
     IF (KKGO. EQ. 1) GO TO 5                               119
     IDES=0                                                 120
     READ (5, DATAIN)                                       121
     IF (ERRER. AND. IAFTBN. GT. 0) GO TO 1                 122
     IF (ERRER. AND. IDBURN. GT. 0) GO TO 1                 123
     IF (ERRER. AND. NOZFLT. GT. 0) GO TO 1                 124
     ERRER=. FALSE                                          125
C                                                           126
     IF (IDES. EQ. 0) GO TO 7                               127
     IF (KKGO. NE. 2) GO TO 3                               128
     DO 2 I=1, 397                                          129
2    XFILL (I)=XSAVE (I)                                    130
     READ (5, DATAIN)                                       131
3    CONTINUE                                               132
C                                                           133
     DO 4 I=1, 397                                          134
4    XSAVE (I)=XFILL (I)                                    135
     GO TO 7                                                136
5    DO 6 I=1, 397                                          137
6    XFILL (I)=XSAVE (I)                                    138
     WRITE (6,8) PRFDS, PRFNEW, PRCDS, PRCNEW               139
     PRCDS=PRCNEW                                           140
     PRFDS=PRFNEW                                           141
7    CONTINUE                                               142
```

图 7.8 国内研究的源代码基础(国外 20 世纪 70 年代公布)[7]

90 年代至今,我国在实时仿真和部件特性校正等方面取得一定突破,但国内的发动机性能程序[15,16],仍然以空气系统的定比例引气假设为前提,未考虑主流道与空气系统的相互影响。

在空气系统仿真方面,国内在 20 世纪 80 年代前,以跟踪和学习国外相关技术和经验判断为主,到了 90 年代以后,国内高校等与各航空研究所合作研究完善航空发动机空气系统稳态模拟程序[17,18],并应用到航空发动机的设计和改进中。所采用的方法都是基于工程试验结果的稳态的一维网络方法。而对于航空发动机空气系统过渡过程模拟方法的研究还处在起步阶段[19-21],尚未进入工程应用阶段。

3. 国内外对比分析

从设计工具上看,目前国内航空发动机研制所使用的航空发动机性能分析程序,其技术水平相当于 20 世纪 70 年代刘易斯研究中心开发的性能仿真程序 DYNGEN;空气系统仿真程序仍然沿用基于稳态假设的流体网络法,其技术水平相当于 20 世纪 70~80 年代 NASA 开发的流体网络稳态计算程序,至今尚未考虑性能模型与空气系统的动态耦合。上述设计工具的技术水平落后国外 30~40 年。国内外的对比如表 7.2 所示,具体分析如下。

表 7.2 国内外航空发动机过渡过程边界载荷研究对比

内　　容	国　　外	国　　内
性能模型	考虑多学科耦合,具备一次流系统、二次流系统的联合仿真能力	基于定比例引气假设的主流道部件法模型

内　　容	国　　外	国　　内
空气系统模型	系统考虑过渡过程,有丰富的基础研究数据	仅考虑稳态仿真,尚未开展基础研究
过渡过程载荷分析	经 40 余年的发展,掌握了成熟的过渡过程载荷分析技术	有初步的理论探索,尚未工程应用

从设计流程上看,国内目前仍然采用主流道模型与空气系统模型依次独立求解的方法进行顺次分析,这种方法虽然可以通过人工的设计迭代和参数交互在发动机涡轮叶片典型稳态点工作载荷的计算分析中达到一定的精度,但该方法人为地割裂了发动机主流道流域和内流空气系统流域之间固有的动态交互作用,无法分析发动机涡轮叶片复杂工作边界的时间演化规律、评判其安全性水平。对“外因”的分析停留在按稳态设计、评价阶段,适航规章(CCAR 33.70)中要求的瞬态温度场分析尚无法进行。型号研制过程中,过渡过程造成的零部件故障层出不穷,正在重蹈美国 20 世纪 70 年代初期 F100 发动机所走过的弯路,至今仍未完全从技术层面予以解决。

这些安全性技术方法的落后严重影响我国航空发动机安全性水平,尤其是在我国现阶段发动机的总体设计中,缺乏对“外因”综合分析能力为基础的安全性设计和规划工具,需要尽快实现航空发动机过渡过程载荷分析技术的标志性突破,解决国内航空发动机设计单位之亟须。

7.3　原发失效的内因及其核心科学问题

航空发动机作为一种工程机械,一般认为,其高安全性很难实现的原因可以概括为高工作转速、高工作温度、大温度梯度、高工作压力等“极端”环境和“极端”载荷带来的设计困难。但是,目前高速电机、高速轴承等的工作转速可以达到数十万转甚至百万转每分钟;高能激光发射器、核反应堆等的工作温度可以达到数千摄氏度;卫星、空间站的太阳能帆板向阳面和背阳面的温度梯度可以达到数百摄氏度;深海潜航器、石油钻机、炮膛等的工作压力也可以达到百兆帕甚至数千兆帕的量级。可以看到,上述机械的工作环境均达到或远远超过了通常认为的航空发动机“极端”工作环境和载荷,但是其可靠性、安全性在目前的材料和技术手段下均得到较为理想的解决,而航空发动机为何就难以实现设计安全?

究其原因,就在于航空发动机的工作环境和工作载荷具有其他工程机械所不具备的“强耦合”“强瞬变”特征。

(1)从宏观上而言,热载荷与其他基础载荷(机械载荷、气动载荷等)的耦合作用大幅增加了设计的复杂程度;同时,热载荷达到稳定状态的时间历程或演化所经历的时间历程,远大于其他基础载荷(机械载荷、气动载荷),甚至对于军用航空发动机,整个飞行包线甚至不存在稳定的热状态。因此,对于航空发动机,载荷的强耦合叠加作用与其他工程机械最大的区别就在于热载荷的"强瞬变"作用效果。

(2)从微观上而言,设计安全性的表现形式就是所设计的部件在寿命期内不发生材料的损伤或者所发生的损伤不会发展到部件的失效。因此,有关损伤萌生及演化过程的疲劳强度、疲劳寿命理论必须能够反映出并适用于航空发动机的这种"强耦合""强瞬变"特征。

因此,航空发动机原发失效的"内因"就是指导致具体部件失效的内在因素,其本质是原发失效"外因"引起的复杂载荷作用及演化的结果,其表现形式是"强瞬变""强耦合"条件下热载荷与其他基础载荷(机械载荷、气动载荷等)共同作用所引起部件材料的本构损伤及疲劳破坏,其研究的核心在于适用于发动机特点的材料损伤及疲劳破坏理论。因此,"内因"是发动机安全性设计中从部件本身出发抑制原发失效,保证发动机安全性的另一关键和难点;同时也是安全性设计前沿发展中的重点。本小节将从"内因"的复杂性、核心科学问题及国内外发展现状三个方面论述发动机原发失效的"内因"及其核心科学问题。

7.3.1 材料损伤及疲劳破坏概念及其复杂性

1. 传统疲劳破坏理论中损伤萌生与演化的概念

疲劳学的发展与实际的工程问题是分不开的。最初的疲劳问题可追溯到19世纪中期发生于英国的铁路机车车辆的疲劳破坏事故,但是由于对疲劳问题重要性的认识严重不足,随后的几十年里在船舶、桥梁及管道等领域也出现了大量的疲劳破坏事故。

疲劳破坏就是材料或构件在交变应力或应变作用下,在某点或某些点产生永久性损伤,经一定循环次数后产生裂纹,并使裂纹扩展直至完全断裂或突然发生完全断裂的过程。构件因发生疲劳破坏而丧失正常工作性能的现象称为疲劳失效[22]。试件抵抗疲劳失效的能力称为材料疲劳强度;构件抵抗疲劳失效的能力称为结构疲劳强度。疲劳寿命,即材料或构件疲劳失效时所经受的规定应力或应变的循环次数。

一般认为,疲劳破坏过程大致可分为四个时期[23],即疲劳裂纹成核期、微观裂纹增长期、宏观裂纹扩展期以及瞬时断裂(失稳扩展)期。工程实践应用中,常把这四个时期综合为两个阶段,也就是疲劳裂纹形成阶段和疲劳裂纹扩展阶段。裂纹形成阶段包括裂纹成核期和微观裂纹增长期;疲劳裂纹扩展阶段包括宏观裂纹扩展期和瞬时断裂期。相应地,将疲劳寿命划分为疲劳裂纹形成寿命和疲劳裂纹扩展寿命两部分。对于低周疲劳,裂纹形成早,裂纹形成寿命短,裂纹扩展寿命接近疲劳总寿命,所以在低周疲劳设计中,主要考虑裂纹扩展寿命。但在高周疲劳中,裂纹形成寿命在总寿命中占有主导地位,所以在高周疲劳设计时,既要考虑裂纹形成寿命也要考虑裂纹扩展寿命。

2. 航空发动机损伤萌生与演化的复杂性

对于前面所述的传统疲劳破坏理论,在一般的工程应用上,如桥梁、塔架、汽车、飞机、轮船等,得到了认可,并可以较好地确保长寿命结构在全部使用寿命期内的安全性。而实际上,传统的疲劳破坏理论的起源本身就是为了解决大的结构件的安全性问题,但是,这类疲劳破坏理论所涉及的对象往往是处于恒温环境或温度变化不剧烈的环境,即便考虑温度梯度,也是建立在稳定热状态基础之上的。

而对于航空发动机,其温度场和温度梯度剧烈变化,过渡过程作用明显。因此,基于恒温热环境或温度变化不剧烈环境基础上的传统疲劳破坏理论是否仍适用于航空发动机这种特殊的工作特征,是一个非常值得关注的问题。而事实上,在设计中计算发动机热端旋转部件这类"强瞬变""强耦合"特征最为明显的部件寿命时,基于传统疲劳破坏理论的结果与真实寿命有着相当大的差异性(一般有 3~5倍),并与该理论应用于传统的大构件、恒温环境或温度变化不剧烈环境下的应用结果相比,效果并不理想。其可能的原因在于,传统疲劳破坏理论的"半经验-半理论"关系式中的经验参数,是基于恒温环境或温度变化不剧烈的试验条件下获得的,与航空发动机的实际工作特征并不匹配,不能准确描述复杂的"强瞬变""强耦合"作用条件下,对部件材料本构损伤及疲劳破坏现象和机理。

7.3.2　航空发动机损伤萌生与演化的核心科学问题

正是因为航空发动机与传统机械相比所具有的特殊特征,尤其是热载荷与其他基础载荷的"强耦合"以及热载荷本身的"强瞬态"特征,决定了从恒温环境、恒温度梯度、变化不剧烈温度场出发的传统损伤及疲劳破坏理论并不能满足设计寿命的准确计算,因此必须发展适用于航空发动机环境,并与其特征匹配的损伤及疲劳破坏理论作为传统理论的补充,而这也是航空发动机"内因"损伤萌生与演化的核心科学问题。

因此,从部件材料失效的物理机理上来看:

(1)损伤的产生必然是一个不可逆过程,例如,对于金属裂纹形成,目前从微观角度分析中的一种解释方式是"滑移带开裂"理论[24],即随着载荷作用循环次数的不断增加,金属结构材料内部晶体的位错密度不断加大,当位错密度增大到一定值时,晶体内部形成位错纠结,进而构成高密度的位错带和低密度的位错区域,这些区域对位错运动产生了阻碍作用。在疲劳载荷继续作用下,位错之间相互作用,并向高能到低能方向转化,逐渐形成位错胞,继而发展成为亚晶结构。在这种方式下,晶体内部位错的演变和相互运动,导致金属内部出现滑移带。而滑移带不断地被循环载荷挤入和挤出晶界面时,滑移带则转变成驻留滑移带。痕迹就是由驻留滑移带在材料表面留下的,当这种痕迹作用足够深时,便形成了初始的裂纹。很明显上述过程是一个典型的不可逆过程,必然蕴含着机械能向热能的转化,必然存在所产生的热能或"内热源"与外界热载荷的联合作用效果,因此,通过不可逆过程热力学与传统的疲劳破坏理论相结合,上述现象是否可以揭示出新的规律? 这是航空发动机"内因"损伤萌生与演化的核心科学问题关键之一。

(2) 损伤的演化方向或裂纹扩展方向必然朝向熵增最小的方向,例如,仍以"滑移带开裂"理论为例,当驻留滑移带形成后,在承受高应力情况下,滑移带逐渐成核并受到控制。成核后的驻留滑移带转变成持久滑移带,在疲劳交变载荷的不断作用下,持久驻留滑移带在最大剪应力平面不断扩展,此时,裂纹区域的变化由分散到相互连接。随着裂纹区域逐渐扩大,微裂纹之间不断汇聚、融合,最终形成一条主裂纹,并沿最大剪应力面逐步扩展。因此,对于上述过程中的持久驻留滑移带在"最大剪应力平面"的扩展方向,裂纹区域的汇聚、融合的方向,是否可以从熵增最小的角度来描述这种方向? 是否可以从局部熵流的输运作用或输入、输出作用描述裂纹扩展的"驱动力"和"阻力"? 这些也是航空发动机"内因"损伤萌生与演化的核心科学问题的关键。

因此,对于该核心科学问题的本质就是要从部件材料的本构出发,将热力学与传统的损伤及疲劳破坏理论结合,揭示热载荷在"强耦合"及"强瞬态"作用下的材料损伤萌生与演化的机理,从而形成一套适用于航空发动机环境,并与其特征匹配的"基于热力学的瞬变损伤及疲劳破坏理论"作为传统理论的补充。

7.3.3 国内外发展现状及趋势

目前,对于传统的损伤萌生与演化理论的发展,依赖于观测和测量手段的进步,主要聚焦在裂纹萌生和裂纹扩展相关方法及其半经验-半理论预测公式的准确性提升上,从而发展和完善疲劳断裂理论。

1. 传统损伤及疲劳破坏理论的发展及趋势

(1) 对于疲劳裂纹的形成:形成了多种方法,按疲劳裂纹形成寿命预测的基本假定和控制参数,可大致分为四类:名义应力法、局部应力-应变法、能量法和场强法等[22-24]。以上预测方法各有千秋,很难一概而论地说孰优孰劣,但就目前的工程应用而言,局部应力-应变法最为有效且使用最为广泛,而场强法则最具发展潜力[25,26]。自损伤力学产生以来,用损伤力学方法研究疲劳裂纹问题成为一种新的趋势。损伤力学是一门较系统的研究微缺陷以及这些缺陷对应力和应变状态影响的科学,是固体力学研究领域的一门新兴学科,其理论基础是固体力学和不可逆过程热力学[27]。

(2) 对于疲劳裂纹的扩展:对含裂纹结构,判断其是否具有足够的剩余强度和裂纹扩展寿命,并且给出的剩余强度或裂纹扩展寿命是否满足规范要求,是损伤容限耐久性设计的重要内容[22-24]。因此,准确地估算构件的剩余强度和疲劳裂纹扩展寿命是研究构件或材料疲劳扩展行为的根本目的之一。然而,构件或材料的疲劳裂纹扩展行为研究涉及了力学、材料、机械设计与加工工艺等诸多学科,影响疲劳裂纹扩展的因素也非常多,包括裂纹几何形态、初始裂纹尺寸、材料特性、裂纹扩展规律、扩展方向、构件的几何尺寸和载荷历程等。可想而知,建立一个包含上述各影响因素的疲劳裂纹扩展模型,并准确预测构件疲劳裂纹扩展寿命是一件非常困难的事情,因此,对疲劳裂纹扩展的研究工作仍然以试验研究为主[22-24]。

例如,对于穿透裂纹的疲劳扩展行为,Paris 于 1957 年提出[28],在循环载荷作用下,裂纹尖端处的应力强度因子的变化幅度是控制构件疲劳裂纹扩展速率的基本参量,并于 1963 年提出了疲劳裂纹扩展速率的指数幂定律,即 Paris 公式。大量的试验结果表明,Paris 公式可以描述多种材料和试验条件下的裂纹扩展,并在此基础上,发展出了有关疲劳裂纹扩展速率的修正公式,如 Donalure 公式、Forman 公式等[29-32]。

在穿透裂纹的疲劳裂纹扩展速率理论研究中[24],人们从断裂物理理论出发,预测了 Paris 区的疲劳裂纹扩展速率。这些定量模型大致可分为两类:一类是几何模型,它们以裂纹尖端位移作为考虑问题的基础,在裂纹扩展的 Paris 区,裂纹尖端位移与每个应力循环中的裂纹长度增量有关;另一类是累积损伤模型,这些模型以裂纹尖端的累积应变量或塑性功达到某个临界值作为疲劳断裂的判据。

随着疲劳断裂研究的发展和工程结构的损伤容限与耐久性分析的需要,进入 20 世纪末期,由以往常规的长裂纹($a>2$ mm)扩展行为的研究逐步发展到对小裂纹扩展阶段的力学行为的研究,而且成为当今疲劳断裂界的研究热点之一。然而,线弹性断裂力学分析直接应用于疲劳小裂纹($10\ \mu m \sim 1$ mm)阶段的可行性受到了试验结果的质疑[33-36]。这主要是由“小裂纹效应”引起的,即在相同的名义应力强度因子范围 ΔK 的作用下,小裂纹的扩展速率高于长裂纹,并且在低于长裂纹扩展门槛值 ΔK_{th} 的情况下小裂纹仍能扩展。但是长寿命结构疲劳全寿命的绝大部分消耗在小裂纹阶段,因此,将长裂纹扩展分析方法直接向小裂纹阶段延伸将会导致非保守的寿命估算。为此,一种基于断裂力学理论适用于小裂纹扩展分析的模型被提出[37],该模型把 ΔK 与裂纹闭合概念相结合得到一个等效的 ΔK_{eff},而且该模型可以用来预测小裂纹扩展的全寿命。

2. 考虑热力学的损伤及疲劳破坏理论发展与趋势

对于部件材料损伤及疲劳破坏理论与热力学的结合,在损伤力学中已经有所考虑,如勒迈特的《损伤力学教程》第 2 章中详细介绍了“损伤的热力学与微观力学”理论[38],北京航空航天大学王奇志教授团队开展了“基于热力学原理的三维裂纹扩展理论研究”[39],提出了通过热力学中的能量守恒定律与熵变理论结合断裂力学的能量差率方法研究裂纹的扩展规律,建立裂纹的扩展准则。

但是有关考虑热力学的损伤及疲劳破坏理论,目前多假设加载速率不大、材料的导热性能良好且裂纹扩展速率很小,则裂纹的扩展过程可近似地看成一个等温过程来处理,所以可以认为仍是建立在恒温度或温度变化不剧烈环境下开展研究的,尚未扩展到航空发动机特有的"强瞬变"温度场特征。因此,仍需进一步发展和完善。

7.4 危险传播及其核心科学问题

7.4.1 危险传播的核心科学问题

发动机过渡过程中,危险传播规律非常复杂。要掌握瞬态系统环境下,发动机危险传播规律,并支撑安全性验证,必须回答两个问题。

(1)非正常构型"大偏离""强瞬变"条件下失效如何传播?

失效事件通常导致发动机系统的"大偏离""强瞬变",而要掌握失效的传播规律,需要对"大偏离""强瞬变"过程建立模型。"大偏离"将导致所有的以线性假设为基础的建模方法不再适用;"强瞬变"将导致所有以准静态、准稳态假设为基础的建模方法不再适用。传统的发动机系统仿真技术都针对完整、正常构型,在传统发动机系统仿真模型平台上,只能研究具有"小偏差"影响的失效构型。因此,"大偏离""强瞬变"条件下的失效传播机理是危险传播的核心科学问题之一。

(2)如何验证复杂危险传播过程导致危害性发动机后果具有可接受的概率水平?

以危害性的发动机影响为例,适航规章要求其发生概率不高于 $10^{-9} \sim 10^{-7}$ 次/发动机飞行小时。若用飞行试验表明发动机符合这一要求,要得到置信度水平较高的结果,则需要累积飞行 10 万年以上。即使用多达 1 000 台发动机同时开展试验验证,平均每台发动机也需要 100 年以上的累积飞行时间。因此,用试验表明危害性事件具有极低的发生概率完全不具可行性。近几十年来,全球民航飞机发动机的累计飞行时长已达 10^{9} 小时量级,积累了大量的飞行经验。各台份发动机之间型号不同、材料和载荷演化过程也千差万别,因此,从宏观上看,丰富飞行经验的推广空间非常有限。但从微观上看,各台份发动机零部件的微观结构在以各材料类别、主要载荷和损伤状态为坐标轴的高维坐标系下布满一个高维区域,在这一区域边界的包裹范围内,航空发动机复杂系统的安全性已经过大量飞行验证,具有很高的可推广性。因此,发动机零部件微观大数据挖掘和相似类比理论是危险传播的核心科学问题之一。

7.4.2 危险传播的概念及其复杂性

危险传播是指外部风险和原发失效导致二次、多次失效并演化为危险事件的全过程,因此,失效演化是危险传播的核心。

发动机失效演化的途径包括机械传播、电子电气传播、匹配耦合传播和气路/机械/控制耦合传播,如图 7.9 所示。其中,机械传播是指发动机原发失效通过振动、碰磨、冲击等途径造成二次、多次失效的传播方式。电子电气传播是指发动机原发失效通过电流冲击、击穿元器件等途径造成二次、多次失效的传播方式。匹配耦合传播是指发动机原发失效通过发动机气路流动、部件换热、燃烧、部件间功率传递、与控制系统交互等途径造成二次、多次失效的传播方式。气路/机械/控制耦合传播是指发动机原发失效通过发动机多种传播方式的耦合(或组合)造成二次、多次失效的传播方式。

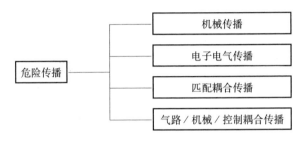

图 7.9 危险传播分类

气路/机械/控制耦合传播是对实际失效演化过程的最真实的刻画,涉及学科范围非常广泛。

7.4.3 国内外发展现状及趋势

20 世纪 70 年代,为应对日益突出的航空发动机失效演化问题,国外航空发动机领域引入了故障树分析(FTA)、故障模式及影响分析(FMEA)等失效演化及影响分析技术。上述技术的应用有效提升了国外航空发动机的安全性水平,但很快遇到了技术瓶颈:虽然基于大量历史数据和专家经验的 FTA 方法和 FMEA 方法能有效处理失效的机械传播、电子电气传播问题,但难以处理匹配耦合传播问题或包含匹配耦合传播过程的失效演化问题。这是因为航空发动机失效的匹配耦合传播不符合 FTA、FMEA 的基本假设,即事件独立性假设和失效单向传播假设。为此,国外发展了大量突破事件独立性假设和失效单向传播假设的分析方法。

国外航空发动机相关领域在失效演化及影响分析技术方面最重要的进展如下:

(1)麻省理工学院的 Nancy Leveson 提出了一种在失效演化及影响分析中应用系统思维的方法,与传统的基于树形拓扑结构的单向演化分析工具不同,Nancy 用网络化的、含回路的拓扑结构分析了失效演化及影响,取得了良好的效果;

(2)20 世纪后期,国外航空发动机巨头(赛峰、GE 等)即开展了"缺损构型"失效分析工具,具备风扇叶片断裂后,叶片轨迹和发动机系统影响的仿真分析能力,方法分析结果与试验数据吻合良好。

从国外失效演化及影响分析技术的发展可以看出,国外基本掌握了贯穿从原发到引发危险整个链条的航空发动机复杂系统安全性分析和评估技术。而我国在危险传播方面的研究缺乏系统性,不足以支撑航空发动机复杂系统安全性设计,亟须取得突破。

参考文献

[1] Roll-Royce. The jet engine. Derby: Rolls Royce Technical Publications Department,1996.

[2] Calcagni C, Gallar L, Pachidis V. Development of a one-dimensional dynamic gas turbine secondary air system model — Part Ⅱ: Assembly and validation of a complete network. ASME Turbo Expo 2009: Power for Land, Sea, and Air. American Society of Mechanical Engineers, 2009: 1 - 9.

[3] 侯升平,陶智,韩树军,等. 非稳态流体网络模拟新方法及其应用. 航空动力学报,2009,24 (6): 1253 - 1257.

[4] 吴宏,胡肖肖. 应用特征线法求解航空发动机瞬态空气系统. 航空动力学报,2013,28(9): 2003 - 2008.

[5] Air Force Aero Propulsion Lab. Simulation of turbofan engine — Part Ⅱ. User's Manual and Computer Program Listing, 1967.

[6] Markusen A, Hall P, Campbell S, et al. The rise of the gunbelt: The military remapping of industrial America. Oxford: Oxford Unversity Press, 1991.

[7] Sellers J F, Daniele C J. DYNGEN: A program for calculating steady-state and transient performance of turbojet and turbofan engines. NASA, 1975.

[8] Damerow W P, Murtaugh J C, Burgraf F. Experimental and analytical investigation of the coolant flow characteristics in cooled turbine airfoils. NASA, 1972.

[9] Gaugler R E. A computer program for the transient thermal analysis of a cooled turbine blade or vane equipped with a coolant insert. NASA, 1978.

[10] Lytle J, Follen G, Naiman C, et al. Numerical propulsion system simulation. NASA, 2000.

[11] Goldsztejn M. Next generation european air system. San Diego: 2000 World Aviation Conference, 2000.

[12] Bala A, Sethi V, Gato E, et al. A collaborative venture for gas turbine performance simulation using an object oriented programming schema. P: PROOSIS, 2007.

[13] 张世铮,逯根寿. 燃汽轮机设计点和非设计点性能计算方法和计算机程序,1983.

[14] 童凯生,航空涡轮发动机性能变比热计算方法. 北京: 航空工业出版社,1991.

[15] 倪维斗,刘少英. 某型双轴航空发动机的混合实时仿真. 航空动力学报,1992,4: 381 - 389.

[16] 曾庆福,张燕东,管彦深. 并行处理双转子发动机实时仿真. 航空动力学报,1993,4: 368 - 370.

[17] 吴丁毅. 内流系统的网络计算法. 航空学报,1996,6: 16 - 20.

[18] 倪纬斗,苟建兵. 热动力系统流体网络及算法处理. 系统仿真学报,1997,3: 82 - 87.

[19]　候升平,陶智,韩树军. 非稳态流体网络模拟新方法及其应用. 航空动力学报,2009,24
　　　(6)：1253－1257.

[20]　吴宏,胡肖肖. 应用特征线法求解航空发动机瞬态空气系统. 航空动力学报,2013,28(9)：
　　　2003－2008.

[21]　李澎,吴宏,陶智. 二次空气系统一维非定常计算方法. 航空动力学报,2014,29(7)：
　　　1710－1720.

[22]　张安哥,朱成九,陈梦成. 疲劳、断裂与损伤. 成都：西南交通大学出版社,2006.

[23]　陈传尧. 疲劳与断裂. 武汉：华中科技大学出版社,2002.

[24]　Campbell F C. Fatigue and fracture：Understanding the basics. Geauga：ASM International
　　　Materials Park, 2012.

[25]　董月香,高增梁. 疲劳寿命预测方法综述. 大型铸锻件,2006,3：39－41.

[26]　郑立春,姚卫星. 疲劳裂纹形成寿命预测方法综述. 力学与实践,1996,18(04)：9－14.

[27]　余寿文,冯西桥. 损伤力学. 北京：清华大学出版社,1997.

[28]　Paris P C, Erdogan F. A critical analysis of crack propagation laws. Journal of Basic
　　　Engineering, 1963, 85(4)：528－534.

[29]　Mcclintock F A. On the plasticity of the fatigue cracks. Fracture of Solids, 1963, 20(1)：
　　　65－102.

[30]　Paris P C, Bucci R, Wessel E, et al. Extensive study of low fatigue crack growth rates in
　　　A533 and A508 steels. Proceedings of the 1971 National Symposium on Fracture Mechanics at
　　　University of Illinois at Urbana-Champaign：ASTM-Special Technical Publication 513, 1972：
　　　141－176.

[31]　Schmidt R A, Paris P C. Threshold for fatigue crack propagation and the effects of load ratio
　　　and frequency. Philadelphia：ASTM-Special Technical Publication 536, 1967：79－94.

[32]　Forman R G, Kearney V E, Engle R M. Numerical analysis of crack propagation in a cyclic-
　　　loaded structure. Journal of Basic Engineering, 1967, 89(03)：459－464.

[33]　Suresh S, Ritchie R O. Propagation of short fatigue cracks, International Metal Reviews,
　　　1984, 29(06)：445－476.

[34]　Newman J C, Edwards P R. Short-crack growth behaviour in a aluminum alloyalloy-an AGARD
　　　cooperative test programme. Paris：AGARD Report 732, 1988.

[35]　Edwards P R, Newman J C. Short-crack growth behaviour in various aircraft materials. Paris：
　　　AGARD Report 767, 1990.

[36]　Newman J C, Wu X R. Small-crack effects in high-strength aluminum alloys-a NASA/CAE
　　　cooperative program. NASA Reference Publication 1309, 1994.

[37]　Hertzberg R W, Newton C H, Jaccard R. Crack closure：correlation and confusion.
　　　Philadelphia：ASTM STP, 1988：139－148.

[38]　J. 勒迈特. 损伤力学教程. 北京：科学出版社,1996.

[39]　吴建国. 裂纹扩展与损伤演化理论与应用研究. 北京：北京航空航天大学,2009.

附录 A
缩略词

英文缩写	英 文 全 称	中 文
A(符合性方法)	analysis	分析
AC	advisory circular	咨询通告
AD	airworthiness directives	适航指令
AMC	acceptable means of compliance	可接受的符合性方法
AMT	accelerated mission test	加速任务试车
AP	procedure for airworthiness certification personnel	适航认证程序
ARP	aerospace recommended practice	航空推荐准则
BCAR	British civil airworthiness requirements	英国民航适航要求
CA	criticality analysis	关键性分析法
CAR	civil air regulations	民用航空规章
CCA	common cause analysis	共因分析
CCAR	China civil aviation regulations	中国民航规章
CCP	center crack propagation	中心裂纹扩展试样
CCT	center crack tension	中心裂纹拉伸试样
CFM	CFM international	CFM 国际公司
CFNA	computational flow network analysis	计算流体网络分析
CMA	common mode analysis	共模故障分析
CS－E	certification specification-engine	(欧洲)航空发动机认证规范
CT	crack tension	裂纹拉伸试样
CT(符合性方法)	component test	部件试验
ATFE	advanced tactical fighter engine	先进战斗机发动机计划
D(符合性方法)	documents	文档
DARWIN	design assessment of reliability with inspection	基于无损检测的设计风险评估
DD	dependency diagram	相关图

续 表

英文缩写	英 文 全 称	中 文
DTR	design target risk	设计目标风险值
DZ	data zooming	数据缩放
EASA	European aviation safety agency	欧洲航空安全局
ELLP	engine life limited part	发动机限寿件
EIFS	equivalent initial flaw size	有效初始缺陷
ET(符合性方法)	engine test	整机试验
FAA	Federal Aviation Administration	美国联邦航空局
FAR	federal aviation regulations	联邦航空规章
FHA	functional hazard assessment	功能危险性评估
FMEA	failure mode and effects analysis	失效模式与影响分析
FMES	failure modes and effects summary	失效模式和影响总结
FTA	fault tree analysis	故障树分析
GE	General Electric Company	GE 公司
GEIA	Government Electronic &Information Technology Association	(美国)政府电子信息技术协会
GJB	—	中华人民共和国国家军用标准
HCF	high-cycle ratigue	高循环疲劳
HDBK	handbook	手册
Honeywell	Honeywell International	霍尼韦尔公司
IATA	International Air Transport Association	国际航空运输协会
ICAN	Internation Commison for Air Navigation	国际航空委员会
ICAO	International Civil Aviation Organization	国际民用航空组织
IEEE	Institute of Electrical and Electronics Engineers	(美国)电气和电子工程师协会
IFSD	in-flight shutdown	空中停车率
IHPTET	integrated high performance turbine engine technology	综合高性能涡轮发动机技术计划
LCF	low-cycle fatigue	低循环疲劳
LLP	life limited parts	寿命限制件
JETQC	Jet Engine Titanium Quality Committee	钛合金质量委员会
M(符合性方法)	model	模型
MC/MCS	Monte – Carlo	蒙特卡罗法
MA	Markov analysis	马尔可夫分析法
NASA	National Aeronautics and Space Administration	美国国家航天局
NDI	non-destructive inspection	无损探伤检测

英文缩写	英 文 全 称	中　文
NPSS	numerical propulsion system simulation	推进系统数值仿真
NPRM	notice of proposed rulemaking	建议立法通告
OTDF	outlet temperature distribution factor	出口温度分布系数
OEI	one engine inoperative	单台发动机不工作状态
OEM	original equipment manufacturer	原始设备制造商
POD	probability of detection	检出概率
POF	probability of failure	失效概率
PSSA	preliminary system safety assessment	初步系统安全性评估
PRA	particular risks analysis	特殊风险分析
P&W	Pratt & Whitney	普惠公司
R(符合性方法)	review-engineering judgment	回顾-工程判断
RFC	retirement for cause	视情退役方法
RISC	Rotor Integrity Sub-Committee	转子完整性委员会
R.R	Rolls Royce	罗-罗公司
RT(符合性方法)	rig test	台架试验
RTCA	Radio Technical Commission for Aeronautics	(美国)航空无线电委员会
RTDF	radial temperature distribution factor	周向平均温度分布系数
SAE	Society of Automotive Engineers	(美国)自动机工程师学会
SC	special condition	专有条件
SCT	surface crack tension	表面裂纹拉伸试样
SIRT	Systems Integration Requirements Task group	系统综合要求工作小组
SNECMA	—	斯奈克玛公司(法国)
SSA	system safety assessment	系统安全性评估
ST(符合性方法)	sampling test	抽样试验
STD	standard	标准
SwRI	Southwest Research Institute	美国西南研究院
WOL	wedge-opening-loading	楔形开口试样
WS	—	涡扇
WZ	—	涡轴
ZSA	zonal safety analysis	区域安全性分析

附录 B
概率失效风险评估核心源代码（MATLAB）

```
% ------------------------概率失效风险评估------------------------%
clear;clc;
delta = 34.5;                           % 设定应力梯度 34.5MPa
% ----------------------------------------导入有限元计算结果
load NLIST.lis;                         % 导入节点几何信息,单位 m
load ELIST.lis;                         % 导入单元与节点的对应关系
load PRNSOL.txt;                        % 导入节点应力,单位 MPa
load PTEM.txt;                          % 导入节点温度,单位 K
x = NLIST(:,2) * 1e3;
y = NLIST(:,3) * 1e3;
nelement = size(ELIST,1);
nnode = size(NLIST,1);
T = PTEM;
z = PRNSOL;
% ---------------------------------------获得分区所需的单元信息
element = zeros(nelement,5);
element_tem = zeros(nelement,1);
for i = 1:nelement
    a = ELIST(i,2);
    b = ELIST(i,3);
    c = ELIST(i,4);
    d = ELIST(i,5);
    x1 = [x(a) x(b) x(c) x(d)];
    y1 = [y(a) y(b) y(c) y(d)];
    z1 = [z(a) z(b) z(c) z(d)];
    t1 = [T(a) T(b) T(c) T(d)];
```

```
        element(i,1)=mean(x1);
        element(i,2)=mean(y1);
        element(i,3)=pi*(max(y1)^2-min(y1)^2)*(max(x1)-min
(x1));
        element(i,4)=max(z1);
        element_tem(i)=max(t1);
    end
    nne=zeros(nnode,1);
    for i=1:nnode
        nne(i)=length(find(ELIST(:,2:5)==i));
    end
    icorner=find(nne==1);
    isurface1=find(nne==2);
    isurface2=find(nne==3);
    isurface=[isurface1;isurface2];
    for i=1:nelement
        element(i,5)=1;
        xa=ELIST(i,2:5);
        if size(intersect(xa,isurface),1)>1
            element(i,5)=2;
        end
        if size(intersect(xa,icorner),1)==1
            element(i,5)=3;
        end
    end
    %-----------------------------------------根据应力相似判据分区
    element_data=element;
    volume=element_data(:,3);
    stress=element_data(:,4);
    nt=size(stress,2);
    stress_steady=stress(:,nt);
    smax=max(stress_steady);
    smin=min(stress_steady);
    smin=max(smin,0);
    nstress=ceil((smax-smin)/delta)+2;
```

```matlab
nzone=nstress*2;
zone=zeros(nzone,6);
i=1;
zone(2*i-1,1)=-inf;
zone(2*i-1,2)=smin;
zone(2*i,1)=-inf;
zone(2*i,2)=smin;
for i=2:nstress
    zone(2*i-1,1)=smin+(i-2)*delta;
    zone(2*i-1,2)=smin+(i-1)*delta;
    zone(2*i,1)=smin+(i-2)*delta;
    zone(2*i,2)=smin+(i-1)*delta;
end
index=zeros(nelement,1);
for i=1:nelement
    for j=1:nzone
        if (stress_steady(i)-zone(j,1))*(stress_steady
(i)-zone(j,2))<=0
            if (element_data(i,5)==1 && mod(j,2)==1) ||
(element_data(i,5)==2 && mod(j,2)==0)
                index(i)=j;
                zone(j,3)=zone(j,3)+1;
                zone(j,4)=zone(j,4)+volume(i);
                break;
            end
        end
    end
end
i0=zone(:,3)==0;
zone(i0,:)=[];
nzone=size(zone,1);
index=zeros(nelement,1);
for i=1:nelement
    for j=1:nzone
        if (stress_steady(i)-zone(j,1))*(stress_steady
```

```
(i)-zone(j,2))<=0
                if (element_data(i,5)==1 && mod(j,2)==1) ||
(element_data(i,5)==2 && mod(j,2)==0)
                    index(i)=j;
                    break;
                end
            end
        end
        if index(i)==0
            for j=1:nzone
                if (stress_steady(i)-zone(j,1))*(stress_
steady(i)-zone(j,2))<=0
                    if (element_data(i,5)==1 && mod(j,2)==0)
||(element_data(i,5)==2 && mod(j,2)==1)
                        index(i)=j;
                        break;
                    end
                end
            end
        end
    end
    ic=find(element_data(:,5)==3);
    i_zone_corner=0;
    for i=1:nelement
        if ismember(i,ic)==1
            i_zone_corner=i_zone_corner+1;
            index(i)=nzone+ i_zone_corner;
        end
    end
    nzone=nzone+i_zone_corner;
    % ----------------------------------------------------按照几何连续判据分区
    zoneatag=zeros(nzone,1);
    num1=1;
    num2=2;
    geo_continuity=0;
```

```
i_zone_add=0;
for i=1:nzone
    j00=find(index==i);
    if size(j00,1)<num2
        continue;
    end
    remain=[element_data(j00,:) j00];
    source=remain(1,:);
    remain(1,:)=[];
    while(1)
        neighbour=zeros(size(j00,1),1);
        count_neighbour=0;
        for j=1:size(source,1)
            xa=ELIST(source(j,6),2:5);
            for k=1:size(remain,1)
                xb=ELIST(remain(k,6),2:5);
                xx=intersect(xa,xb);
                if size(xx,2)>=num1
                    count_neighbour=count_neighbour+1;
                    neighbour(count_neighbour)=k;
                end
            end
        end
        ii0=neighbour==0;
        neighbour(ii0,:)=[];
        neighbour=unique(neighbour);
        if isempty(neighbour)==0
            source=remain(neighbour,:);
            remain(neighbour,:)=[];
        else
            break;
        end
    end
    if isempty(remain)==0
        zoneatag(i)=1;
```

```
        i_zone_add = i_zone_add+1;
        for ij = 1:size(remain)
            index(remain(ij,6)) = i_zone_add+nzone;
        end
    else
        continue;
    end
end
nzone = i_zone_add+nzone;
if i_zone_add == 0
    geo_continuity = 1;
end
while(1)
    if geo_continuity == 1
        break;
    end
    i_mid = i_zone_add;
    i_zone_add = 0;
    for i = nzone+1-i_mid:nzone
        j00 = find(index == i);
        remain = [element_data(j00,:) j00];
        if size(j00,1) < num2
            continue;
        end
        source = remain(1,:);
        remain(1,:) = [];
        while(1)
            neighbour = zeros(size(j00,1),1);
            count_neighbour = 0;
            for j = 1:size(source,1)
                xa = ELIST(source(j,6),2:5);
                for k = 1:size(remain,1)
                    xb = ELIST(remain(k,6),2:5);
                    xx = intersect(xa,xb);
                    if size(xx,2) >= num1
```

```
                                    count_neighbour = count_neighbour+1;
                                    neighbour(count_neighbour) = k;
                            end
                        end
                    end
                    ii0 = neighbour = = 0;
                    neighbour(ii0,:) = [ ];
                    neighbour = unique(neighbour);
                    if isempty(neighbour) = = 0
                        source = remain(neighbour,:);
                        remain(neighbour,:) = [ ];
                    else
                        break;
                    end
                end
                if isempty(remain) = = 0
                    i_zone_add = i_zone_add+1;
                    for ij = 1:size(remain)
                        index(remain(ij,6)) = i_zone_add+nzone;
                    end
                else
                    continue;
                end
            end
            nzone = i_zone_add+nzone;
            if i_zone_add = = 0
                geo_continuity = 1;
            end
        end
        % --------------------------------------------------------获得分区参数
        tem = element_tem;
        nzone = max(index);
        zone = zeros(nzone,7);
        for i = 1:nelement
            for j = 1:nzone
```

```
            if index(i)= =j
                zone(j,3)=zone(j,3)+1;
                zone(j,4)=zone(j,4)+volume(i);
                break;
            end
        end
    end
    for i =1:nelement
        for j =1:nzone
            if index(i)= =j
                zone(j,5)=zone(j,5)+element_data(i,1)/zone(j,3);
                zone(j,6)=zone(j,6)+element_data(i,2)/zone(j,3);
                break;
            end
        end
    end
    for i =1:nzone
        for j =1:nelement
            if index(j)= =i
                zone(i,7)=max(zone(i,7),element_data(j,5));
            end
        end
    end
    dev=zeros(nzone,1);
    zones=zeros(nzone,2);
    stressband=zeros(nstress,2);
    i =1;
    stressband(i,1)=-inf;
    stressband(i,2)=0;
    for i =2:nstress
        stressband(i,1)=(i-2)*delta;
        stressband(i,2)=(i-1)*delta;
    end
    for i =1:nzone
        sss=zeros(zone(i,3),1);
```

```matlab
    ttt=zeros(zone(i,3),1);
    l=1;
    for k=1:nelement
        if index(k)==i
            sss(l)=stress(k);
            ttt(l)=tem(k);
            l=l+1;
        end
    end
    ssmax=max(sss);
    ssmin=min(sss);
    dev(i)=max(ssmax,0)-max(ssmin,0);
    zone(i,1)=ssmax;
    imid= sss==ssmax;
    tt=ttt(imid);
    zone(i,2)=tt(1);
    for k=1:nstress
            if (sss(1,1)-stressband(k,1))*(sss(1,1)-
stressband(k,2))<=1e-6
                zones(i,1)=stressband(k,1);
                zones(i,2)=stressband(k,2);
                break;
            end
    end
end
fid = fopen('zone_data.txt','w');        % 分区参数写入文件
for i = 1:nzone
    fprintf(fid,'% f % f % g % f % f % f % g', zone(i,1),zone(i,
2),zone(i,3),zone(i,4),zone(i,5),zone(i,6),zone(i,7));
    fprintf(fid,'\\r \\n');
end
fclose(fid);
% -------------------------------------------------------绘制分区图

figure,
```

```
hold on;
for i=1:nelement
    a=ELIST(i,2);
    b=ELIST(i,3);
    c=ELIST(i,4);
    d=ELIST(i,5);
    group=[a b c d];
    x1=[x(a) x(b) x(c) x(d)];
    y1=[y(a) y(b) y(c) y(d)];
    z1=index(i)*ones(1,4);
    fill(x1,y1,z1);
end
axis equal;
axis off;
colormap jet;
shading interp;
ylabel(colorbar,'Zone index');
hold off;
% ------------------------------------------------------载入缺陷数据
load anomaly.txt;
defect=anomaly;
defect(:,1)=(defect(:,1)/pi).^0.5*2.54e-5;
a0=norm(defect(:,1),-inf);
am=norm(defect(:,1),inf);
a0num=norm(defect(:,2),inf);
defect(:,2)=defect(:,2)/a0num;
rou=4620;
ano_den=a0num*2.2046e-6*rou;
% ------------------------------------------------------载入分区数据
load zone_data.txt;
zone=[zone_data(:,4) zone_data(:,5) zone_data(:,6) zone_
data(:,7)];
bcs=zone_data(:,1);
bct=zone_data(:,2);
% ------------------------------------------------------其他输入参数
```

```
cycle_life=20000;                                    % 部件预期寿命（总
循环数）
cycle_report=21;
deltacycle=cycle_life/(cycle_report-1);
cycle=zeros(cycle_report,1);
for i=1:cycle_report
    cycle(i)=(i-1)*deltacycle;
end
pof=zeros(cycle_report,1);
pd=zeros(cycle_report,nzone);
% ----------------------------------计算不同分区不同循环数下的条件失效概率
for k=1:nzone
    tem=bct(k,size(bct,2));      % 分区温度
    C=paris_C(tem);              % 裂纹扩展参数
    n=paris_n(tem);              % 裂纹扩展参数
    switch zone(k,4)
        case 1
            G=0.6371;
        case 2
            G=0.6625;
        case 3
            G=0.7224;
    end
    Kc=paris_Kc(tem);            % 断裂韧度
    sigma=bcs(k,size(bcs,2));    % 稳态应力
    % --------------------------------------------- % 疲劳裂纹扩展分析
    if sigma<=0
        continue;
    end
    a1=zeros(1e5,1);
    a2=zeros(1e5,1);
    h=1;
    a1(1)=am;
    for i=2:cycle_life+1
        deltaK=G*sigma*sqrt(pi*a1(i-1));
```

```
        if deltaK-Kc>=0
            aIc=a1(i-1);
            NIc=i-2;
            break;
        end
        a1(i) = a1(i-1) + h*C*deltaK^n;
    end
    indexi=i;
    if indexi==cycle_life+1
        continue;
    end
    if indexi>2
        a2(1)=am;
        for i=2:cycle_life+1
            deltaK=G*sigma*sqrt(pi*a2(i-1));
            if a2(i-1)<=a0
                a2(i-1)=a0;
                break;
            end
            a2(i) = a2(i-1) - h*C*deltaK^n;
        end
        for i=1:cycle_report
            if NIc-cycle(i)>=0
                pd(i,k)=0;
            else
                Nx=-NIc+cycle(i);
                ax=a2(Nx+1);
                if ax<=a0
                    pd(i,k)=1;
                    continue;
                end
                if ax>=am
                    pd(i,k)=0;
                    continue;
                end
```

```
            for j=1:size(defect,1)-1
                if (ax-defect(j,1)) * (ax-defect(j+1,
1))<=0
    pd(i,k)=defect(j,2)+(ax-defect(j,1))/(defect(j+1,1)-
defect(j,1)) * (defect(j+1,2)-defect(j,2));
                    break;
                end
            end
        end
    end
    continue;
end
if indexi==2
    for i=2:1e5
        deltaK=G * sigma * sqrt(pi * a1(i-1));
        if deltaK-Kc<0
            aIc=a1(i-1);
            NIc=i-2;
            break;
        end
        a1(i) = a1(i-1) - h * C * deltaK^n;
    end
    if aIc<a0
        pd(:,k)=1;
        continue;
    end
    a2(1)=aIc;
    for i=2:cycle_life+1
        if a2(i-1)<=a0
            a2(i-1)=a0;
            Na0=i-2;
            break;
        end
        a2(i) = a2(i-1) - h * C * deltaK^n;
    end
```

```
        for i = 1 : cycle_report
            if Na0 - cycle ( i ) < = 0
                pd ( i , k ) = 1 ;
            else
                Nx = cycle ( i ) ;
                ax = a2 ( Nx+1 ) ;
                if ax < = a0
                    pd ( i , k ) = 1 ;
                    continue ;
                end
                if ax > = am
                    pd ( i , k ) = 0 ;
                    continue ;
                end
                for j = 1 : size ( defect , 1 ) -1
                    if ( ax - defect ( j , 1 ) ) * ( ax - defect ( j +1 ,
1 ) ) < = 0
    pd ( i , k ) = defect ( j , 2 ) + ( ax - defect ( j , 1 ) ) / ( defect ( j +1 , 1 ) -
defect ( j , 1 ) ) * ( defect ( j +1 , 2 ) - defect ( j , 2 ) ) ;
                        break ;
                    end
                end
            end
        end
        continue ;
    end
end
% ----------------------------------------------计算不同循环数下的部件失效风险
i = 1 ;
for j = 1 : nzone
    pof ( i ) = pof ( i ) +pd ( i , j ) * zone ( j , 1 ) * ano_den ;
end
for i = 2 : cycle_report
    for j = 1 : nzone
        pof ( i ) = pof ( i ) +pd ( i , j ) * zone ( j , 1 ) * ano_den /cycle
```

```
(i);
        end
    end
    contri=zeros(nzone,1);              % 不同分区的失效风险贡献度
    i=cycle_report;
    for j=1:nzone
        contri(j)=pd(i,j)*zone(j,1)*ano_den/cycle_life/pof
(i);
    end
    pof=pof*1e-9;
    fid = fopen('pof-NI.txt','w');      % 单元温度信息写入文件
    for i = 1:cycle_report
        fprintf(fid,'%g %e \\r \\n', cycle(i),pof(i));
    end
    fclose(fid);
    figure,
    plot(cycle,pof);                    % 绘制分区图
    xlabel('Cycles');
    ylabel('Probability-of-Fracture');
```